计算机技术开发与应用丛书

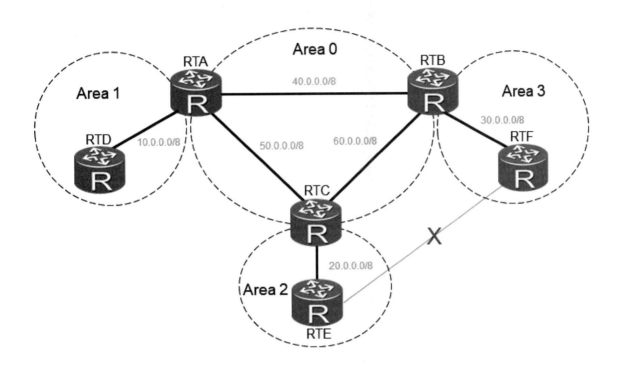

华为HCIP路由与交换技术实战

江礼教 ◎ 编著

清华大学出版社

北京

内 容 简 介

HCIP 是华为公司的中级认证课程,在 HCIA 的基础上进行了扩展和延伸,内容覆盖更全面,关键技术讲解更深入。相比 HCIA 而言,HCIP 的内容覆盖了各种网络常用的技术,不仅有网络协议的介绍,还有华为产品介绍,以及与项目相关的内容,如日常维护、故障定位、网络割接等。本书在关键技术讲解时进行了深入解剖,如 OSPF 协议,除了基本工作原理、配置外,还有路由计算过程,以及各种 LSA 协议结构等内容。

本书分为两篇共 24 章,核心篇(第 1～14 章)主要介绍网络中常用协议的工作原理和相关配置,如 OSPF、IS-IS、BGP、VRRP 等协议;进阶篇(第 15～24 章)主要介绍一些进阶技术,如 IGP、BGP 如何加速网络收敛、LSDB 数据库超限、BGP 安全等。另外还介绍 IPv6 路由技术、MPLS、LDP、MPLS VPN、网络运维、网络割接等内容。

本书可作为高等院校相关专业的教材,也可作为培训机构的参考用书,读者学习完本书可达到中级网络工程师水平,能胜任大多数网络岗位工作。

图书在版编目(CIP)数据

华为 HCIP 路由与交换技术实战/江礼教编著.—北京:清华大学出版社,2023.5(2024.9重印)
(计算机技术开发与应用丛书)
ISBN 978-7-302-63185-9

Ⅰ.①华… Ⅱ.①江… Ⅲ.①计算机网络—路由选择 ②计算机网络—信息交换机 Ⅳ.①TN915.05

中国国家版本馆 CIP 数据核字(2023)第 052612 号

责任编辑:赵佳霓
封面设计:吴　刚
责任校对:时翠兰
责任印制:宋　林

出版发行:清华大学出版社
　　　　网　　　址:https://www.tup.com.cn,https://www.wqxuetang.com
　　　　地　　　址:北京清华大学学研大厦 A 座　　邮　　编:100084
　　　　社 总 机:010-83470000　　　　　　　　邮　　购:010-62786544
　　　　投稿与读者服务:010-62776969,c-service@tup.tsinghua.edu.cn
　　　　质量反馈:010-62772015,zhiliang@tup.tsinghua.edu.cn
　　　　课件下载:https://www.tup.com.cn,010-83470236
印 装 者:三河市铭诚印务有限公司
经　　销:全国新华书店
开　　本:186mm×240mm　　印　　张:22.5　　　　　字　　数:506 千字
版　　次:2023 年 7 月第 1 版　　　　　　　　　　印　　次:2024 年 9 月第 5 次印刷
印　　数:5701～7700
定　　价:89.00 元

产品编号:097799-01

前言
PREFACE

在这网络知识纷杂的时代,很多人苦苦挣扎在网络知识学习的路上,因为没有找到正确的学习资料而浪费了很多宝贵的时间。《华为 HCIA 路由与交换技术实战》出版之后,收到众多读者的正面反馈,反馈最多的是逻辑清晰,是教科书级别的书籍。一位有十几年网络从业经验的学员,之前因为工作需要找了很多资料自学网络相关知识,但是学了很久还是雾里看花的感觉,模模糊糊,一直处于似懂非懂的状态。直到看了这本书,才真真切切进入网络知识的殿堂,他的最大感触是这本书知识结构很清晰,帮他搭建了知识框架,然后一下子就融会贯通了。我感到很欣慰,因为这本书确确实实帮助读者少走了许多弯路,让网络知识的学习变得简单。很多读者学完《华为 HCIA 路由与交换技术实战》之后问我有没有 HCIP的书籍,因此也让我产生了写 HCIP 书籍的想法,经过一年多的努力,终于完成了《华为HCIP 路由与交换技术实战》的写作。

在本书的写作时力求尽善尽美,对有些资料中一笔带过的知识点,也做了深入研究,查阅各种资料,将之清晰地展示给读者。本书在理论讲解时结合大量例子进行辅助,大部分章节还附带实验演示,有具体的实验过程、配置命令,让读者一目了然,而且还可以自己跟着做实验,加深理解和记忆,此外,本书还有配套课件及习题示例等。

学知识要形成框架体系,就如日常生活中摆放物品,虽然把每个物品都擦干净了,但放在一起还是会显得凌乱,要想让它们既美观又方便拿取就得找到合适的框架,将物品按一定的规则摆放好。学知识也与此类似,只把各个知识点学明白还不够,还得找到各个知识点之间的逻辑关系,形成知识框架体系,这样才能融会贯通,而且不容易忘记。

《华为 HCIP 路由与交换技术实战》的知识结构可以分为两篇,第一篇是核心篇;第二篇是进阶篇,如下页图所示。

核心篇主要讲解网络中用到的核心协议,也就是最常用的各种协议。内容包括第1~14章。第 1 章介绍了华为设备的工作原理,第 2~6 章主要介绍各种路由协议,可以简单地理解为运营商网络中常用的协议,因为运营商网络中用得最多的就是路由器。除了运营商网络,还有很多园区网络,如学校、机场、写字楼等,园区网络用得更多的是交换机。第7~14 章讲解的是与园区网络相关的知识,主要介绍园区网络结构及常用协议。

核心篇的内容将各种常用网络协议进行了覆盖,进阶篇则对各种网络协议进行了加深、补充。进阶篇的内容包括第 15~24 章,各个章节的内容相对独立,其中第 15、第 16、第 18章对前面介绍的协议进行加深,如加速协议收敛速度、提高路由控制效率、提高 VLAN 控制

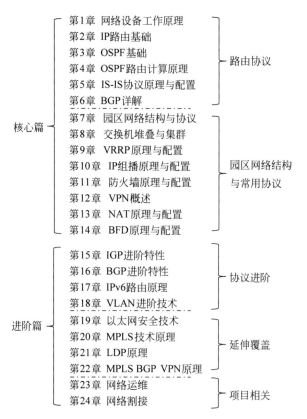

核心篇
- 第1章 网络设备工作原理
- 第2章 IP路由基础
- 第3章 OSPF基础
- 第4章 OSPF路由计算原理
- 第5章 IS-IS协议原理与配置
- 第6章 BGP详解
} 路由协议

- 第7章 园区网络结构与协议
- 第8章 交换机堆叠与集群
- 第9章 VRRP原理与配置
- 第10章 IP组播原理与配置
- 第11章 防火墙原理与配置
- 第12章 VPN概述
- 第13章 NAT原理与配置
- 第14章 BFD原理与配置
} 园区网络结构与常用协议

进阶篇
- 第15章 IGP进阶特性
- 第16章 BGP进阶特性
- 第17章 IPv6路由原理
- 第18章 VLAN进阶技术
} 协议进阶

- 第19章 以太网安全技术
- 第20章 MPLS技术原理
- 第21章 LDP原理
- 第22章 MPLS BGP VPN原理
} 延伸覆盖

- 第23章 网络运维
- 第24章 网络割接
} 项目相关

效率等。第 17 章是路由协议的扩展和补充,介绍 OSPF、IS-IS、BGP 如何在 IPv6 中工作。第 20～22 章主要围绕 MPLS 展开,介绍 MPLS 工作原理、MPLS 标签如何分发及 MPLS VPN 的原理和应用。第 23 和第 24 章是项目实践相关内容。

《华为 HCIP 路由与交换技术实战》全书由江礼教编写完成,叶秀琪副教授对本书写作提供了很多思路和建议,清华大学出版社的赵佳霓编辑提出了许多宝贵的建议,并为本书的出版付出了辛苦的劳动,在此对他们表示诚挚的谢意。

由于作者水平有限,书中不足之处在所难免,欢迎读者提出宝贵意见。

江礼教

2022 年 11 月

目录
CONTENTS

配套资源

核 心 篇

进　阶　篇

核 心 篇

第 1 章

网络设备工作原理

网络包括网络设备、物理连接,其中网络设备是核心组件,常见的网络设备有路由器、交换机和防火墙等。这些设备内部是如何工作、数据报文是如何处理的呢?

本章将介绍网络设备工作原理,网络设备分为框式、盒式两种,下面逐个介绍。

1.1　框式网络设备结构

框式网络设备指的是主控板、业务板、风扇、电源等可以插拔的设备。

下面以 CE12804 交换机为例讲解典型框式网络设备的构架(华为交换机、路由器、防火墙等设备的架构都是类似的)。

CE12804 机器上的板卡有主控板、线路板、交换网板、集中监控板,此外还有电源、风扇等辅助模块,如图 1.1 所示。

注意:Slot4 表示槽位 4。

(1)主控板(Main Processing Unit,MPU):负责整个系统的控制平面和管理平面,如业务配置、路由表计算、告警上报等。

(2)接口板(Line Processing Unit,LPU):线路处理单元为物理设备提供网络接口,如 1Gb/s、10Gb/s、40Gb/s 光口/电口等。

(3)交换网板(Switch Fabric Unit,SFU):负责整个系统的数据转发。SFU 在系统的背面,是竖着插的,是系统的背板总线,将 MUP 和 LPU 连在一起,实现各个板卡之间的报文转发,如图 1.1(a)所示。

(4)集中监控板(Centralize Monitor Unit,CMU):提供高可靠性的设备监控、管理和节能等功能。可以独立于 MPU 对系统进行控制,例如对某个单板下电、上电操作。

(5)电源模块:为系统供电,CE12804 有 4 个电源模块,分两个区域,每个区域有两个电源模块。区域间互相独立,区域内的两个电源模块互相备份,只要不同时出现故障,对应区域都可以正常供电,如图 1.1(c)所示。

1.1.1　主控板

主控板(MPU)提供了整个系统的控制平面和管理平面。控制平面用于完成系统的业务配置、路由运算、转发控制、流量统计、系统安全等功能。管理平面用于完成系统的运行状态监控、环境监控、日志和告警信息处理、系统加加载、系统升级等功能。

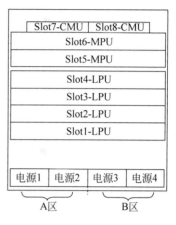

(a) CE12804正面实物图　　　　　　(b) CE12804正面逻辑图

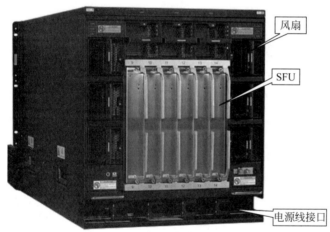

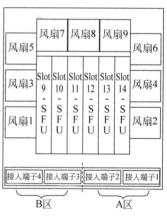

(c) CE12804背面实物图　　　　　　(d) CE12804背面逻辑图

图 1.1　CE12804 实物图和逻辑图

　　整个系统的软件包和配置文件都存放在主控板上面,机器上电后,接口板和交换网板等业务板卡会向主控板注册、比较版本号(如果主控板上的版本号与业务卡本地版本号不一致,则会进行版本加载)、下载配置。业务板卡可以热插拔,替换板卡后,版本和配置会从主控板重新加载,业务自动恢复。

　　系统运行期间,对系统的配置和管理都是通过主控板进行的,主控板带有多个接口,如图 1.2 所示。

　　(1) Console 接口:用串口登录管理设备。

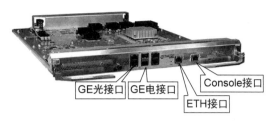

图 1.2　主控板实物图

（2）ETH 接口：用网口登录管理设备，这个 ETH 接口是以太网接口，但是和系统的业务层分离，该接口只用作系统管理，用这个接口做设备管理的场景也叫作带外管理。

（3）GE 电接口：可以做业务上行，也可以通过这个口登录管理设备，由于管理报文和业务报文在同一个接口里面，所以此时也叫带内管理。

（4）GE 光接口：功能和 GE 电口一样，不同的是连接的物理介质是光纤。

CE12804 上面有两块 MPU，互相备份，可以同时工作，也可以一个工作，另外一个待命，从而提高系统的可靠性。

1.1.2　接口板

接口板（LPU）提供了不同类型（光口、电口）和不同速率的接入接口，有 GE、10Gb/s、40Gb/s、100Gb/s 接口，如图 1.3 所示。

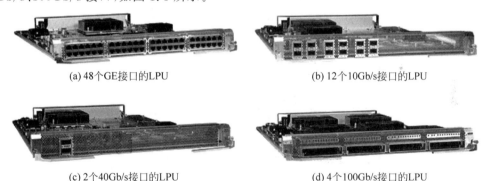

(a) 48个GE接口的LPU　　　　　　　　(b) 12个10Gb/s接口的LPU

(c) 2个40Gb/s接口的LPU　　　　　　　(d) 4个100Gb/s接口的LPU

图 1.3　接口板实物图

1.1.3　交换网板

交换网板（SFU）将接口板、主控板连在一起，实现板卡之间的通信，交换网板上面没有对外的物理接口，只为系统内部板卡间提供转发功能，如图 1.4 所示。CE12804 有 6 块 SFU，提供板间超大带宽连接，6 块 SFU 可以互相备份，某个 SFU 发生故障不会影响系统正常工作。

图 1.4　交换网板实物图

1.1.4 集中监控板

集中监控板(CMU)的主要功能是设备监控、管理和节能,具体如下。

(1)实时监控设备及机柜温度,根据设备温度情况智能调节风扇的运行状态,降低风扇能耗及避免设备局部过热。

(2)实现远程板卡上下电、复位控制,可以远程对任何槽位的板卡进行上下电操作。

图1.5 集中监控板实物图

集中监控板带网口,独立工作,与业务系统解耦,在主控板发生故障的情况下也可以正常工作,如图1.5所示。CE12804上面有两块CMU,采用1∶1热备份工作方式,从而提高系统可靠性。

1.1.5 各业务板卡间的逻辑关系

SFU是系统的转发中心,每个LPU都和SFU通过高速总线连在一起,LPU之间的报文转发需要通过SFU才能进行,如图1.6所示。MPU负责系统的配置、监控、路由运算等功能,与LPU和SFU都有直接的连接。两个MPU之间需要时时同步版本、配置、告警等信息,也有直接的连接。

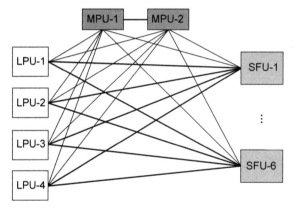

图1.6 板卡间的连接

1.2 报文处理流程

设备处理的报文可分为两种:一种是协议报文;另一种是业务报文。

(1)协议报文(ARP、OSPF、BGP等协议的报文),从LPU进入设备,经LPU交给MPU统一计算,经过计算后生成/更新转发表项,然后将转发表项下发到LPU、SFU,指导业务报文转发。

(2)业务报文,从LPU接口进入后,根据转发表项交给SFU,SFU再根据转发表项转发给出口 LPU,然后从 LPU 接口发送出去,业务报文的转发不需要经过 MPU。

以 2 块 LPU、1 块 SFU、1 块 MPU 为简单例子,介绍协议报文与业务报文的处理过程,如图 1.7 所示。

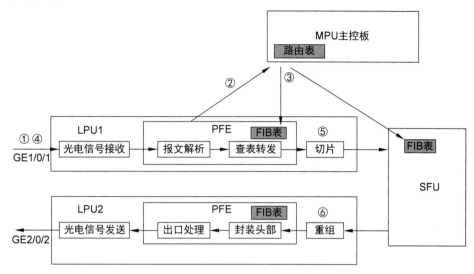

图 1.7　报文处理流程

包转发引擎模块(Packet Forwarding Engine,PFE),实现对报文头部进行解析,查表转发,头部封装等功能。

转发信息表(Forwarding Information Base,FIB),在路由表的基础上计算而来,存放在 LPU、SFU 上面,指导业务板卡高效转发报文。

① 协议报文从 GE1/0/1 接口进入设备,经过报文头部解析之后发现这是协议报文,如 ARP、OSPF 报文。

② 各个 LPU 都将协议报文统一转发给 MPU 进行计算,得到路由表。

③ 在路由表基础上计算得到 FIB 表,下发给 LPU 和 SFU。

④ 业务报文从 GE1/0/1 接口进来,经过报文解析发现这是业务报文,根据目标 MAC 或者目标 IP 查表后发现出接口是 GE2/0/2,需要交给 SFU 进行转发。

⑤ 发给 SFU 之前需要将报文切片,变成固定长度的报文,有利于 SFU 高效转发。

⑥ SFU 收到切片后,根据 FIB 表转发给 LPU2。在 LPU2 上面,先进行切片重组,然后由 PFE 模块封装处理,最终从 GE2/0/2 接口发送出去。

如果报文从 GE1/0/1 进来,查表后发现出接口是 GE1/0/3,则此时还需要交给 SFU 进行转发吗?答案是:不用交给 SFU。如果 PFE 模块查表后发现出接口在同一个板内,则会直接进行头部封装,然后从 GE1/0/3 发送出去。

有时协议报文需要应答,或者设备主动发送协议报文,此时都由 MPU 完成。MPU 生成协议报文之后交给对应的 LPU,然后从对应接口发送出去。

1.3　盒式网络设备

不同于框式设备,盒式设备的各个业务模块并不是独立的硬件模块,而是集成在一个框内,接口数量和类型固定。盒式设备对协议报文和业务报文的处理流程和框式设备没有太大差别。

盒式设备也有 Console 接口和 ETH 接口,另外盒式设备有下行接口和上行接口之分,上行接口的带宽通常比下行接口大一个等级,例如下行接口的速率是 100/1000Mb/s,上行接口的速来通常是 10Gb/s 或是 40Gb/s,如图 1.8 所示。

图 1.8　盒式设备实物图

1.4　小结

网络设备分为框式与盒式两种,框式设备支持的接口比较多,并且支持板卡插拔,可以根据实际需要配置不同数量、速率的板卡。框式设备包含 CMU、MPU、LPU、SFU 板卡,还有电源模块和风扇模块。各个板卡实现不同功能,其中 CMU、MPU、SFU 都有冗余备份设计,从而提高系统的可靠性。

盒式设备是一种集成设备,接口类型和速率固定,设备工作原理和框式设备类似。

第 2 章

IP 路由基础

路由器收到一个 IP 数据包时会根据数据包的目的 IP 地址查找路由表,找到"最匹配"的路由条目后,将数据包根据路由条目所指示的出接口或下一跳转发出去。

本章将介绍 IP 路由表是怎么生成的。

此外,大型网络中经常会遇到多个动态协议共存的场景,例如 OSPF、BGP 同时存在网络中,有时需要将路由互相引入。如何引入? 这也将是本章要详细介绍的内容。

2.1 IP 路由简介

当路由器收到一个 IP 报文时,路由器根据该 IP 报文的目的地址匹配路由表项。若有匹配的路由条目,则依据该条目中的出接口或下一跳等信息进行报文转发;若无匹配的路由条目,则丢弃该报文,如图 2.1 所示。

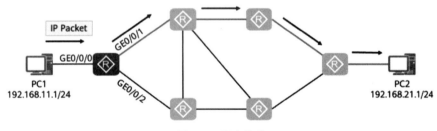

图 2.1　路由转发

路由表是怎么来的呢? 路由来源可以分为 3 种:直连路由(Direct)、静态路由(Static)、动态路由(Dynamic),如图 2.2 所示。

(1) 直连路由:直连接口所在网段的路由,由设备自动生成,不需要任何配置。

(2) 静态路由:使用 ip route-static 命令手动配置的路由。

(3) 动态路由:通过 OSPF、IS-IS、BGP 等路由协议学习到的路由。

这些不同方式得到的路由会存放在对应的路由表中,路由器最终会将所有的路由信息进行汇总,根据优先级、Cost 值等信息选择最优的路由,放入路由器公共路由表 RIB 中。在 RIB 的基础上生成 FIB 并下发到各业务板,如图 2.3 所示。

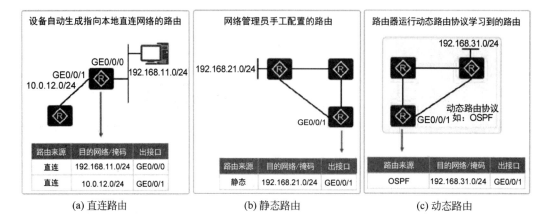

图 2.2 路由来源

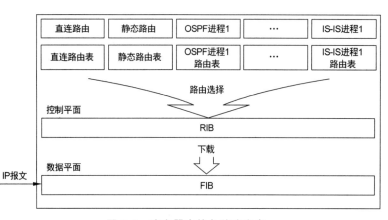

图 2.3 路由器中的各种路由表

使用 display ip routing-table protocol ospf 命令查询 OSPF 路由表,如图 2.4 所示。

```
[Huawei]display ip routing-table protocol ospf
Route Flags: R - relay, D - download to fib
--------------------------------------------------------------------------------
Public routing table : OSPF
        Destinations : 1          Routes : 1

OSPF routing table status : <Active>
        Destinations : 1          Routes : 1

Destination/Mask    Proto   Pre   Cost      Flags NextHop         Interface
        2.2.2.2/32  OSPF    10    1         D     10.0.0.2        GigabitEthernet0/0/0
```

图 2.4 查询 OSPF 路由表

查询直连路由表、静态路由表、IS-IS 路由表等的方法与此类似,如图 2.5 所示。

使用 display ip routing-table 命令可查询路由器的公共 RIB,RIB 是各个路由表(静态路由表、OSPF、IS-IS)的最优汇总,全局唯一,如图 2.6 所示。

使用 display fib 0 命令查询 FIB 表,如图 2.7 所示。

```
[Huawei]display ip routing-table protocol ?
  bgp     Border Gateway Protocol (BGP) routes
  direct  Direct routes
  isis    IS-IS routing protocol defined by ISO
  ospf    Open Shortest Path First (OSPF) routes
  rip     Routing Information Protocol (RIP) routes
  static  Static routes
  unr     User network routes
```

图 2.5　查询路由表对应的命令

```
[Huawei]display ip routing-table
Route Flags: R - relay, D - download to fib
------------------------------------------------------------------------
Routing Tables: Public
         Destinations : 6         Routes : 6

Destination/Mask      Proto   Pre  Cost      Flags NextHop       Interface

        1.1.1.1/32    Direct  0    0         D     127.0.0.1     LoopBack0
        2.2.2.2/32    OSPF    10   1         D     10.0.0.2      GigabitEthernet0/0/0
        10.0.0.0/24   Direct  0    0         D     10.0.0.1      GigabitEthernet0/0/0
        10.0.0.1/32   Direct  0    0         D     127.0.0.1     GigabitEthernet0/0/0
        127.0.0.0/8   Direct  0    0         D     127.0.0.1     InLoopBack0
        127.0.0.1/32  Direct  0    0         D     127.0.0.1     InLoopBack0
```

图 2.6　查询路由器 RIB 表

```
[Huawei]display fib 0
Route Flags: G - Gateway Route, H - Host Route,     U - Up Route
             S - Static Route,  D - Dynamic Route, B - Black Hole Route
------------------------------------------------------------------------
 FIB Table:
 Total number of Routes : 6

Destination/Mask   Nexthop      Flag  TimeStamp   Interface   TunnelID
2.2.2.2/32         10.0.0.2     DGHU  t[441]      GE0/0/0     0x0
10.0.0.1/32        127.0.0.1    HU    t[193]      InLoop0     0x0
1.1.1.1/32         127.0.0.1    HU    t[86]       InLoop0     0x0
127.0.0.1/32       127.0.0.1    HU    t[10]       InLoop0     0x0
127.0.0.0/8        127.0.0.1    U     t[10]       InLoop0     0x0
10.0.0.0/24        10.0.0.1     U     t[193]      GE0/0/0     0x0
```

图 2.7　查询路由器 FIB 表

(1) Total number of Routes：路由表总数。

(2) Destination/Mask：目的地址/掩码长度。

(3) Nexthop：下一跳。

(4) Flag：当前标志，G、H、U、S、D、B 的组合。

　　G(Gateway)：网关路由，表示下一跳是网关。

　　H(Host)：主机路由，表示该路由为主机路由。

　　U(Up)：可用路由，表示该路由的状态是 Up。

　　S(Static)：静态路由。

　　D(Dynamic)：动态路由。

　　B(Black Hole)：黑洞路由，表示下一跳是空接口。

(5) TimeStamp：时间戳，表示该表项存在的时间，单位为秒。

(6) Interface：到目的地址的出接口。

(7) TunnelID：表示转发表项索引。当该值不为 0 时，当表示匹配该项的报文通过隧道转发(MPLS 隧道转发)。当该值为 0 时,表示报文不通过隧道转发。

公共路由表是唯一的,但是每个业务板(LPU、SFU)得到的 FIB 不一样,跟具体的硬件配置有关,例如,板卡的接口类型、接口数量等信息。

介绍完路由表来源之后,下面介绍数据转发流程。

2.2 数据转发流程

路由器收到 IP 报文后,根据报文的目标 IP 查路由表,根据路由表找到出接口和下一跳,然后转发出去。PC1 发 IP 报文给 PC2,报文里面的目标 IP 是 192.168.21.1,报文转发流程如图 2.8 所示。

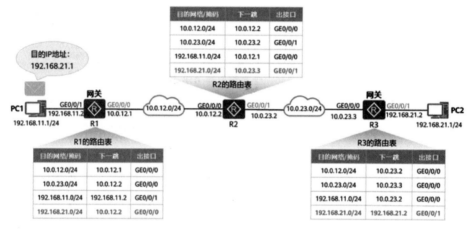

图 2.8 IP 报文转发流程

① PC1 将报文交给网关 R1。

② R1 根据目标 IP 查路由表后找到的出接口是 GE0/0/0,并将报文发给下一跳 10.0.12.2。

③ R2 根据目标 IP 查路由表后找到的出接口是 GE0/0/1,并将报文发给下一跳 10.0.23.3。

④ R3 根据目标 IP 查路由表后找到的出接口是 GE0/0/1,并且发现下一跳和目标 IP属于同一个网段,直接将报文封装后交给 PC2。

2.3 IP 路由高级应用

场景一:

假设 A 公司使用 OSPF 网络,B 公司使用 IS-IS 网络,各自独立工作。现在 A、B 两家公司合并,需要将网络也一起合并互通,如图 2.9 所示。

因为 A、B 公司网络结构和区域划分都已经规划好,直接将 A 公司网络改成 IS-IS 挂载在 B 公司现有网络,或者将 B 公司改成 OSPF 挂载在 A 公司网络下面都会很复杂。

最优的方案是在 A、B 公司的边缘路由器 R1、R2、R3、R4 上面将对方的路由引入自己的网络里,这样既可以实现网络互通,又可以保持网络的稳定。

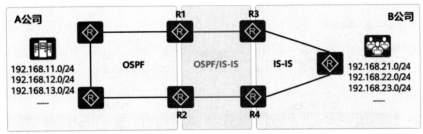

图 2.9　A、B 网络互通场景

场景二:

公司骨干和对外的接口网络使用 BGP,内部使用 IS-IS 和 OSPF,如图 2.10 所示,在这种情况下如何实现路由的全网学习?

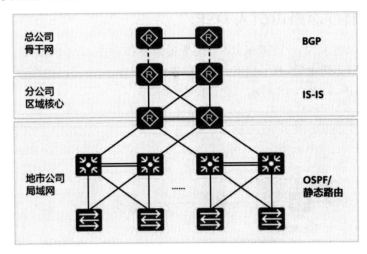

图 2.10　大型网络互通场景

在上面介绍的两个场景中,使用路由引入技术可以实现路由的全网学习。路由引入有以下 3 种方式:

(1) 将直连路由引入动态路由协议。

(2) 将静态路由引入动态路由协议。

(3) 动态路由协议之间的路由引入。

2.3.1　将直连路由引入 OSPF

在 OSPF 进程模式下使用 import-route direct 命令,将直连路由引入 OSPF 网络。引入的路由作为外部路由在 OSPF 网络中通告,如图 2.11 所示。在 R3 路由表中,192.168.11.0/24路由的协议是 O_ASE,表示这是 OSPF 的外部路由。配置命令如下:

```
[R1 - ospf - 1]import - route direct
```

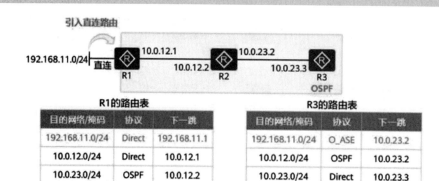

图 2.11　引入直连路由

2.3.2　将静态路由引入 OSPF

因为 R1 不支持 OSPF,只能在 R2 上配置静态路由去往 192.168.11.0/24 这个网段。在 R2 上配置好静态路由后,在 OSPF 进程模式下使用 import-route static 命令,将静态路由引入 OSPF 网络,如图 2.12 所示。配置命令如下:

```
[R2 - ospf - 1]import - route static
```

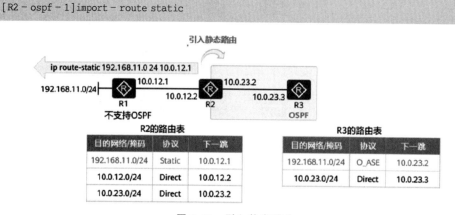

图 2.12　引入静态路由

2.3.3　将 IS-IS 路由引入 OSPF

R2 同时连接 IS-IS 和 OSPF 网络,在 R2 里面运行着两个路由协议进程,一个是 IS-IS 1,另外一个是 OSPF 1。在 OSPF 进程模式下,使用 import-route isis 1 命令,将 IS-IS 路由引入 OSPF 网络中,如图 2.13 所示,命令如下:

```
[R2 - ospf - 1]import - route isis 1
```

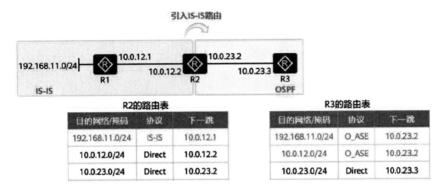

图 2.13　引入 IS-IS 路由

2.4　IP 路由高级应用问题

路由引入可以让全网学习到路由条目,但是使用不当还会带来一些问题,例如,次优路径、路由回灌等。

2.4.1　次优路径问题

将 OSPF 路由引入 IS-IS 后,会出现次优路径,如图 2.14 所示,问题出现过程如下。

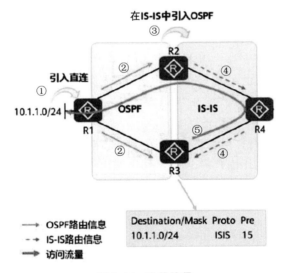

图 2.14　次优路径

① 在 R1 上引入直连路由 10.1.1.0/24。

② R1 公告给 R2 和 R3,此时 R2 和 R3 都学习了属性是 O_ASE 属性的 10.1.1.0/24 路由,该路由的优先级是 150。

③ 在 R2 上,将 OSPF 路由引入 IS-IS 网络,并在 IS-IS 网络里面公告。

④ R3 通过 IS-IS 协议学习 10.1.1.0/24 这条路由,来源是 IS-IS,优先级为 15。

⑤ 此时有报文到达 R3,IP 报文的目标网段是 10.1.1.0/24,R3 根据路由优先级判定从 IS-IS 学习到的路由更优,因此转发路径是 R3→R4→R2→R1,但实际上最优路径是 R3→R。

2.4.2 路由回灌问题

R2 和 R3 处于 IS-IS 和 OSPF 网络中间,可以两个方向互相引入路由,如果配置不当, 则会导致路由回灌,有可能形成环路,如图 2.15 所示,问题产生过程如下。

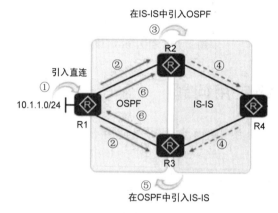

图 2.15 路由回灌

① R1 引入直连路由 10.1.1.0/24。

② R1 通过 OSPF 通告给 R2 和 R3。

③ 在 R2 上面,将 OSPF 路由引入 IS-IS 中。

④ 从 OSPF 引入的路由在 IS-IS 网络中通告。

⑤ R3 又将 IS-IS 路由引入 OSPF 中,10.1.1.0/24 这条路由又回灌到 OSPF 网络中。

⑥ 回灌的路由在 OSPF 中通告。

可以在引入路由时进行路由策略控制,防止次优路径和路由回灌等问题发生,具体实现 不在这里展开介绍,后面将详细介绍。

2.5 小结

本章介绍了 IP 报文转发的基本流程,重点介绍了路由表的来源,以及路由器如何将多 个路由表整合成公共路由表,并下发到 LPU 和 SFU,然后介绍了路由器如何根据路由表转 发 IP 报文,最后介绍了路由引入技术应用场景、实现方式及路由引入可能带来的问题。

第 3 章

OSPF 基础

路由器根据路由表转发数据包,路由表项可通过手动配置和动态路由协议生成。

静态路由不需要运行路由协议。当网络结构比较简单时,只需配置静态路由就可以使网络正常工作。但是当网络发生故障或者拓扑发生变化后,静态路由不会自动更新,必须手动重新配置,当网络规模较大时,维护困难。

相比较静态路由,动态路由协议具有更强的可扩展性,具备更强的应变能力。常用的动态路由协议有 OSPF、IS-IS、BGP。

本章主要介绍 OSPF 的基本概念、OSPF 工作原理及 OSPF 的基础配置。

3.1 动态路由协议分类

如图 3.1 所示,动态路由协议有 RIP、OSPF、IS-IS、BGP。按工作区域分,可以分为内部网关协议(用于公司内部网络)和外部网关协议(用于与外部网络对接),RIP、OSPF、IS-IS 属于内部网关协议,BGP 属于外部网关协议。

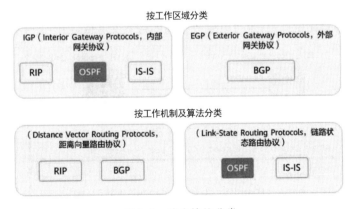

图 3.1 路由协议分类

按工作算法分,可以分为距离向量路由协议和链路状态路由协议,RIP、BGP 属于距离向量路由协议,OSPF、IS-IS 属于链路状态路由协议。

现在用得最多的是 OSPF、IS-IS、BGP，RIP 基本被淘汰。

3.2 OSPF 基本概念

1. 路由器 ID

每个路由都有一个编号，也就是路由器 ID，如图 3.2 所示，路由器 ID 的格式与 IP 地址一样，可以手动指定路由器 ID，命令如下：

```
[RTA]ospf router - id 1.1.1.1
```

如果不指定，启动 OSPF 进程后，则会自动指定路由器 ID，优先使用环回 IP 地址，如果没有环回 IP，则取接口 IP 值最大的那个。

注意：通过命令配置的路由器 ID 必须是可达 IP。

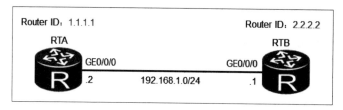

图 3.2　路由器 ID

2. OSPF 开销

OSPF 基于接口带宽计算开销，计算公式如下：

$$接口开销＝带宽参考值÷带宽 \tag{3.1}$$

带宽参考值可配置，默认为 100Mb/s。例如一条 100Mb/s 链路的开销为 $100÷100＝1$，一条 10Mb/s 链路的开销为 $100÷10＝10$。带宽越大，开销越小。

可以指定具体链路的开销，也可以修改全局的带宽参考值，如图 3.3 所示。

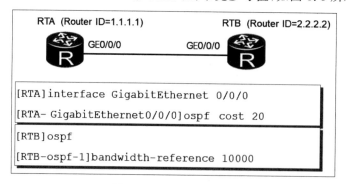

图 3.3　OSPF 开销配置

最小开销值是 1，而且只能是整数。例如一条 100Mb/s 的链路，参考值改成 10，按公式计算得到的开销是 0.1，但是实际生效的是 1。

开销值的大小会决定路径选择,在有多条路径的情况下,OSPF会选择总开销最小的路径。

3.3　OSPF基本工作原理

网络中有4个路由器,如图3.4所示,这4个路由器如何自动学习路由条目呢?首先每个路由器会发链路状态公告(Link State Advertisement,LSA),LSA里面包含路由器的详细信息,例如RTA的LSA内容如下。

链路数量:2
网段:10.0.0.0　　　掩码:255.0.0.0　　　网段开销:10
网段:20.0.0.0　　　掩码:255.0.0.0　　　网段开销:10

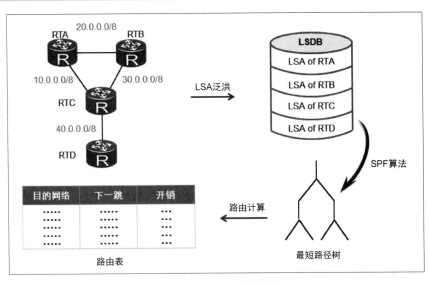

图3.4　OSPF工作过程

注意:LSA中带有路由器ID,用来标识不同路由器发出来的LSA。

RTA的LSA会发给RTB和RTC,同时RTC还会透传给RTD,最终4个路由器都有RTA的LSA。同理,RTB、RTC、RTD也一样会发送各自的LSA,每个路由器会把收到的所有LSA放在自己的链路状态数据库(Link State Database,LSDB)里。

LSDB稳定后,路由器使用最短路径优先(Shortest Path First,SPF)算法对LSDB进行计算,得出最短路径树。树根就是当前路由器,例如当RTC计算最短路径树时,树根就是RTC,然后计算去往各个路由器的最短路径。

最后,路由器根据最短路径树算出路由表。

总结一下,OSPF协议计算路由表的过程如下:

(1)路由器发出LSA,并泛洪到各个路由器。

（2）路由器收集 LSA，存到 LSDB。

（3）使用 SPF 算法计算最短路径树。

（4）根据最短路径树计算路由表。

3.4 OSPF 基本工作流程

OSPF 工作流程主要包括建立邻居关系、同步数据库、维护关系这几个步骤，如图 3.5 所示。

（1）启动：路由器上电，接口配置了 IP 地址，并且配置了 OSPF，此时接口会发出 Hello 报文探测邻居，Hello 报文用的目标 IP 是组播 IP 224.0.0.5。如果同一个网段里有多个路由器，则可以收到这个 Hello 报文，如图 3.6 所示。

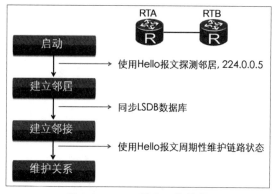

图 3.5 OSPF 基本工作流程

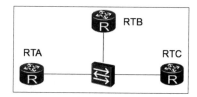

图 3.6 同网段多个路由器

（2）建立邻居关系：RTA 和 RTB 互相发 Hello，Hello 报文里带有本路由器相关的信息，如图 3.7 所示。

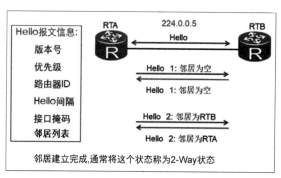

图 3.7 邻居关系建立过程

版本号：本路由器使用的版本，IPv4 或者 IPv6，两个路由器必须保持一致；

优先级：本路由器的优先级，用于选举 DR、BDR；

路由器 ID：用来标识本路由器；

Hello 间隔：隔多久发一次 Hello 报文，用来检测邻居是否正常工作；

接口掩码：本接口使用的网络掩码；

邻居列表：所有邻居的路由器 ID，可能不止一个。

由于第 1 个 Hello 报文里不知道邻居是谁，所以置空，收到对方 Hello 报文后，知道邻居是谁，因此第 2 个 Hello 报文里将邻居填进去，收到第 2 个 Hello 后，邻居关系才算建立成功。这种状态也叫 2-Way 状态。

RTA 和 RTB 的信息必须匹配才能建立邻居关系，否则会丢弃对方发的 Hello 报文，例如 RTA 用的版本是 IPv4，RTB 用的版本是 IPv6 的，此时无法建立邻居关系。

（3）建立邻接关系：邻居关系建立完成后开始同步 LSDB，同步过程如图 3.8 所示，假设 RTA 新加入网络，只有 RTA 的 LSA，此时需要从 RTB 同步 LSDB。

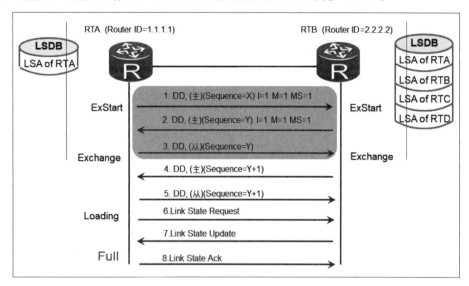

图 3.8 LSDB 同步过程

但是 RTA 和 RTB 都不知道对方有哪些 LSA，此时 RTA 和 RTB 互相交互 LSDB 清单，用数据库摘要（Database Description，DD）报文交互 LSA 清单。

RTA 和 RTB 交互 DD 时有一个先后顺序，路由器 ID 值大的先发 DD，小的后发，因此同步之前需要确定主次，通过 DD 报文选主次，此时的 DD 里面并没有 LSDB 信息。

主次的选举见图中步骤 1、2、3，在步骤 1、2 中，RTA 和 RTB 互相发一个 DD，DD 报文有一个 Sequence 编号，最开始是随机值，后面递增，此外，后面还有 3 个标志位：I、M、MS。

I 表示 Initiate，置 1 表示这是第 1 个 DD 报文。

M 表示 More，置 1 表示后面还有 DD 报文。

MS 表示 Master，置 1 表示自己是主，第 1 个 DD 报文都置 1，把自己当作主。

RTA 和 RTB 收到对方的 DD 之后，通过比较路由器 ID，RTA 发现 RTB 的 ID 值比较大，因此 RTB 是主，自己是从，所以 RTA 又发了一个 DD 给 RTB，告诉 RTB 自己是从，见步骤 3，此时 Sequence 使用 RTB 的编号 Y。

主从选好之后,开始交互 DD,RTB 是主,所以先发,见步骤 4、5,Sequence 都用主路由器定的值,而且后面递增,所以是 Y+1。

RTA 和 RTB 收到对方 DD 之后,和自己的 LSDB 比较,RTA 发现缺了 RTB、RTC、RTD 的 LSA,所以向 RTB 请求这 3 条 LSA,见步骤 6,Link State Request 简称 LSR。

RTB 收到 LSR 后,将对应的 LSA 发给 RTA,见步骤 7,Link State Update 简称 LSU。

RTA 收到 LSU 之后,还要发一个 ACK,确认 LSU 已经收到,见步骤 8。

RTA 和 RTB 之间的 LSDB 同步完成后,进入 Full 状态,只有达到 Full 状态才是邻接关系。

(4) 维护关系:LSDB 同步完成后进入一个稳定状态,后面还会使用 Hello 报文来维护关系,RTA、RTB 周期性发 Hello 给对方,例如每 10s 发一个,如果连续 3 个周期收不到对方的 Hello 报文,就可以判定对方出故障了,然后删除相应的路由条目。

路由器的工作流程总结如下:

① 路由器上电并做好配置。

② 发出 Hello 报文,与直连路由器建立邻居关系。

③ 使用 DD、LSR、LSU、LSA 报文同步 LSDB。

④ LSDB 稳定后,使用 SPF 算法生成最短路径树。

⑤ 根据最短路径树生成路由表。

⑥ 周期性地使用 Hello 报文维护关系。

⑦ 如果网络出现变动,或者路由器刚上线,则会即刻发出 LSA,各个路由器更新 LSDB,重新计算路由表。

3.5 DR 与 BDR

如果同一个网段里有多个路由器,则需要考虑 LSDB 同步效率的问题,如图 3.9 所示,同一个网段有 4 个路由器,两两之间同步总共需要 6 次,随着路由器数量的增加,同步次数呈指数级增长,效率较低。

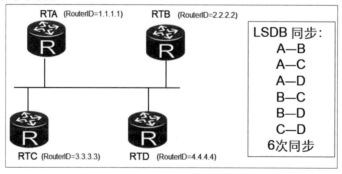

图 3.9 数据库同步次数

为了提高数据库同步的效率,可以在网段中选出一个同步中心,如图 3.10 所示,选 RTA 作为同步中心,其他路由器只跟 RTA 同步。此时同步次数可以减到 3 次,大大提高了同步效率。同步中心 RTA 通常称为指定路由器(Designated Router,DR)。

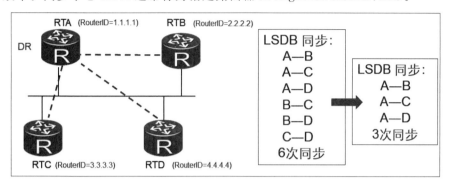

图 3.10　数据库同步中心

怎么确定哪个路由器是 DR 呢? DR 通过路由器优先级选举,值越大,优先级越高,默认值为 1,如果优先级都一样,则比较路由器 ID,值最大的就是 DR,如图 3.11 所示。

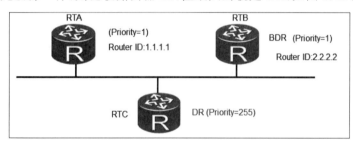

图 3.11　DR 选举

优先级可以配置,如果设置为 0,则不参加选举。DR 选举在邻居关系建立阶段完成,Hello 报文里带有当前路由器的优先级和路由器 ID。

DR 是数据库同步中心,如果 DR 发生故障,则需要通过 Hello 报文重新选举 DR,而 Hello 报文的发送间隔通常是 10s,在这 10s 内可能无法及时同步、更新路由信息。

为了避免产生 10s 真空期,在选举 DR 的同时还会选举一个次优的路由器作为 DR 的备份,这个路由器称为备份 DR(Backup DR,BDR),在图 3.11 中,RTC 优先级最高,是 DR,RTA 和 RTB 优先级一样,但是 RTB 的路由器 ID 比 RTA 大,因此 RTB 是 BDR。

如果 DR 发生故障,则 BDR 会自动成为 DR,网络中重新选举 BDR。网络中 DR 与 BDR 之外的普通路由器也称为 DRother。

OSPF 支持多种不同类型的网络,如点对点(Point-to-Point,如 PPP 链路)、广播(Broadcast,如以太网)、非广播多路访问(Non-Broadcast Multiple Access,NBMA,如帧中继)、点对多点(Point-to-Multi Point,P2MP,需手动指定)。

在不同网络里,DR 和 BDR 选举方式不一样,如表 3.1 所示。

表 3.1　不同网络中的 DR 选举

OSPF 网络类型	常见链路协议	是否有 DR	是否和邻居建立邻接关系
Point-to-Point	PPP、HDLC 链路	否	是
Broadcast	以太网	是	DR 与 BDR、DRother 建立邻接关系
NBMA	帧中继		BDR 与 DR、DRother 建立邻接关系
			DRother 之间只建立邻居关系
P2MP	需手工指定	否	是

如图 3.12 所示,现实中路由器之间经常采用点对点以太网连接,但是接口的网络类型缺省且均为 Broadcast,因此 OSPF 会在每个网段上选举 DR 及 BDR。

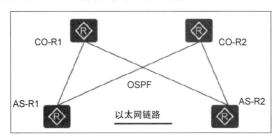

图 3.12　点对点型以太网

为了提高 OSPF 的工作效率,加快邻接关系的建立过程,可以把这些互连接口的网络类型修改为 P2P,不需要选举 DR、BDR。

将接口的工作模式改成点对点模式,从而提高 OSPF 的工作效率,命令如下:

```
//在接口配置视图中配置
[Huawei-GibabitEthernet1/0/0]Ospf network {p2p | p2mp | broadcast | nbma}
```

3.6　邻居与邻接的区别

成为邻居的条件是路由器达到 2-Way 状态,成为邻接的条件则是数据库同步完成。RTA 有 3 个邻居,RTB 也有 3 个邻居,4 个路由器之间都是邻居关系,如图 3.13 所示。

RTA 是 DR,与另外 3 个路由器同步数据库,RTA 与 RTB、RTC、RTD 都是邻接关系,但是 RTC 和 RTD 之间没有直接进行数据库同步,因此 RTC 和 RTD 之间不是邻接关系。

有邻居关系的两个路由器不一定有邻接关系,但是有邻接关系的两个路由器一定是邻居。

注意:BDR 也会与网络上所有的路由器建立邻接关系。

OSPF 状态迁移如图 3.14 所示,Down、2-Way、Full 是稳定状态,可以长时间保持在该状态。

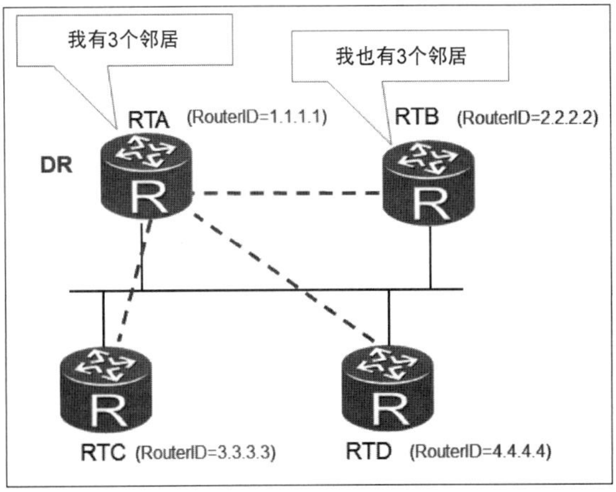

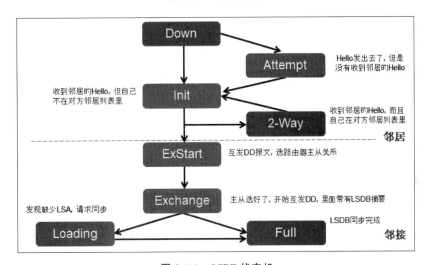

图 3.13 邻居关系

图 3.14 OSPF 状态机

3.7 OSPF 区域

OSPF 协议可以支持大型网络,在网络规模较大时,会有以下问题:

(1) LSDB 过大,占路由器内存。

(2) LSDB 过大,计算路由时消耗太多 CPU。

(3) 网络震荡问题,任何链路状态改变,全网路由器都需要更新 LSDB 并重新计算。

为了解决以上问题,OSPF 将网络划分成不同区域,不同区域的路由器维护的 LSDB 不一样,如图 3.15 所示,总共有 4 个区域,分别是区域 0、1、2、3,其中区域 0 比较特殊,是骨干区域,其他区域是普通区域,OSPF 区域有以下规则:

(1) 普通区域必须连接到骨干区域上,图中区域 1、2、3 都和区域 0 连接。

（2）普通区域不能直接互相发布路由，避免路由环路，例如，RTF 和 RTE 之间不能连在一起并在直连接口上运行 OSPF，见打叉号部分连线，否则 OSPF 工作会异常。

（3）不同区域通过路由器连接，例如，RTA 在区域 0 和 1 之间，不同接口处于不同区域。

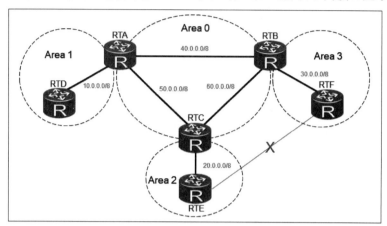

图 3.15　OSPF 区域

不同区域的路由器维护的 LSDB 不一样，RTD 只需维护 RTD 和 RTA 的 LSA。需要注意的是：RTA 既属于区域 0 又属于区域 1，它有两个 LSDB，其中一个是区域 1 的 LSDB，里面有 RTD 和 RTA 的 LSA，另外一个是区域 0 的 LSDB，里面有 RTA、RTB、RTC 的 LSA。RTC、RTB 也是类似的。

划分区域之后，LSDB 规模大大下降，路由器只维护本区域的 LSA，但是问题来了，RTD 没有 RTB 和 RTF 的 LSA，RTD 如何学习 30.0.0.0/8 网段路由呢？

为了让路由器学习到全网的路由，需要使用一个特殊的 LSA。图 3.15 中 RTB 处在区域边界上，它会往区域 0 里面通告一个特殊的 LSA，在 LSA 里面告诉 RTA 和 RTC，我有 30.0.0.0/8 这个网段；同理，RTA 也是边界路由器，也会往区域 1 里面通告一个类似的 LSA，告诉 RTD，我有 30.0.0.0/8、40.0.0.0/8、50.0.0.0/8、60.0.0.0/8 网段，同时还有 20.0.0.0/8 网段，因为 RTC 也会通告 20.0.0.0/8 网段。

这个特殊的 LSA 只是一个网段概括，RTD 只需了解到 RTA 有 30.0.0.0/8 这个网段就可以了，并不需要了解 RTB 和 RTF 的具体细节。

这样 RTD 就可以学习到全网的路由，又可以大大减少 LDSB 的条数。

OSPF 网络里不同路由器有不同的角色，如图 3.16 所示，不同角色的定义如下。

（1）IR：完全处于普通区域的路由器，如 RTD。

（2）BR：完全处于骨干区域的路由器，如 RTG。

（3）ABR：处于两个区域之间，如 RTA、RTB、RTC。

（4）ASBR：与外界互通的路由器，如 RTE。

RTA、RTB、RTC、RTD、RTE、RTF、RTG 之间运行 OSPF，使用统一的路由协议互相学习路由信息，这组路由器就是一个自治系统（Autonomous System，AS）。通常来讲一个公司内部就是一个 AS。

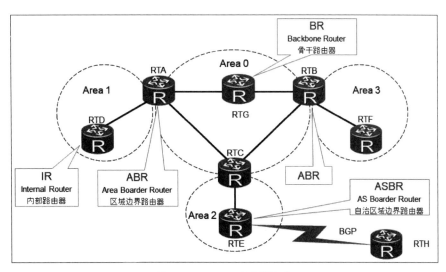

图 3.16 OSPF 路由器角色

　　每个网络都需要和因特网互联,也就是说每个网络都需要有出口,并且和其他的 AS 连接,这个出口路由器负责往外面发布本 AS 的路由信息,同时也负责导入外面的路由信息,是 AS 边界路由器。

3.8 OSPF 协议格式

　　OSPF 报文封装在 IP 报文里面,具体格式如图 3.17 所示,当 IP 头部 protocol 字段值为 89 时,表示里面封装的是 OSPF 报文。

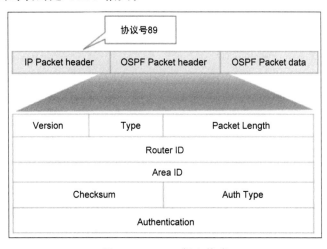

图 3.17 OSPF 报文格式

Version：OSPF 版本，对于当前所使用的 OSPFv2，该字段的值为 2。

Router ID：表示生成此报文的路由器的 Router ID。

Area ID：表示此报文需要被通告到的区域。

Type：类型字段，不同取值表示里面封装的是不同类型的 OSPF 报文。

Packet Length：表示整个 OSPF 报文的长度，单位是字节。

Checksum：校验字段，其校验的范围是整个 OSPF 报文，包括 OSPF 报文头部。

Auth Type：为 0 时表示不认证；为 1 时表示简单的明文密码认证；为 2 时表示加密（MD5）认证。

Authentication：认证所需的信息。该字段的内容随 AuType 的值的不同而不同。

OSPF 报文总共有 5 种，分别是 Hello、DD、LSR、LSU、LSA，这 5 种报文有个公共的头部（见图 3.18 中的 OSPF Packet header），当公共头部里面的 Type 字段取不同值时，表示里面封装的不同类型的报文，如表 3.2 所示。

表 3.2　Type 字段不同取值

Type	报 文 名 称	报 文 功 能
1	Hello	发现和维护邻居关系
2	Database Description(DD)	发送数据库摘要
3	Link State Request(LSR)	请求指定链路状态信息
4	Link State Update(LSU)	发送链路状态详细信息
5	Link State ACK	收到 LSU 后进行确认

当 Type＝1 时，表示里面是 Hello 报文，报文格式如图 3.18 所示。

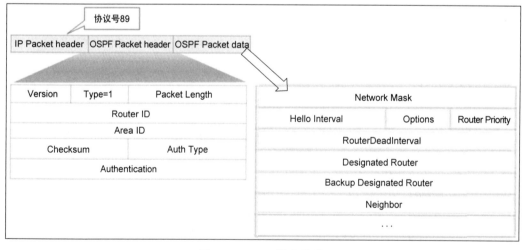

图 3.18　Hello 报文格式

Network Mask：当前接口网络掩码。

Hello Interval：Hello 报文发送间隔，默认为 10s。

Options：

E：是否支持外部路由。

MC：是否支持转发组播数据包。

N/P：是否为 NSSA 区域。

Router Priority：路由器优先级，默认为1，如果配置为0，则路由器不参与 DR 或 BDR 选举。

Designated Router：DR 路由器的接口地址。

Backup Designated Router：BDR 的接口地址。

Neighbor：邻居，以 Router ID 标识，有可能有多个邻居。

其他几种报文格式这里不展开讲解，第4章再详细介绍。

3.9　配置 OSPF

在介绍具体配置案例前，先介绍 OSPF 常用命令：

（1）指定 OSPF 路由器 ID，启动 OSPF 进程之前需要先指定，通常使用环回地址，如 1.1.1.1 和 2.2.2.2，这样比较直观，通过 Router ID 很容易看出来是哪个路由器。如果不手动指定 ID，则启动 OSPF 进程后，系统会自己选定 ID，并且会优先使用环回地址，如果没有环回地址就使用值最大的接口 IP 地址。配置路由器 ID 的命令如下：

```
[Huawei]ospf router - id 1.1.1.1
```

（2）启动 OSPF 进程，process-id 取值是数字，进程号是本地概念，两台路由器之间的进程号不一样也可以正常工作。可以同时启动多个 OSPF 进程，同一个路由器里面的各个进程之间互不相关，有各自独立的 OSPF 路由表。配置进程号的命令如下：

```
[Huawei]ospf 1
```

（3）配置 OSPF 区域，area-id 取值是数字，0 是骨干区域，其他是普通区域：

```
[Huawei - ospf - 1]area 0
```

（4）将网段宣告到 OSPF 中，只有通过 network 命令宣告的网段信息才会在 LSA 里面通告给其他路由器。例如，宣告 192.168.1.0/24 这个网段，使用的命令如下：

```
//ospf 中宣告网段时使用反掩码.
[Huawei - ospf - 1 - area0.0.0.0]network 192.168.1.0 0.0.0.255
```

（5）在接口模式下，配置 DR 优先级，默认值为1：

```
[Huawei - GigabitEthernet1/0/0]ospf dr - priority 1
```

（6）在接口模式下，配置 Hello 报文发送间隔，默认 10s，邻居失效是 4 倍 Hello 报文间隔：

```
[Huawei–GibabitEthernet1/0/0]ospf timer hello 10
```

总共有 3 个路由器,RTA 在骨干区域 0,RTC 在普通区域 1,RTB 是 ABR,在区域 0 和区域 1 之间,如图 3.19 所示。

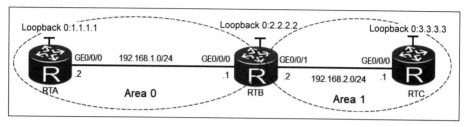

图 3.19　实验拓扑

RTA 的配置命令如图 3.20 所示,首先配置环回 IP 和接口 IP,接着配置路由器的 ID,然后进入 Area 0,在里面宣告环回地址和接口地址对应的网段。

注意:掩码用的是反掩码。

```
<Huawei>system
<Huawei>system-view
Enter system view, return user view with Ctrl+Z.
[Huawei]interface loopback 0
[Huawei-LoopBack0]ip add 1.1.1.1 32
[Huawei-LoopBack0]interface g0/0/0
[Huawei-GigabitEthernet0/0/0]ip add 192.168.1.2 24
[Huawei-GigabitEthernet0/0/0]quit
[Huawei]ospf router-id 1.1.1.1
[Huawei-ospf-1]area 0
[Huawei-ospf-1-area-0.0.0.0]network 1.1.1.1 0.0.0.0
[Huawei-ospf-1-area-0.0.0.0]network 192.168.1.0 0.0.0.255
[Huawei-ospf-1-area-0.0.0.0]
[Huawei-ospf-1-area-0.0.0.0]quit
[Huawei-ospf-1]quit
```

图 3.20　RTA 的配置命令

RTB 的配置命令如图 3.21 所示,配置步骤和 RTA 类似,不同点在于 RTB 有两个区域,将对应的网段宣告在对应的区域里面。环回口地址宣告到哪个区域都可以。

```
<Huawei>system-view
Enter system view, return user view with Ctrl+Z.
[Huawei]inter loopback 0
[Huawei-LoopBack0]ip add 2.2.2.2 32
[Huawei-LoopBack0]inter g0/0/0
[Huawei-GigabitEthernet0/0/0]ip add 192.168.1.1 24
[Huawei-GigabitEthernet0/0/0]inter g0/0/1
[Huawei-GigabitEthernet0/0/1]ip add 192.168.2.2 24
[Huawei-GigabitEthernet0/0/1]quit
[Huawei]ospf router-id 2.2.2.2
[Huawei-ospf-1]area 0
[Huawei-ospf-1-area-0.0.0.0]network 2.2.2.2 0.0.0.0
[Huawei-ospf-1-area-0.0.0.0]network 192.168.1.0 0.0.0.255
[Huawei-ospf-1-area-0.0.0.0]quit
[Huawei-ospf-1]area 1
[Huawei-ospf-1-area-0.0.0.1]network 192.168.2.0 0.0.0.255
[Huawei-ospf-1-area-0.0.0.1]
```

图 3.21　RTB 的配置命令

RTC 的配置如图 3.22 所示,和 RTA 类似。

```
<Huawei>system-view
Enter system view, return user view with Ctrl+Z.
[Huawei]inter loopback 0
[Huawei-LoopBack0]ip add 3.3.3.3 32
[Huawei-LoopBack0]inter ge0/0/0
[Huawei-GigabitEthernet0/0/0]ip add 192.168.2.1 24
[Huawei-GigabitEthernet0/0/0]quit
[Huawei]ospf router-id 3.3.3.3
[Huawei-ospf-1]area 1
[Huawei-ospf-1-area-0.0.0.1]network 3.3.3.3 0.0.0.0
[Huawei-ospf-1-area-0.0.0.1]network 192.168.2.0 0.0.0.255
```

图 3.22 RTC 的配置命令

查看 RTA 的路由学习情况,如图 3.23 所示,方框内的路由都是通过 OSPF 学习而来的,其他路由是 RTA 的直连路由。

```
[Huawei]disp ip routing-table
Route Flags: R - relay, D - download to fib
------------------------------------------------------------------------
Routing Tables: Public
         Destinations : 8        Routes : 8

Destination/Mask    Proto   Pre  Cost      Flags NextHop         Interface

      1.1.1.1/32    Direct  0    0          D    127.0.0.1       LoopBack0
      2.2.2.2/32    OSPF    10   1          D    192.168.1.1     GigabitEthernet0/0/0
      3.3.3.3/32    OSPF    10   2          D    192.168.1.1     GigabitEthernet0/0/0
    127.0.0.0/8     Direct  0    0          D    127.0.0.1       InLoopBack0
    127.0.0.1/32    Direct  0    0          D    127.0.0.1       InLoopBack0
  192.168.1.0/24    Direct  0    0          D    192.168.1.2     GigabitEthernet0/0/0
  192.168.1.2/32    Direct  0    0          D    127.0.0.1       GigabitEthernet0/0/0
  192.168.2.0/24    OSPF    10   2          D    192.168.1.1     GigabitEthernet0/0/0
```

图 3.23 RTA 的路由表

查看 RTA 的 LSDB,如图 3.24 所示,RTA 只有一个 LSDB,方框内的两条 LSA 就是前面介绍的由 ABR 发送出来的特殊 LSA,是一个网络摘要,不是路由器明细。

```
[Huawei]disp ospf lsdb

        OSPF Process 1 with Router ID 1.1.1.1
              Link State Database

                     Area: 0.0.0.0
Type       LinkState ID     AdvRouter        Age   Len  Sequence   Metric
Router     2.2.2.2          2.2.2.2          1012  48   80000005   0
Router     1.1.1.1          1.1.1.1          1008  48   80000006   0
Network    192.168.1.2      1.1.1.1          1008  32   80000002   0
Sum-Net    3.3.3.3          2.2.2.2          925   28   80000001   1
Sum-Net    192.168.2.0      2.2.2.2          1005  28   80000001   1
```

图 3.24 RTA 的 LSDB

查看 RTA 的邻居,如图 3.25 所示,本路由器的 ID 是 1.1.1.1,接口 192.168.1.2 的邻居是 2.2.2.2,LSDB 的同步状态是 Full,优先级是默认值为 1。

此时 DR 是 RTA(路由器 ID:1.1.1.1,接口 IP:192.168.1.2),按前面的说法,在优先级一样的情况下,路由器 ID 大的是 DR,为什么这里 RTA 是 DR 呢?

答案是:OSPF 的 DR 采用非抢占模式,如果网段中已经有 DR 存在,新加入的路由器就算优先级更高也不会抢占变成 DR。

```
[Huawei]display ospf peer

        OSPF Process 1 with Router ID 1.1.1.1
            Neighbors

Area 0.0.0.0 interface 192.168.1.2(GigabitEthernet0/0/0)'s neighbors
Router ID: 2.2.2.2          Address: 192.168.1.1
  State: Full  Mode:Nbr is  Master  Priority: 1
  DR: 192.168.1.2  BDR: 192.168.1.1  MTU: 0
  Dead timer due in 38  sec
  Retrans timer interval: 5
  Neighbor is up for 00:16:57
  Authentication Sequence: [ 0 ]
```

图 3.25　RTA 的邻居信息

实验配置时 RTA 先配置完成，DR 选举在路由器上线后一段时间内完成，如果没有发现其他邻居，则自己默认变成 DR。等 RTB 配置完成时，RTA 已经是 DR 了，在 Hello 报文交互的过程中 RTB 发现已经有 DR，所以不会重新抢占，因此 RTA 是 DR。

RTB 和 RTC 的路由表、LSDB、邻居关系可以自己尝试看一看，其中 RTB 是 ABR，它有两个 LSDB，如图 3.26 所示，一个是 Area 0 的，另一个是 Area 1 的。

```
<Huawei>sys
Enter system view, return user view with Ctrl+Z.
[Huawei]display ospf lsdb

        OSPF Process 1 with Router ID 2.2.2.2
            Link State Database

                Area: 0.0.0.0
Type      LinkState ID    AdvRouter       Age   Len  Sequence   Metric
Router    2.2.2.2         2.2.2.2         376   48   80000006   0
Router    1.1.1.1         1.1.1.1         375   48   80000007   0
Network   192.168.1.2     1.1.1.1         375   32   80000003   0
Sum-Net   3.3.3.3         2.2.2.2         289   28   80000002   1
Sum-Net   192.168.2.0     2.2.2.2         368   28   80000002   1

                Area: 0.0.0.1
Type      LinkState ID    AdvRouter       Age   Len  Sequence   Metric
Router    2.2.2.2         2.2.2.2         282   36   80000006   1
Router    3.3.3.3         3.3.3.3         290   48   80000005   0
Network   192.168.2.2     2.2.2.2         282   32   80000003   0
Sum-Net   2.2.2.2         2.2.2.2         368   28   80000002   0
Sum-Net   1.1.1.1         2.2.2.2         368   28   80000002   1
Sum-Net   192.168.1.0     2.2.2.2         368   28   80000002   1
```

图 3.26　RTB 的 LSDB

3.10　小结

本章介绍了 OSPF 基本概念、工作原理、工作流程，并详细介绍了为什么要使用 DR 与 BDR，如何选举 DR、BDR、邻居与邻接的区别、为什么要使用区域，以及区域间如何学习路由。最后举例介绍了 OSPF 配置。

本章内容很重要，工作中经常用到，考试中的占比也很大。初学时会感到有点抽象，建议多做实验练习，有不清楚的地方通过实验验证，既能熟悉命令，又能加深记忆。

第 4 章

OSPF 路由计算原理

运行 OSPF 的路由器会发出 LSA,同时也接收 LSA,并统一存放到 LSDB 中,然后使用 SPF 算法,对 LSDB 中的 LSA 进行分析和计算,得到最短路径树,最终得到路由表。

OSPF 使用多种不同 LSA 来通告路由信息,有些用于本区域内通告,有些用于区域间路由通告,有些用于 AS 外部引入路由的通告。

本章介绍以下重点内容:

(1) 各种 LSA 的工作背景和工作过程。

(2) 对 LSA 有特殊要求的 Stub 区域工作原理。

(3) OSPF 路由计算过程,包括区域内路由计算、区域间路由计算及外部引入路由计算。

4.1　LSA 分类

常用的 LSA 有 5 种,分别为 Type1、Type2、Type3、Type4、Type5。

1. Type1

Type1 也称为 Router-LSA,每个路由器都会发出 Type1 的 LSA,用来描述本路由器的相关信息,如图 4.1 所示,Router-LSA 包括链路数量、网段信息、网络掩码和开销信息等。

RTA、RTB、RTC、RTD 往每个接口都发送 Type1 LSA,例如 RTB,既发给 RTA,也发给 RTC 和 RTD。该 LSA 在区域内透传,例如 RTA 发给 RTB 之后,RTB 还会原封不动地透传给 RTC、RTD。

注意:Type1 LSA 在本区内泛洪,但是不能发给其他区域。

2. Type2

Type2 也称为 Network-LSA,用来描述一个网段的信息,由 DR 发出,如图 4.2 所示,RTA 是 10.0.0.0 网段的 DR,除了发出 Router-LSA 之外,RTA 还会发出 Network-LSA,用来描述 10.0.0.0 网段信息,包括网络号、掩码、该网段的所有路由器(RTA、RTB)。

每个 DR 都会发送 Network-LSA,图 4.2 中 RTC 是 DR,也会发送。该 LSA 也在本区域内泛洪,但是不发送给其他区域的路由器。泛洪后同一个区域内的所有路由器的 LSDB 内容都一样。

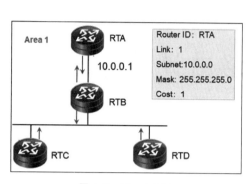

图 4.1 Type1 LSA

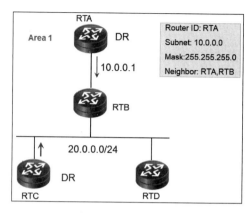

图 4.2 Type2 LSA

3. Type3

使用 Type1 和 Type2 LSA 就可以计算出本区域内的路由,但是此时路由器还无法得到其他区域的路由信息,因为 Type1 和 Type2 只在本区域内泛洪。为了学习其他区域的路由,需要使用 Type3 LSA。

Type3 也称为 Network-Summary-LSA,用来描述一个区域内的所有网段信息,由 ABR 发出,如图 4.3 所示,左边是区域 1,中间是区域 0,右边是区域 2,RTB 和 RTC 是 ABR。RTB 往区域 0 发送一个 Type3 LSA,该 LSA 包括区域 1 内的所有网段号和对应的掩码(10.0.0.0/24、20.0.0.0/24)。

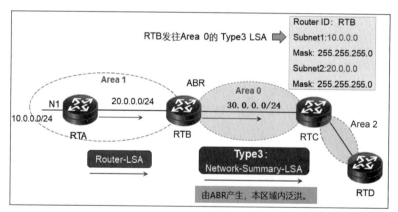

图 4.3 Type3 LSA

Type 3 LSA 只在区域内泛洪,不会透传给其他区域,例如 RTC 收到 RTB 的 Type3 LSA,不会直接发给 Area2,那么 RTD 如何学习 10.0.0.0/24 网段呢? 见图 4.3,RTC 也是 ABR,会往 Area2 发送 Type3 LSA,此时的 LSA 带有 3 个网段信息:10.0.0.0/24、20.0.0.0/24/、30.0.0.0/24,因此 RTD 学习到了全网的路由。

反方向也是一样的,RTA 也会学习到全网路由。

4. Type4 和 Type5

使用 Type1、Type2、Type3 可以学习到 OSPF 网络中的所有路由信息,但是还有一种场景的路由无法学习,那就是连接外网的 ASBR 路由,如图 4.4 所示,RTC 是 ASBR,该路由器使用 BGP 连接外网,外网中有 10.0.0.0/24 网段,如何让 RTA 和 RTB 学习到该网段呢?

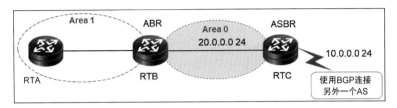

图 4.4　ASBR 场景

RTC 会往 OSPF 网络发送一个 Type5 LSA(也称为 AS-External-LSA),用来描述 AS 外部的网段信息,该 LSA 会在所有区域内(Area 0、Area 1)泛洪,图中 RTB 收到后直接透传给 RTA,如图 4.5 所示。该 LSA 告诉所有路由器:如果有报文去往 10.0.0.0/24 网段,则交给 RTC(路由 ID:3.3.3.3)。

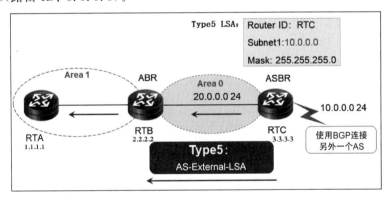

图 4.5　Type5 LSA

但是问题来了,RTA 并不知道 3.3.3.3 路由器在哪,因为前面 Type3 LSA 只通告了网段信息,并没有路由器 ID 信息(RTA 会学到去往 3.3.3.3 的路由,但是路由信息和路由器 ID 有区别,RTC 发出来的 Type1、Type2、Type3 不会泛洪给 RTA,所以此时 RTA 不知道路由器 3.3.3.3 在哪)。如何让 RTA 知道 3.3.3.3 路由器在哪?

此时,需要由 ABR 补发一个 Type4 LSA(ASBR-Summary-LSA),此 LSA 描述了 ASBR(RTC:3.3.3.3)的位置信息,如图 4.6 所示,RTB 往 Area 1 透传 Type5 的同时,再发出一条 Type4 LSA,告诉区域内所有路由器:RTB(2.2.2.2)知道 3.3.3.3 在哪。

RTA 和 RTB 在同一个区域,RTA 可以学习到去往路由器 2.2.2.2 的路由,因为 Type1 和 Type 的 LSA 里面都带有路由器 ID,同理 RTB 也能学习到去往 RTC(3.3.3.3)的路由。

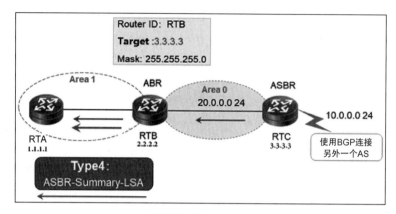

图 4.6　Type4 LSA

总结一下：RTA 通过 Type5 LSA 知道去往 10.0.0.0/24 应该交给 3.3.3.3，通过 Type4 LSA 知道去往 3.3.3.3 应该交给 2.2.2.2，因此 RTA 收到去往 10.0.0.0/24 报文时，直接交给 RTB(2.2.2.2)，RTB 再交给 RTC(3.3.3.3)。

注意：使用 import 命令引入外部路由就会触发 Type5 LSA 生成。

本节介绍了常用的 5 种 LSA，通过 Type1、Type2 可以学习本区域内的路由信息，通过 Type3 可以学习 OSPF 内所有的路由信息，通过 Type4、Type5 可以学习 AS 外部的路由，如表 4.1 所示。

表 4.1　LSA 汇总

LSA 名称	LSA 描述
Type1：Router-LSA	由路由器发出，描述路由器具体信息，区域内泛洪
Type2：Network-LSA	由 DR 发出，描述当前网段信息，区域内泛洪
Type3：Network-Summary-LSA	由 ABR 发出，描述区域内所有网段，区域内泛洪
Type4：ASBR-Summary-LSA	由 ABR 发出，描述 ASBR 路由器 ID，区域内泛洪
Type5：AS-External-LSA	由 ASBR 发出，描述目标网段，所有区域内泛洪

4.2　Stub 区域

根据前面的介绍，使用 Type4、Type5 可以学习到 OSPF 外部路由信息，在实际应用中，外部路由条目有时会非常庞大，性能低的路由器处理起来会产生问题。如何保护这些路由器，能不能过滤掉不必要的路由信息呢？

可以将区域配置成 Stub 区域，配置了之后，Type4 和 Type5 LSA 都会被过滤掉，只生成一条默认路由。

左边圆圈内是 Area 1，配置成 Stub 区域，中间区域是 Area 0，RTC 左边接口运行 OSPF，在 Area 0 内，RTC 右边接口没有运行 OSPF，通过静态路由配置了去往 10.4.1.0/24 网段，如图 4.7 所示。

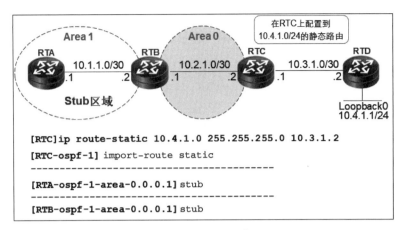

图 4.7　Stub 区域

此时在 RTC 上 OSPF 进程里面引入静态路由,见图 4.7 的命令配置,RTC 变成 ASBR,RTC 会给 RTB 发送 Type5 LSA。

此时 RTB 收到 Type5 LSA 后并不会直接透传给 Area 1,也不会生成一个 Type4 LSA,而是使用了一个 Type3 LSA 通告了一条默认路由,如图 4.8 所示,查看 RTA 的 LSDB,会发现没有 10.4.1.0 的路由条目,只多了一条默认路由 0.0.0.0,而且该路由的属性和 10.2.1.0 网段的属性一致,都是通过 Type3 LSA 学习得来的。

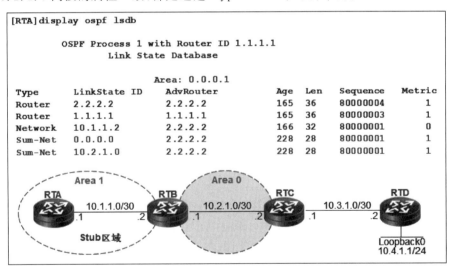

图 4.8　Stub 区域路由学习结果

通过配置 Stub 区域,可以过滤掉 AS 外部进来的路由,防止路由表过大,但是有些时候,OSPF 内部网络本身就非常庞大,也会对一些性能低的路由器产生影响,此时可以使用一种更严格的 Stub 区域,不仅可以过滤 AS 外部进来的路由,还可以过滤其他区域进来的路由,只学习本区域路由信息,其他的都用默认路由代替。

将 Area 1 配置成完全 Stub,和配置普通 Stub 区域相比,配置命令多了一个参数 no-summary,最终结果会将 Type3 LSA 也一起过滤掉,如图 4.9 所示。

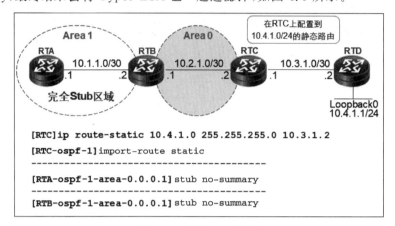

图 4.9 完全 Stub 区域

此时查看 RTA 的 LSDB,会发现只有一条 0.0.0.0 的默认路由,10.2.1.0 也被过滤了,如图 4.10 所示。

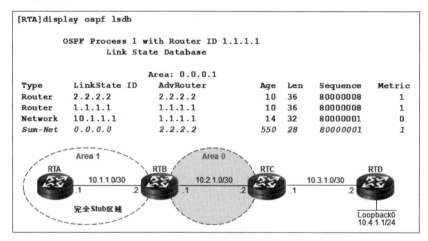

图 4.10 完全 Stub 区域

普通 Stub 区域和完全 Stub 区域都不允许 Type5 和 Type4 LSA 在里面泛洪,但是如果 ASBR 就在 Stub 区域该怎么办? 如图 4.11 所示,RTC 是 ASBR,在 Stub 区域里面,Type5 LSA 发送不出去,怎样才能让 RTA 学习到去往 10.4.1.0 网段的路由呢?

为了解决这个问题,OSPF 又定义了一种不完全 Stub 区域(Not So Stubby Area,也简称 NSSA),在 NSSA 区域里使用新的 LSA 来代替 Type5 LSA,新的 LSA 也称为第七类 LSA(Type7 LSA)。

RTC 在 NSSA 区域里泛洪 Type7 LSA 通告 10.4.1.0 网段的路由信息,RTB 收到该 LSA 时,将 Type7 转换为 Type5,然后发给 RTA。RTB 变成间接 ASBR,如图 4.12 所示。

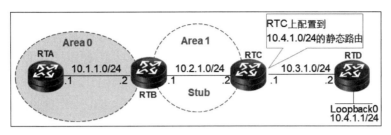

图 4.11　ASBR 在 Stub 区域里

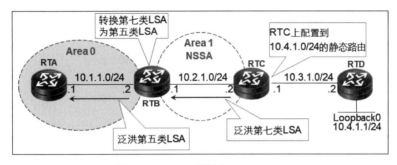

图 4.12　NSSA 区域和 Type7 LSA

需要注意的是,Type4 和 Type5 也不能进入 NSSA 区域。

总结一下:

(1) 普通 Stub 区域不允许 Type4、Type5 进入,AS 外部路由用默认路由代替。

(2) 完全 Stub 区域不学习 AS 外部路由,同时也不学习其他区域的路由,全部用默认路由代替。

(3) NSSA 区域不学习外部路由,但是可以将外部路由传递出去。

Type7 LSA 功能和 Type5 一样,特殊点是可以在 Stub 区域里面泛洪。

4.3　OSPF 路由计算

OSPF 协议将所有 LSA 存放在 LSDB 中,然后使用 SPF 算法分析 LSDB,最终生成一棵以自己为根的生成树。本节先介绍生成树的基本概念,然后介绍 LSA 里面包含的具体内容,最后举例介绍如何根据 LSA 的内容计算生成树。

4.3.1　生成树的基本概念

生成树中有 3 种实体:Stub 网段、Transit 网段、路由器节点。

1. Stub 网段

Stub 网段表示路由网络的末梢,可以简单地理解为对端没有路由器的网段就是 Stub 网段,例如一个 Loopback 接口就是一个 Stub 网段,对端接着一个主机的接口也是 Stub 网段,对端接着交换机,但是该交换机下面都是主机,没有路由器的情况下也是一个 Stub

网段。

RTA 有一个 Stub 网段 N1,该网段的 Cost 值是 10,在 LSDB 描述的有向图中,RTA 是一个实体,Stub 网段也是一个实体,从 RTA 去往 N1 的 Cost 值是 10,带有方向性,如图 4.13 所示。

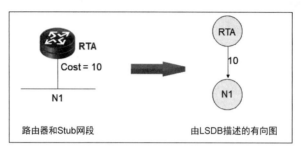

图 4.13　Stub 网段

2. Transit 网段

对端连有路由器的网段是 Transit 网段,4 个路由器连在同一个以太网上,中间的 N1 就是一个 Transit 网段,如图 4.14 所示。在 LSDB 描述的有向图中,N1 也是一个实体,路由器去往 N1 的 Cost 值是 5,N1 去往路由器的 Cost 值是 0。RTA 去往 RTB 的 Cost=5+0=5,和实际的 Cost 值一致。

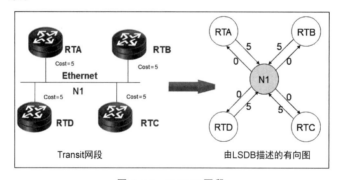

图 4.14　Transit 网段

3. P2P 网段

点对点网络比较特殊,虽然对端是路由器,但是点对点网络本身不用 IP 也可以通信,如图 4.15 所示,在 LSDB 有向图中,RTA 和 RTB 之间有一个直连的关系,同时又有去往 N1 网段(10.1.1.0/24)的连接,所以 RTA、RTB 之间既有直连,又有 N1 网段。

因为 PPP 连接不用 IP 也可以通信,因此两个路由器之间的接口可以配置不同网段的 IP,如图 4.16 所示,RTA 接口用 10.1.1.0/24 网段,RTB 接口用 20.1.1.0/24 网段,因此在 LSDB 有向图中,RTA 有去往 N1 的连接,RTB 有去往 N2 的连接,它们使用的网段不一致。

介绍完生成树的基本概念后,下面介绍 LSA 中如何表示这些有向图实体。

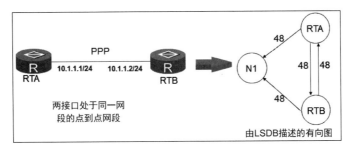

图 4.15　P2P 网段 1

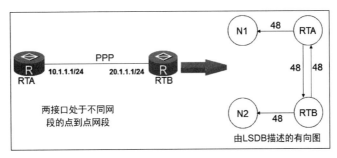

图 4.16　P2P 网段 2

4.3.2　LSA 结构

LSA 是 OSPF 计算路由的依据,LSA 有多种不同类型,它们有共同的头部结构。协议结构如图 4.17 所示。

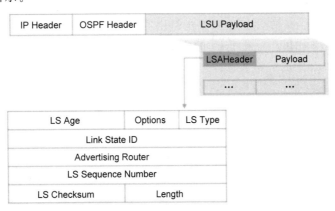

图 4.17　LSA 头部结构

(1) LS Age:LSA 生存的时间,单位为秒,初始值为 0,在网络中泛洪时逐渐累加,到最高值 3600s 时,该 LSA 失效。

(2) Options:每个 bit 都对应了 OSPF 所支持的某种特性。

(3) LS Type:LSA 的类型(用不同值表示 Type1、Type2、Type3 等 LSA)。

（4）Link State ID：不同的 LSA，该字段的定义不同，后面再详细介绍。

（5）Advertising Router：产生该 LSA 的路由器 ID。

（6）LS Sequence Number：LSA 序号，路由器始发的 LSA 序号为 0x80000001，之后每次更新加 1，最大值为 0x7FFFFFFF。

（7）LS Checksum：校验和，用于保证完整性和准确性。

（8）Length：LSA 头部和内容的总长度。

4.3.3 Router LSA 详细讲解

每个 OSPF 路由器都会产生 Router LSA，它用于描述和该路由器相关的链路信息，如图 4.18 所示。

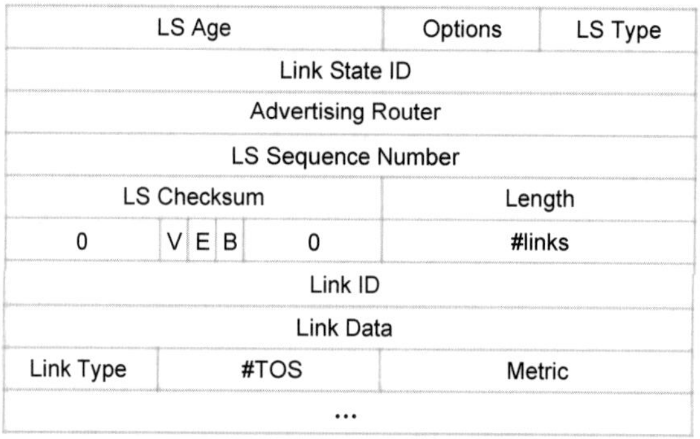

LS Age			Options	LS Type
Link State ID				
Advertising Router				
LS Sequence Number				
LS Checksum			Length	
0	V E B	0	#links	
Link ID				
Link Data				
Link Type	#TOS		Metric	
...				

图 4.18　Router LSA 结构

（1）V(Virtual Link)：如果产生此 LSA 的路由器是虚连接的端点，则置 1。

（2）E(External)：如果产生此 LSA 的路由器是 ASBR，则置 1。

（3）B(Border)：如果产生此 LSA 的路由器是 ABR，则置 1。

（4）Links：LSA 中的链路数量。

（5）Metric：Cost 值。

（6）Link ID、Link Data 和 Link Type 有关，不同的链路类型有不同的定义，对应关系如表 4.2 所示。

表 4.2　对应关系

Link Type	Link ID	Link Data
Point-to-Point	邻居的 Router ID	该网段上本地接口的 IP 地址
TransNet	DR 的接口 IP 地址	该网段上本地接口的 IP 地址
StubNet	该 Stub 网段的 IP 网络地址	该 Stub 网段的网络掩码
Virtual	虚连接邻居的 Router ID	去往该虚连接邻居的本地接口 IP 地址

下面举两个例子，介绍 Router LSA 是如何描述链路信息的，一个是 P2P 链路，另一个是 Transit 链路。

1. Router LSA 描述的 P2P 链路

R1 与 R3 之间是 PPP 链路,因此 R1 发出的 Router LSA 中描述了两条链路,一条是与 R3 直连的 PPP 链路,另外一条是去往 10.0.13.0/24 网段(Stub)的链路,如图 4.19 所示。

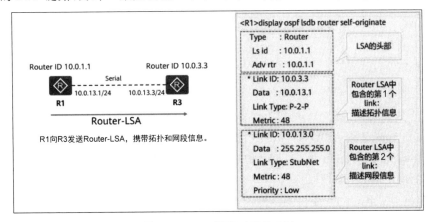

图 4.19　P2P 链路对应的 LSA

LSA 包括 3 部分:头部、P2P 网段描述、Stub 网段描述。

在这个 LSA 里面描述了两个网段,一个是 P2P,另一个是 StubNet。根据上面的对照表,在 P2P 网段描述中,Link ID 填邻居的路由器 ID,所以填 10.0.3.3,Data 填该网段的本地接口 IP,也就是 R1 的接口 IP,所以填 10.0.13.1。在 StubNet 描述中,Link ID 填 Stub 网段的网络地址,所以填 10.0.13.0,Data 填该网段的掩码,所以填 255.255.255.0。

2. Router LSA 描述的 TransNet 链路

R2 发出的 Router LSA 里面描述了一个 TransNet 网段,根据上面对照表,Link ID 应该填 DR 的接口 IP,因为 R2 是 DR,所以填 10.0.235.2,Data 填该网段本地接口 IP,也就是 R2 接口 IP,所以填 10.0.235.2,如图 4.20 所示。

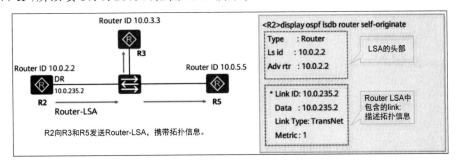

图 4.20　TransNet 链路对应的 LSA

4.3.4　Network LSA 详细讲解

Network LSA 也称为 2 类 LSA,由 DR 发出,用于描述本网段的相关信息,在区域内泛洪,如图 4.21 所示。

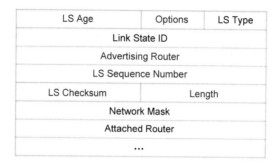

图 4.21　Network LSA 结构

（1）LS Type：2 类 LSA，Network LSA。

（2）Link State ID：DR 的接口 IP 地址。

（3）Network Mask：网段掩码。

（4）Attached Router：连接到该网段的路由器 ID，也就是该网段与 DR 建立邻居关系的所有路由器列表，DR 自己的路由器 ID 也在里面。

R2 是 DR，会发出一个 Network LSA，该 LSA 主要描述网段掩码，以及该网段上的路由器列表。图 4.22 中网段掩码是 255.255.255.0，路由器总共有 3 个，它们的 ID 分别是 10.0.2.2、10.0.3.3、10.0.5.5，如图 4.22 所示。

根据 LS ID 和 Net Mask 这两条信息，就可以得到网络号 10.0.235.0/24。

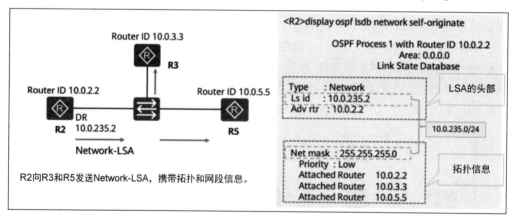

图 4.22　Network LSA 信息

4.3.5　区域内路由计算过程

区域内路由计算只需 Router LSA 和 Network LSA 就可以完成，下面结合例子说明 OSPF 区域内路由计算过程。

OSPF 区域 1 里面有 4 个路由器，分别是 RTA、RTB、RTC、RTD，网络拓扑信息如下（带下画线的是链路 Cost 值，带灰色背景的是网段编号），如图 4.23 所示。

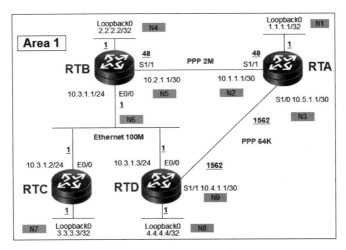

图 4.23　OSPF 网络拓扑

（1）RTA、RTB、RTC、RTD 分别有一个环回地址 Loopback0，作为路由器 ID。

（2）RTA 与 RTB 之间使用 2Mb/s 带宽的 PPP 链路，Cost 值是 48，两个路由器接口使用的 IP 不一致，RTB 侧的接口 IP 是 10.2.1.1，RTA 侧的接口 IP 是 10.1.1.1。

（3）RTA 与 RTD 之间使用 64Kb/s 带宽的 PPP 链路，Cost 值是 1562，两个路由器使用的 IP 不一致，RTA 侧的接口 IP 是 10.5.1.1，RTD 侧的接口 IP 是 10.4.1.1。

（4）RTB、RTC、RTD 之间使用 100Mb/s 以太网连接，Cost 值是 1。

OSPF 的 LSDB 中描述的有向图如图 4.24 所示。Transit 网段只有一个（N6），其他都是 Stub 网段。

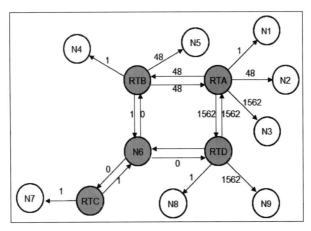

图 4.24　LSDB 描述的有向图

每个路由器都会以自己为树根，计算得到一棵最短路径树，下面以 RTA 为例，看一下具体计算过程。

Router LSA 和 Network LSA 会在区域内泛洪，如图 4.25 所示，RTA 的 LSDB 中总共

有 5 条 LSA,前 4 个是 Router LSA,最后一个是描述 N6 网段的 Network LSA。

```
<RTA>display ospf lsdb
        Area: 0.0.0.1
Type      LinkState ID    AdvRouter        Age   Len  Sequence   Metric
Router    4.4.4.4         4.4.4.4          1089  60   80000006   1562
Router    3.3.3.3         3.3.3.3          1100  36   80000006   1
Router    2.2.2.2         2.2.2.2          1098  60   8000000A   48
Router    1.1.1.1         1.1.1.1          1089  72   80000007   48
Network   10.3.1.1        2.2.2.2          1098  36   80000005   0
```

图 4.25   RTA 的 LSDB

在这些 LSA 里面会详细描述各个网段信息,OSPF 计算过程分两个阶段:

第一阶段先计算 Transit 网段和 P2P 网段信息,忽略 Stub 网段(因为 Stub 网段都是旁挂网段,不影响生成树路径)。

第二阶段等生成树计算完成后,再将 Stub 网段挂载到生成树上。

RTA 首先分析自己产生的 Router LSA,如图 4.26 所示,该 LSA 里面总共描述了 5 个网段,其中两个是 P2P 网段,其他 3 个是 Stub 网段。先分析这两个 P2P 网段,Stub 网段暂时忽略。

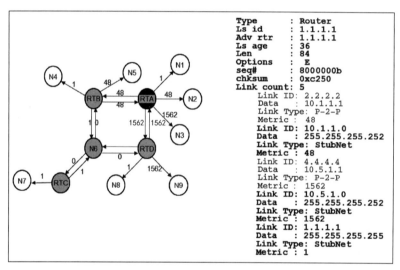

图 4.26   RTA 的 Router LSA

比较 Cost(Metric)值发现,RTA 去往 2.2.2.2 的 Cost 值比去往 4.4.4.4 的 Cost 值小,因此将 2.2.2.2 放到最短路径树列表里,将 4.4.4.4 放到候选列表里(因为 4.4.4.4 虽然与 RTA 直连,但是有可能去往 4.4.4.4 的最短路径是通过 2.2.2.2 到达的),如图 4.27 所示。

RTA 的 LSA 分析完之后分析 RTB 的 LSA,如图 4.28 所示,RTB 的 LSA 中有一个 P2P 网段和一个 TransNet 网段,其他都是 Stub 网段,其中 P2P 网段与 RTA 自己连接,跳过不计。剩下的只有 TransNet 一个选择,而且 Cost 值比 4.4.4.4 的小,直接放入最短路径树。

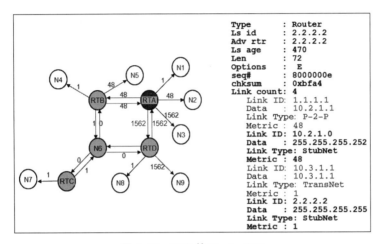

图 4.27　最短路径树

图 4.28　RTB 的 Router LSA

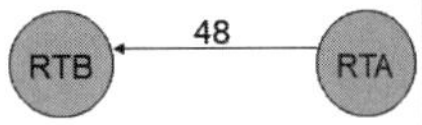

分析完 RTB 的 Router LSA 之后,得到的最短路径树如图 4.29 所示。

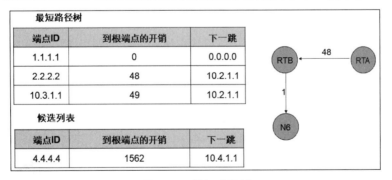

图 4.29　最短路径树

接着分析 10.3.1.1 的 LSA,如图 4.30 所示,10.3.1.1 的 LSA 是 Network LSA,用于描述一个网段,该 LSA 中有网段的掩码和路由器列表。

其中 2.2.2.2 已经在最短路径树中,跳过不计,剩下 3.3.3.3 和 4.4.4.4,为了防止环路,一次只能将一个节点放到生成树中。因为 3.3.3.3 排在前面,先将 3.3.3.3 放到生成树中,将 4.4.4.4 放到候选列表里,如图 4.31 所示,注意 4.4.4.4 的变化,之前的开销是 1562,更新后的开销是 49,下一跳也变了。

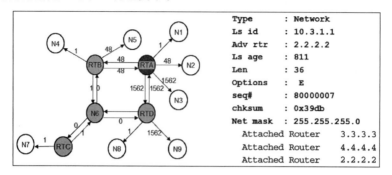

图 4.30 N6 的 LSA

端点ID	到根端点的开销	下一跳
1.1.1.1	0	0.0.0.0
2.2.2.2	48	10.2.1.1
10.3.1.1	49	10.2.1.1
3.3.3.3	49	10.2.1.1
候选列表		
端点ID	到根端点的开销	下一跳
4.4.4.4	49+0=49	10.2.1.1

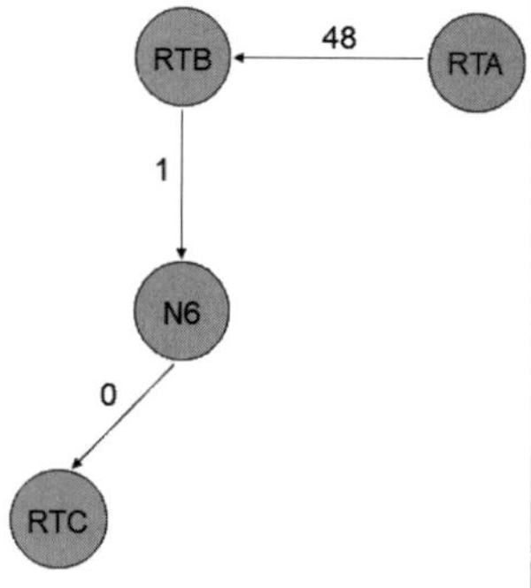

图 4.31 最短路径树

接着分析 3.3.3.3(RTC)的 LSA,如图 4.32 所示,该 LSA 中只有一个 TransNet,而且已经在生成树中。

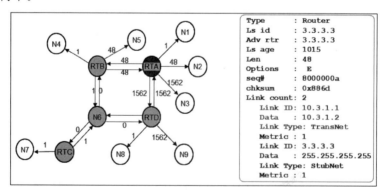

图 4.32 RTC 的 LSA

分析完 RTC 的 LSA 后,没有新增节点,因此将候选列表的节点放入最短路径树中,如图 4.33 所示。

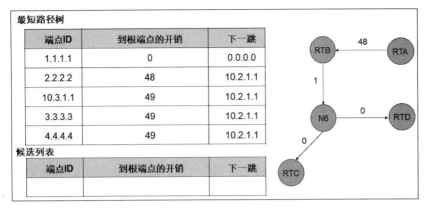

图 4.33　最短路径树

下一步分析 4.4.4.4 的 LSA,如图 4.34 所示,该 LSA 中有一个 P2P 网段和一个 Transit 网段,其他都是 Stub 网段。1.1.1.1 和 10.3.1.1 已经在生成树中,没有新增节点,而且候选列表也是空的,生成树的第一阶段计算完成。

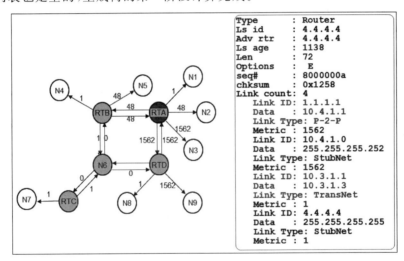

图 4.34　RTD 的 LSA

第二阶段计算 Stub 网段,将 Stub 网段挂载在生成树上,根据最短路径树的节点依次计算,先分析 RTA 的 LSA,如图 4.35 所示,RTA 有 3 个 Stub 网段。

接着分析 RTB 的 LSA,如图 4.36 所示,RTB 有两个 Stub 网段。

N6 虽然是个节点,但是没有 Stub 网段,直接跳过,下一个分析 RTC 的 LSA,如图 4.37 所示,RTC 只有一个 Stub 网段。

最后分析 RTD 的 LSA,如图 4.38 所示,RTD 有两个 Stub 网段。

区域内 LSA 分析完成,得到一个以 RTA 为根的最短路径生成树,其他路由器与此类似。不同路由计算得到的生成树不一样,都以自己为树根。

得到最短路径树之后再根据一定的算法计算得到去往各个网段的路由表。

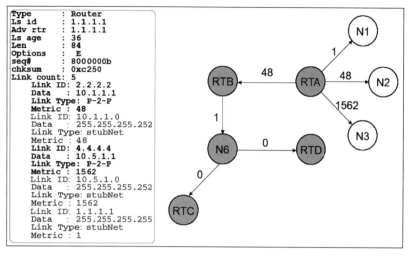

图 4.35 最短路径树(1)

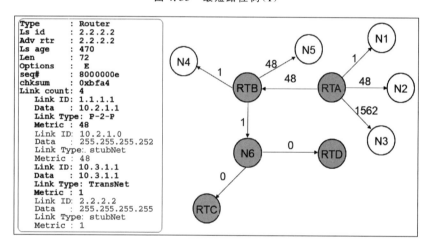

图 4.36 最短路径树(2)

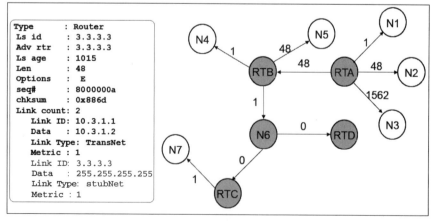

图 4.37 最短路径树(3)

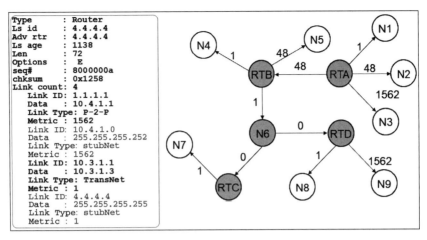

图 4.38　最短路径树(4)

4.3.6　区域间路由计算过程

为了提高 OSPF 计算效率,OSPF 网络通常分为多个区域,区域 0 是骨干区域,其他区域是普通区域。区域内路由学习通过 1 类和 2 类 LSA 就可以完成,区域间路由学习要通过 3 类 LSA 来完成。

R4 发出来的 1 类 LSA 只在区域 1 里面泛洪,R2 是边界路由器 ABR,为了让其他区域的路由器学习到 192.168.1.0/24 这个网段,R2 会往区域 0 发出一个 3 类 LSA,该 LSA 在区域 0 里面泛洪,到达 R3 后,R3 重新生成一个 3 类 LSA 并发到区域 2,最终实现全网路由器学习到 192.168.1.0/24 网段,如图 4.39 所示。

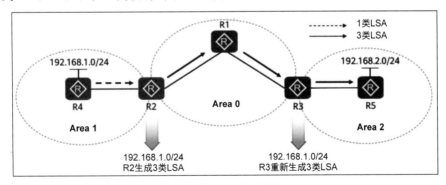

图 4.39　LSA 泛洪过程

3 类 LSA 是网段概述 LSA,用来描述某区域内包含的网段信息,由 ABR 发出,如图 4.40 所示。

(1) LSA Type:取值 3,代表这是 3 类 LSA。

(2) Link State ID:路由的目的网络地址。

(3) Advertising Router:生成 LSA 的 Router ID。

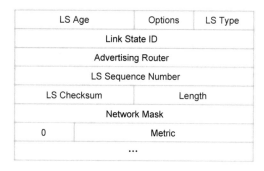

LS Age	Options	LS Type
Link State ID		
Advertising Router		
LS Sequence Number		
LS Checksum		Length
Network Mask		
0	Metric	
...		

图 4.40 3 类 LSA 结构

（4）Network Mask：路由的网络掩码。

（5）Metric：到目的地址的路由开销。

在 R2 发出的 3 类 LSA 里面，LS ID 为 192.168.1.0，这是目的网络地址，Adv rtr 的值为 10.0.2.2(R2)，这是生成该 LSA 的路由器 ID，Net mask 是 255.255.255.0，这是网络掩码，如图 4.41 所示。

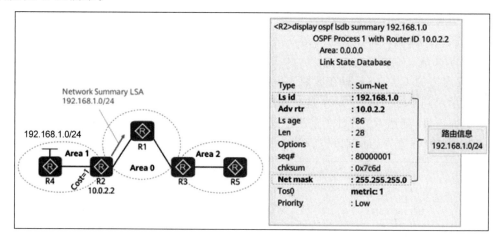

图 4.41 3 类 LSA 举例

192.168.1.0/24 这个网段是由 R2 发出来的，因此 R1、R3 在计算最短路径树时，会直接将 192.168.1.0/24 这个网段挂载在 R2 上面。

那么有没有可能 R3 也发出 3 类 LSA，里面也包含 192.168.1.0/24 这个网段呢？如图 4.42 所示，R4 和 R5 连在一起，网络出现环路，R3 也往 R1 发送带有 192.168.1.0/24 网段的 3 类 LSA 怎么办？实际上是不会出现这个问题的，因为 OSPF 有防环机制。

OSPF 有多种防环机制，下面逐个介绍：

（1）OSPF 要求所有的非骨干区域必须与 Area 0 直接相连，区域间路由通过 Area 0 中转，OSPF 的区域架构在逻辑上是一个星状的拓扑，如图 4.43 所示，普通区域 Area 1 和 Area 3 之间不能互相学习路由信息。

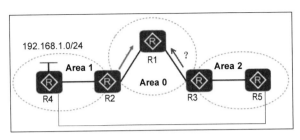

图 4.42　网络环路

注意：在物理组网中要避免普通区域间直接物理互联，否则会出现路由学习异常。

（2）ABR 不会将发出去的 3 类 LSA 再注回该区域，如图 4.44 所示，R2 是 ABR，往 Area 0 发出 3 类 LSA，该 LSA 不会再往 Area 1 发送。

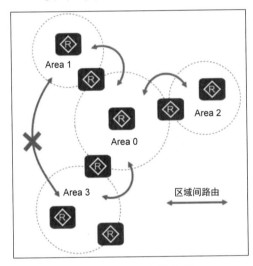

图 4.43　OSPF 逻辑拓扑

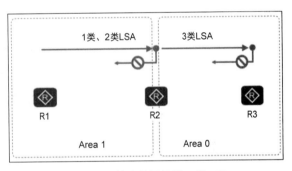

图 4.44　禁止往回发送 3 类 LSA

（3）ABR 从非骨干区域收到的 3 类 LSA 不能用于区域间路由计算，如图 4.45 所示，R1 和 R2、R3 和 R4 之间的链路中断，导致骨干区域不连续，R4 将 10.0.2.2/32 路由以 3 类 LSA 发送到 Area 1，并在 Area 1 内泛洪，R3 收到该 LSA，直接忽略，不进行计算，也不会发送到其他区域。此时，R1 和 R3 都无法和 10.0.2.2/32 通信。

在这些防环机制的基础上，回头看一下图 4.43，R3 还有可能往 R1 发送带有 192.168.1.0/24 的 3 类 LSA 吗？

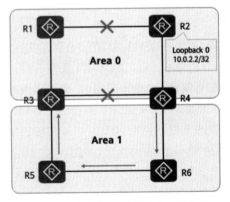

图 4.45　来自非骨干区域的 3 类 LSA

4.3.7 区域外部路由计算过程

OSPF 网络需要与外部网络互通,才能与因特网互联,OSPF 网络连接外部网络时就会引入外部路由。OSPF 通过 5 类和 4 类 LSA 学习外部路由。

1. AS-External LSA 详细讲解

AS-External LSA(5 类 LSA)由 ASBR 产生,用于描述 AS 外部的路由,在所有区域内通告(除了 Stub 区域和 NSSA 外)。

5 类 LSA 的内容如图 4.46 所示。

LS Age		Options	LS Type
Link State ID			
Advertising Router			
LS Sequence Number			
LS Checksum		Length	
Network Mask			
E	0	Metric	
Forwarding Address			
External Route Tag			
...			

图 4.46 5 类 LSA 的内容

(1) LS Type:取值 5,代表 AS-External LSA。

(2) Link State ID:外部路由的网络地址。

(3) Advertising Router:生成该 LSA 的 Router ID。

(4) Network Mask:网络掩码。

(5) E:该外部路由所使用的度量值类型:0 表示类型为 Type-1,1 表示类型为 Type-2。

(6) Metric:到目的网络的开销。

(7) Forwarding Address(FA):到达目的网络地址的报文先发送到这个地址,然后转发。当取值为 0.0.0.0 时,流量默认发给 ASBR,如果不为 0.0.0.0,则流量会发给这个转发地址,用来在某些特殊场景中规避次优路径问题。

(8) External Route Tag(外部路由标记):用于部署路由策略,例如,在某路由器上,可以配置策略,过滤外部路由,或者更改外部路由的优先级。

5 类 LSA 举例,R1 连着服务器(IP 网段:192.168.1.0/24),为了让其他路由器学习到去往服务器的路由,R1 往 OSPF 里面引入直连路由,R1 成为 ASBR,生成一条 5 类 LSA,在 OSPF 各个区域内泛洪,如图 4.47 所示。该 LSA 各个字段的含义可以参照上面的介绍。

该 LSA 中的 Forwarding Address 的值为 0.0.0.0,表示转发地址是 ASBR 本身,此时 ASBR 是 R1(也就是 Adv rtr)。因为 R1、R2、R3 在同一个区域内,因此 R2 和 R3 在计算外部路由时,将 192.168.1.0/24 直接以叶子的形式挂载在 R1 上面。R4、R5 的外部路由计算在介绍完 4 类 LSA 后再进行介绍。

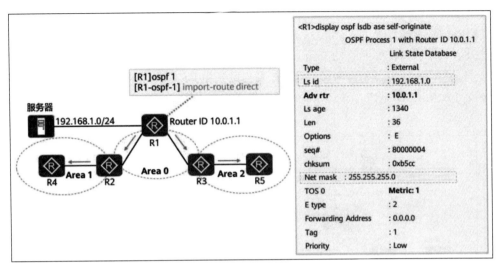

图 4.47　5 类 LSA 举例

2. ASBR-Summary LSA 详细讲解

ASBR-Summary LSA(4 类 LSA)由 ABR 产生,在目标区域内泛洪,如图 4.48 所示,R2 往 Area 1 转发 5 类 LSA 时,同时会往 Area 1 发出一个 4 类 LSA。R3 与此类似。

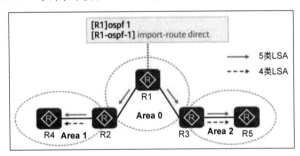

图 4.48　4 类 LSA

4 类 LSA 的内容如图 4.49 所示。

LS Age		Options	LS Type
Link State ID			
Advertising Router			
LS Sequence Number			
LS Checksum		Length	
Network Mask			
0		Metric	
...			

图 4.49　4 类 LSA 内容

(1) LS Type：取值 4,代表 ASBR-Summary LSA。

(2) Link State ID：ASBR 的 Router ID。

（3）Advertising Router：生成该 LSA 的 Router ID。

（4）Network Mask：保留字段，无意义。

（5）Metric：到目的网络的开销。

4 类 LSA 举例，以 R3 为例，往 Area 2 发出的 4 类 LSA 里，Ls id 是 ASBR 的 Router ID（10.0.1.1），Adv rtr 是产生该 LSA 的路由器 ID，也就是 R3 的路由器 ID（10.0.3.3），如图 4.50 所示。

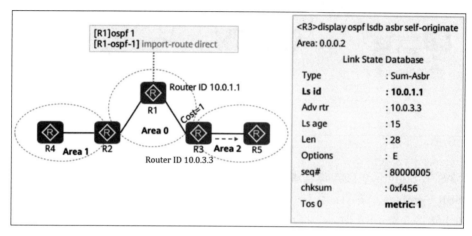

图 4.50 4 类 LSA 举例

R5 收到一条 5 类 LSA、一条 4 类 LSA，5 类 LSA 告诉 R5，去往 192.68.1.0/24 应该交给 R1，4 类 LSA 告诉 R5，R3 知道 R1 怎么走，因此 R5 得知去往 192.168.1.0 的报文交给 R3 就可以了。R5 在计算生成树时，将 192.168.1.0/24 以叶子形式挂载在 R3 上面。

3. 外部路由开销计算

OSPF 对接的外部网络各种各样，可能是 IS-IS、BGP、RIP、静态路由、直连路由。这些不同的网络类型计算开销的算法不一样，有的是链路状态算法，有的是距离向量算法。

OSPF 引入外部路由时需要计算到达目的网段的开销，理论上这个开销 = 外部网络开销＋OSPF 内部开销。

如果外部网络开销用的算法和 OSPF 类似，例如对方是 IS-IS 网络（也是链路状态算法），则此时认为对方的开销计算比较可信，总开销＝外部开销＋内部开销。这个算法称为 Metric-Type-1。

如果外部网络开销算法没那么可信，当外部开销远远大于 OSPF 内部开销时，则此时可以将 OSPF 内部开销忽略不计，直接使用外部开销，此算法称为 Metric-Type-2，如表 4.3 所示。

表 4.3 外部路由开销计算

Type	描　　述	开 销 计 算
Metric-Type-1	可信度高	AS 内部开销＋AS 外部开销
Metric-Type-2（默认）	可信度低	AS 外部开销

外部路由开销默认使用 Metric-Type-2 的方式,在 5 类 LSA 里面有字段指示具体使用哪种开销算法,如图 4.51 所示,可以用命令修改计算开销的算法和具体 Cost。

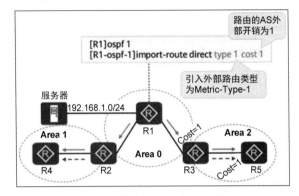

图 4.51　指定外部路由开销算法

因为 Metric-Type-1 比 Metric-Type-2 更精确,所以 Metric-Type-1 的优先级高于 Metric-Type-2。在实际应用中可以使用优先级的差异来控制路由选择。

4.4　小结

本章开头部分详细介绍了 5 种 LSA 的工作背景、工作原理、协议具体格式,然后介绍了生成树的基本概念,结合 LSA 分别介绍了区域内路由计算方法、区域间路由计算方法、外部路由计算方法,此外还穿插介绍了特殊区域存在的背景和工作原理、OSPF 的防环机制、外部路由开销计算方法等内容。

本章内容的重点和难点是掌握 5 种 LSA 的具体内容和区域内路由计算过程,区域内生成树计算完成后,区域间路由、外部路由基本上是以叶子的形式挂载在生成树上面。

第 5 章

IS-IS 协议原理与配置

除了 OSPF 之外,另外一个内部网关协议 IS-IS 也经常被应用于网络中,IS-IS 协议与 OSPF 协议有很多类似的地方,也是一个高效的路由协议。

本章介绍以下重点内容:

(1) IS-IS 基本概念。

(2) IS-IS 协议工作原理。

(3) IS-IS 协议基本配置。

5.1 IS-IS 基本概念

IS 指的是中间系统,相当于路由器,IS-IS 协议指的是路由器和路由器之间的协议,也就是路由协议,下面将展开介绍这些基本概念,如表 5.1 所示。

表 5.1 IS-IS 基本概念

缩略词	OSI 中的概念	IP 中对应的概念
IS	Intermediate System(中间系统)	Router 路由器
ES	End System(端系统)	Host 主机
DIS	Designated Intermediate System(指派中间系统)	Designated Router(DR)
SysID	System ID(系统 ID)	如环回地址、接口地址
PDU	Packet Data Unit(报文数据单元)	IP 报文
LSP	Link State Protocol Data Unit(链路状态协议数据单元)	OSPF 中的 LSA
NSAP	Network Service Access Point(网络访问服务点)	IP 地址
Net	Network Entity Tile(网络实体标记)	OSPF 中的 Router ID
IIH	IS to IS Hello PDU(IS 到 IS 间的 Hello 报文)	OSPF 中的 Hello 报文
PSNP	Partial Sequence Numbers Protocol Data Unit(部分序列号数据包)	OSPF 的 LSR、ASK
CSNP	Complete Sequence Numbers Protocol Data Unit(完全序列号数据包)	OSPF 中的 DD

IS-IS 最早是 ISO 为无连接网络协议(Connectionless Network Protocol,CLNP)而设计的动态路由协议,是 ISO 定义的 OSI 协议栈中无连接网络服务(Connectionless Network Service,CLNS)的一部分,如图 5.1 所示,CLNP 类似于 IP,IS-IS 类似于 OSPF,ES-IS(终端

和网络设备之间的协议)类似于 ARP、ICMP。

设备互相通信时需要 CLNP 地址,这个地址叫作网络服务访问点(Network Service Access Point,NSAP),如图 5.2 所示,NSAP 由 3 部分组成:Area ID、System ID、NSEL。每部分有特定的长度,Area ID 是 1~13 字节,System ID 固定为 6 字节,NSEL 固定为 1 字节。这个和 IP 地址类似,IP 地址也由网络号、主机号两部分组成。

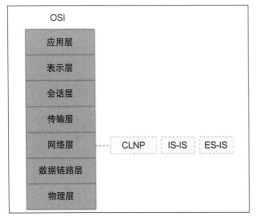

图 5.1　IS-IS 协议所处位置

图 5.2　NSAP 格式

每个路由器需要一个编号,在 OSPF 中,路由器 ID 的格式和 IP 地址格式一样,例如 1.1.1.1,IS-IS 协议与此类似,路由器 ID 的格式和 NSAP 一样,是一个特殊格式的 NSAP,其中 NSEL 取值固定为 0。IS-IS 协议中路由器 ID 也称为网络实体标识(Network Entity Titles,NET),用来标识路由器。

NET 举例 1:49.0001.aaaa.bbbb.cccc.00。

其中,Area ID 长度不固定,因此可以从后面往前推。

最后面的一字节 00:NSEL。

NSEL 后面倒数 6 字节 aaaa.bbbb.cccc:System ID。

剩下的 49.0001 就是 Area ID,长度是 3 字节。

NET 举例 2:01.aaaa.bbbb.cccc.00。

NET 举例 3:4949.5050.5050.aaaa.bbbb.cccc.00。

例子 2、3 中 Area ID 的长度分别是多少字节?

在实际应用中,System ID 可以由 MAC 或者 IP 来填充,设备的 MAC 和 IP 如图 5.3 所示,当按 MAC 来填充时,NET:49.0001.6480.99F8.12B2.00。

```
Physical Address. . . . . . . . . : 64-80-99-F8-13-B2
DHCP Enabled. . . . . . . . . . . : Yes
Autoconfiguration Enabled . . . . : Yes
IPv4 Address. . . . . . . . . . . : 192.168.43.114(Preferred)
```

图 5.3　设备的 MAC 和 IP

按 IP 来填充时,先将每段补足成 3 位数,192.168.43.114→192.168.043.114,然后将

4段变成3段：192.168.043.114 → 1921.6804.3114，最终 NET：49.0001.1921.6804.3114.00。

5.2 IS-IS 工作原理

和 OSPF 类似，路由的计算过程如图 5.4 所示，各个路由器先泛洪、收集链路状态，并存放到 LSDB 数据库中，然后使用 SPF 算法计算最短路径树，最后计算得到路由表。

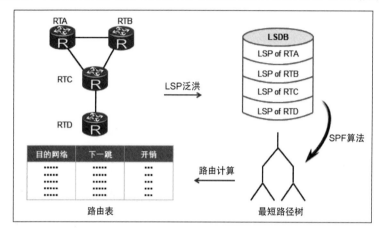

图 5.4 IS-IS 路由计算过程

5.2.1 网络分层

OSPF 协议将大型网络分成多个区域，一个骨干区域，多个普通区域。IS-IS 协议与此类似，将网络分成两层。

Level-1：普通区域叫 Level-1(L1)。

Level-2：骨干区叫 Level-2(L2)。

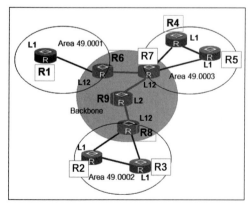

图 5.5 IS-IS 网络分层

完全处于普通区域的路由器叫 Level-1 路由器(R1、R2、R3、R4、R5)，完全处于骨干区域的路由器叫 Level-2 路由器(R9)，连接 Level-1 区域和 Level-2 区域的路由器叫 Level-1-2 路由器(R6、R7、R8)，如图 5.5 所示。

骨干区 Backbone 是连续的 Level-2 与 Level-1-2 路由器的集合。

注意：Level-1-2 路由器属于骨干区域。

(1) Level-1 路由器：只与本区域的路由器形成邻居，只参与本区域内的路由计算。

(2) Level-2 路由器：可以与其他区域的

L2、L12 路由器形成邻居,参与骨干区的路由计算。

(3) Level-1-2 路由器:有两个链路状态数据库,既承担 L1 的职责也承担 L2 的职责,完成它所在的区域和骨干之间的路由信息的交换。

默认情况下,所有路由器都是 Level-1-2 路由器,可以通过命令修改。

5.2.2 IS-IS 协议格式

IS-IS 协议使用的协议数据单元(Protocol Data Unit,PDU)有以下 4 种。

(1) IIH(IS-IS Hello):用来建立和维护邻接关系。不同网络中使用的 IIH 不一样,广播网络中的 Level-1 使用的是 Level-1 LAN IIH,Level-2 使用的是 Level-2 LAN IIH,点到点网络则使用 P2P IIH。

(2) 链路状态报文(Link State PDU,LSP):分为 Level-1 LSP、Level-2 LSP。

(3) 完全序列号协议数据包(Complete Sequence Numbers Protocol Data Unit,CSNP):类似于 OSPF 中的 DD 报文,用来简要描述 LSDB 数据库中的所有条目。

(4) 部分序列号协议数据包(Partial Sequence Numbers Protocol Data Unit,PSNP):类似于 OSPF 中的 LSR,用来请求具体的 LSDB 条目。

CSNP 与 PSNP 也有 Level-1、Level-2 之分。

IS-IS 协议格式与 OSPF 类似,分为头部、具体参数两部分,如图 5.6 所示。

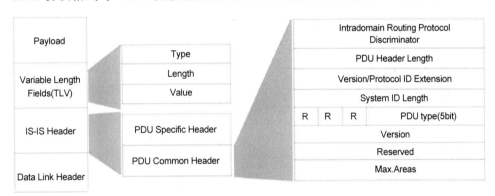

图 5.6 IS-IS 协议结构

(1) 报文头部(IS-IS Header):里面又分为通用头部(Common Header)和专用头部(Specific Header)。IIH、LSP、CSNP、PSNP 使用相同的通用头部,但是专用头部不一样。

(2) 变长字段部分(Variable Length Fields):也称为类型-长度-取值(Type-Length-Value,TLV),用来存放参数,具体如何使用后面再展开介绍。

公共头部各个字段含义如下。

(1) Intradomain Routing Protocol Discriminator:域内路由选择协议鉴别符,固定值为0x83。

(2) Length Indicator:IS-IS 头部长度,包括通用头部和专用头部,单位是字节。

（3）Version/Protocol ID Extension：版本/协议标识扩展,固定为 0x01。

（4）System ID Length：NSAP 地址或 NET 中 System ID 区域的长度,当值为 0 时,标识长度为 6 字节。

（5）R(Reserved)：保留,固定为 0。

（6）Version：固定为 0x01。

（7）Max. Areas：支持的最大区域个数,取值范围为 1~254,当置为 0 时,表示该 IS-IS 进程最大支持 3 个区域。

（8）PDU type：PDU 类型,如表 5.2 所示,不同取值表示里面封装的是不同的 PDU,专用头部也会不一样。

表 5.2 PDU 类型编码

类 型 值	简 称
15	L1 LAN IIH
16	L2 LAN IIH
17	P2P IIH
18	L1 LSP
20	L2 LSP
24	L1 CSNP
25	L2 CSNP
26	L1 PSNP
27	L2 PSNP

1. IIH 专有头部结构

广播网络和点对点网络的 IIH 专有头部不一样：广播网络的 IIH 多了优先级和 LAN ID 字段,没有 Local Circuit ID,而点对点网络的 IIH 则有 Local Circuit ID,没有 Priority 和 LAN ID 字段,如图 5.7 所示。

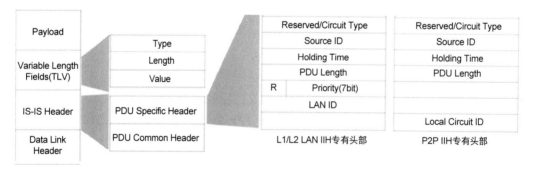

图 5.7 IIH 专有头部

（1）Reserved/Circuit Type：表示路由器类型(01 表示 L1,10 表示 L2,11 表示 L1-2)。

（2）Source ID：发出 Hello 报文的路由器的 System ID。

（3）Holding Time：保持时间,在此时间内如果没有收到邻接发来的 Hello 报文,则终止已建立的邻接关系。

（4）PDU Length：PDU 的总长度，单位是字节。

（5）Priority：选举 DIS 的优先级，取值为 0～127，数值越大，优先级越高，只在广播网络中的 Hello 报文携带，点到点网络的 Hello 报文没有此字段。

（6）LAN ID：伪节点的 ID，格式为 Source ID.01，例如 1921.6800.0001.01。

（7）Local Circuit ID：本地链路 ID。

2. LSP 专有头部结构

LSP 用于交换链路状态信息，分为 Level-1 LSP 和 Level-2 LSP，Level-1 路由器只发出 Level-1 LSP，Level-2 路由器只发出 Level-2 LSP，Level-1-2 路由器可以发出两种 LSP，如图 5.8 所示。

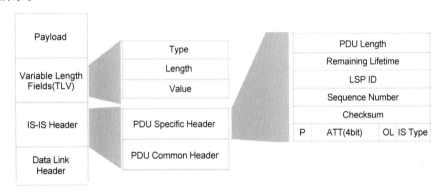

图 5.8 LSP 专有头部

（1）PDU Length：PDU 长度。

（2）Remaining Lifetime：LSP 的生存时间，以秒为单位。

（3）LSP ID：由 3 部分组成，分别是 System ID、伪节点 ID、LSP 分片编号（如果有分片）。

（4）Sequence Number：LSP 序列号，路由器启动时发送的第 1 个 LSP 序列号为 1，以后逐个递增。

（5）Checksum：LSP 校验和。

（6）P(Partition Repair)：仅与 L2 LSP 有关，表示路由器是否支持自动修复区域分割。

（7）ATT(Attachment)：由 Level-1-2 路由器产生，用来指明始发路由器是否与其他区域相连。虽然此标示位也存在于 Level-1 和 Level-2 的 LSP 中，但在实际应用中此字段只在 Level-1-2 路由器始发的 L1 LSP 有意义。

（8）OL(LSDB Overload)：过载标志位。设置了过载标志位的 LSP 虽然还会在网络中扩散，但是其他路由器进行 SPF 计算时不会考虑这台路由器，后续的业务报文转发不会经过这台路由器。当路由器内存不足时，系统自动在发送的 LSP 报文中设置过载标志位。

（9）IS Type：生成 LSP 的路由器的类型。用来指明是 Level-1 还是 Level-2 路由器（01 表示 Level-1，11 表示 Level-2）。

3. CSNP 与 PSNP 专有头部结构

CSNP 与 PSNP 主要用在数据库同步过程中,协议格式如图 5.9 所示。

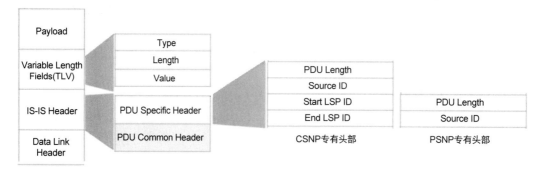

图 5.9　SNP 专有头部

(1) Source ID:发出 SNP 报文的路由器的 System ID。

(2) Start LSP ID:CSNP 报文中的第 1 个 LSP 的 ID 值。

(3) End LSP ID:CSNP 报文中最后一个 LSP 的 ID 值。

具体的 LSP ID 信息放在后面 TLV 结构中。

CSNP 包含 LSDB 中所有 LSP 的摘要信息,用来在相邻路由器间保持 LSDB 的同步。当发现 LSDB 不同步时,用 PSNP 来请求邻居发送缺少的 LSP。另外,收到对方的 LSP 之后,还可以用 PSNP 进行确认。

4. TLV 结构

TLV 主要用来存放 IS-IS 协议的具体参数。每个参数用 3 个字段来标识,分别如下:类型(Type)、长度(Length)、取值(Value),如表 5.3 所示,各种参数都有对应的 Type 值。

表 5.3　不同的参数对应的 Type

TLV Type	名　称	PDU 类型
1	Area Address(区域地址)	IIH、LSP
2	IS Neighbors(LSP,中间系统邻居)	LSP
4	Partition Designated Level2 IS(区域分段指定 L2 中间系统)	L2 LSP
6	IS Neighbors(MAC Address,中间系统邻居)	LAN IIH
7	IS Neighbors(SNPA Address,中间系统邻居)	LAN IIH
8	Padding(填充)	IIH
9	LSP Entries(LSP 条目)	SNP
10	Authentication Information(验证信息)	IIH、LSP、SNP
128	IP Internal Reachability Information(IP 内部可达信息)	LSP
129	Protocols Supported(支持的协议)	IIH、LSP
130	IP External Reachability Information(IP 外部可达性信息)	LSP
131	Inter-Domain Routing Protocol Information(域间路由协议信息)	L2 LSP
132	IP Interface Address(IP 接口地址)	IIH、LSP

举例如下：

TLV:（1,2,0004）表示这是区域地址,长度为 2 字节,地址是 0004;

TLV:（132,4,192.168.0.1）表示这是 IP 接口地址,长度为 4 字节,取值为 192.168.0.1。

使用 TLV 结构的好处是灵活性和扩展性好,将来如果有新的特性,则只要新增 TLV 即可,不需要改变报文的整体结构。

5.2.3　IS-IS 工作过程

IS-IS 协议工作过程与 OSPF 类似,可以大致分为以下几步：

(1) 建立邻接关系。

(2) 同步 LSDB 数据库。

(3) 使用 SFP 算法计算生成树。

(4) 计算路由表。

(5) 周期性维护邻居关系和 LSDB 数据库。

1. 建立邻接关系

建立邻接时,L1 的路由器只能与相邻的同区域的 L1 或 L12 路由器建立邻接关系,L2 与 L12 路由器则没有这个限制,只要是相邻的 L2 或 L12,都可以建立邻接,不论区域号。

目前 IS-IS 支持两类网络：点到点网络、广播网络。在不同网络中邻居关系的建立过程不一样,如图 5.10 所示,点到点网络只需两次握手就可以建立邻接关系。

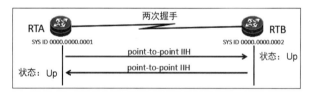

图 5.10　点到点网络建立邻接

广播网络的邻接建立和 OSPF 类似,需要 3 次握手,如图 5.11 所示,IIH 中包括邻接路由器的列表,只有当对方 IIH 中包含了自己路由器 ID 时,邻接才算建立完成。

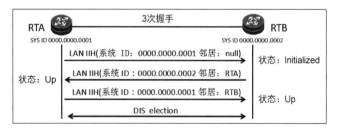

图 5.11　广播网络建立邻接

在 OSPF 协议中,为了提高 LSDB 同步效率,广播网络需要选举 DR 和 BDR。IS-IS 网络与此类似,如图 5.12 所示,IS-IS 协议在广播网络中虚拟出一个路由器作为广播网络的同步中心,这个虚拟出来的路由器称为伪节点。

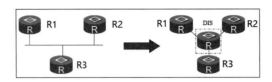

图 5.12 广播网络中的 DIS

DIS 是从广播网络中选举出来的,在邻居关系建立阶段,IIH 报文里面包含本地路由器的优先级,用来选举 DIS。具备最高优先级的路由器会成为 DIS。如果所有路由器的优先级相同,则拥有最高 MAC 地址者当选。被选举出来的路由器就会虚拟出 DIS 节点。

例如图 5.12 中 R3 的优先级最高,被选为 DIS,R3 的路由器 ID 和伪节点 DIS 的路由器 ID 如下。

R3 的 ID:49.1921.6800.1001.00。

DIS 的 ID:49.1921.6800.1001.01(注意最后一个数字的区别)。

伪节点 DIS 有自己的 ID,也会发出 IIH,DIS 发送 Hello 数据包的时间间隔是普通路由器的 1/3,这样可以保证当 DIS 失效时可以被快速检测到。

与 OSPF 不同,网络中只有一个 DIS,没有备份 DIS,而且选举是抢占式,优先级高的路由器会马上成为 DIS。例如新加入一个路由器,如果它的优先级最高,就会马上成为 DIS。

DIS 除了会发出 IIH 报文之外,还会发出 LSP(相当于 OSPF 的 LSA),如图 5.13 所示。

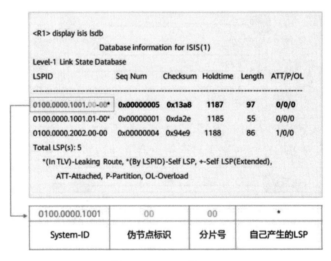

图 5.13 IS-IS 的 LSP

每条 LSP 由 LSPID 来标识,LSPID 由以下 3 部分组成。

(1) System-ID:标识这是由哪个路由器发出来的。

(2) 伪节点标识:取值 00 表示是由普通路由器发出来的,01 表示是由伪节点发出来的(见图中第 2 条 LSP)。

（3）分片号：当 LSP 内容太大且超过 LSP MTU 时需要进行分片发送,用来标识分片位置。

2. 同步 LSDB 数据库

邻接建立完成后,接着就开始同步 LSDB 数据库,如图 5.14 所示,广播网络中 RTA 与 RTB 已处于稳定状态,RTB 是 DIS,RTC 是新加入的路由器。

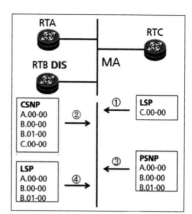

图 5.14 新加入 RTC

LSDB 同步过程如下：

① RTC 新加入网络中,接口从 Down 变成 Up,触发泛洪自己的 LSP;

② DIS 把收到的 LSP 更新到 LSDB 中,等待 CSNP 报文定时器超时,然后发送 CSNP;

③ RTC 收到 CSNP,对比自己的 LSDB 数据库,然后向 DIS 发送 PSNP 请求缺少的 LSP;

④ DIS 收到 PSNP 后,根据 PSNP 里面的描述,将完整的条目内容通过 LSP 发给 RTC。

广播网络中,CSNP 报文由 DIS 发送,每 10s 发送一次。

在点对点网络中,CSNP 报文只发送一次,也就是邻接建立完成后,互相发一次 CSNP 进行同步 LSDB,同步完成后在邻居稳定的情况下不会再发 CSNP,RTA 往 RTB 的同步过程如图 5.15 所示。

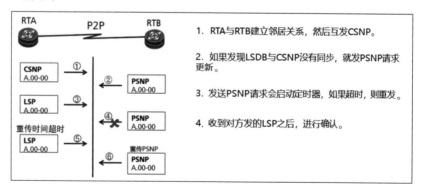

图 5.15 点对点网络同步 LSDB

点对点网络中 PSNP 还用来确认收到的 LSP,类似 ACK。

除了在新加入的路由器请求数据库同步时 DIS 发出 LSP 之外,IS-IS 路由器在以下情况也会发出 LSP：

① 邻居 Up 或 Down;

② IS-IS 相关接口 Up 或 Down;

③ 引入的 IP 路由发生变化;

④ 区域间的 IP 路由发生变化;

⑤ 接口被赋了新的 Metric 值；

⑥ 周期性更新（每 15min 刷新一次）。

路由器收到 LSP 之后的操作如图 5.16 所示。

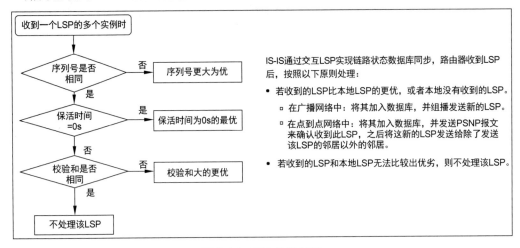

图 5.16　LSP 处理流程

3. 路由计算

IS-IS 协议也使用 SPF 算法计算生成树,区域内计算过程和 OSPF 类似,这里就不重复介绍了,有区别的是区域间路由计算过程,下面结合一个例子介绍区域间路由计算过程。

RTA、RTB 处于 L1 层,只有 Level-1 的 LSDB,RTD、RTE 处于 L2 层,只有 Level-2 的 LSDB,RTC 是 L1-2 路由器,有 Level-1 和 Level-2 两个 LSDB,如图 5.17 所示。

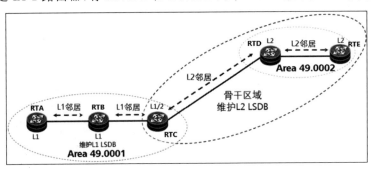

图 5.17　IS-IS 举例

IS-IS 中没有 3 类 LSA,区域间路由是如何学习的呢? 先看 L1 里的 RTB 如何学习外部路由:RTC 是 L1/2 边界路由器,往 RTB 发送的 L1 LSP 里面,将 ATT 位置 1,该 LSP 在 Area 49.0001 里泛洪,RTB 收到该 LSP 后,知道 RTC 是边界路由器,然后生成一条默认路由,下一跳指向 RTC,RTA 与此类似的。

再来看 RTD、RTE 如何学习全网路由:RTC 把 Area 49.0001 的路由明细以叶节点的方式挂载在 Level-2 LSP 中,并发到骨干区域泛洪,最终 RTD、RTE 通过计算学习到全网路由。

普通区域和骨干区域学习区域间路由的方式不同,普通区域以默认路由方式学习去往其他区域的路由,骨干区域可以学到全网的路由明细,因此对骨干区域的路由器性能要求也会高一些。

IS-IS 与 OSPF 的区别如表 5.4 所示。

表 5.4 IS-IS 与 OSPF 对比

比 较 点	IS-IS	OSPF
基于链路状态	是	是
是否有区域概念	是	是
是否适合大型网络	是	是
是否有指定路由器	是	是
DR 是否为抢占式	是	否
边界路由器	属于骨干区域	跨区域
是否支持 IP	是	是
是否支持非 IP	是	否
复杂度	LSP 类型较少	LSA 类型较多
可扩展性	非常好	一般
使用场景	大型运营商网络	企业和运营商网络

5.3 IS-IS 基础配置

RTA 是 L1 路由器,ID 是 1.1.1.1,在普通区域 Area 10 里;RTB 是 L12 路由器,ID 是 2.2.2.2,使用的区域号也是 Area 10;RTC 是 L2 路由器,ID 是 3.3.3.3,在区域 Area 20 里,如图 5.18 所示。

注意:L1 的路由器只能与同区域的路由器建立邻接,但是 L2 路由器没有这个限制,所以 RTB 被划分到了 Area 10 里。

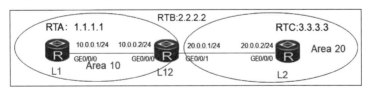

图 5.18 IS-IS 举例

1. 配置步骤

(1) 配置 RTA 的接口 IP,如图 5.19 所示。

(2) 配置 RTA 的 IS-IS 参数,如图 5.20 所示,启动 IS-IS 进程 1,将工作层次配置为 Level-1,然后配置 NET(10 表示区域号,0010.0100.1001 由 IP 1.1.1.1 扩展得来)。最后到接口 GE0/0/0 和环回接口下,使能 IS-IS 协议。

```
[RTA]inter LoopBack 0
[RTA-LoopBack0]ip add 1.1.1.1 32
[RTA-LoopBack0]quit
[RTA]
[RTA]interface ge0/0/0
[RTA-GigabitEthernet0/0/0]ip add 10.0.0.1 24
[RTA-GigabitEthernet0/0/0]quit
```

图 5.19 配置 RTA 接口 IP

```
[RTA]isis 1
[RTA-isis-1]is-level level-1
[RTA-isis-1]network-entity 10.0010.0100.1001.00
[RTA-isis-1]quit
[RTA]interface ge0/0/0
[RTA-GigabitEthernet0/0/0]isis enable
[RTA-GigabitEthernet0/0/0]quit
[RTA]interface LoopBack 0
[RTA-LoopBack0]isis enable
[RTA-LoopBack0]quit
```

图 5.20 配置 RTA 的 IS-IS 参数

（3）配置 RTB 的接口 IP，如图 5.21 所示。

```
[RTB]interface LoopBack 0
[RTB-LoopBack0]ip add 2.2.2.2 32
[RTB-LoopBack0]quit
[RTB]interface ge0/0/0
[RTB-GigabitEthernet0/0/0]ip add 10.0.0.2 24
[RTB-GigabitEthernet0/0/0]quit
[RTB]interface ge0/0/1
[RTB-GigabitEthernet0/0/1]ip add 20.0.0.1 24
```

图 5.21 配置 RTB 的 3 个接口

（4）配置 RTB 的 IS-IS 参数，如图 5.22 所示，将 RTB 配置为 Level-1-2 路由器（不配置也可以，默认就是 Level-1-2），区域号为 10。

```
[RTB]isis 1
[RTB-isis-1]is-level level-1-2
[RTB-isis-1]network-entity 10.0020.0200.2002.00
[RTB-isis-1]quit
[RTB]interface ge0/0/0
[RTB-GigabitEthernet0/0/0]isis enable
[RTB-GigabitEthernet0/0/0]quit
[RTB]interface ge0/0/1
[RTB-GigabitEthernet0/0/1]isis enable
[RTB-GigabitEthernet0/0/1]quit
[RTB]interface LoopBack 0
[RTB-LoopBack0]isis enable
```

图 5.22 配置 RTB 的 IS-IS 参数

（5）配置 RTC 的接口 IP，如图 5.23 所示。

```
[RTC]interface loo 0
[RTC-LoopBack0]ip add 3.3.3.3 32
[RTC-LoopBack0]quit
[RTC]interface ge0/0/0
[RTC-GigabitEthernet0/0/0]ip add 20.0.0.2 24
[RTC-GigabitEthernet0/0/0]quit
```

图 5.23 配置 RTC 的接口 IP

（6）配置 RTC 的 IS-IS 参数，如图 5.24 所示，将 RTC 配置为 Level-2 路由器。

```
[RTC]isis 1
[RTC-isis-1]is-level level-2
[RTC-isis-1]network-entity 20.0030.0300.3003.00
[RTC-isis-1]quit
[RTC]inter ge0/0/0
[RTC-GigabitEthernet0/0/0]isis enable
[RTC-GigabitEthernet0/0/0]quit
[RTC]interface LoopBack 0
[RTC-LoopBack0]isis enable
```

图 5.24　配置 RTC 的 IS-IS 参数

2. 配置验证

（1）RTA 可以 ping 3.3.3.3，RTC 可以 ping 1.1.1.1，如图 5.25 所示。

```
[RTA]ping 3.3.3.3
  PING 3.3.3.3: 56  data bytes, press CTRL_C to break
    Reply from 3.3.3.3: bytes=56 Sequence=1 ttl=254 time=80 ms
    Reply from 3.3.3.3: bytes=56 Sequence=2 ttl=254 time=70 ms
    Reply from 3.3.3.3: bytes=56 Sequence=3 ttl=254 time=50 ms
    Reply from 3.3.3.3: bytes=56 Sequence=4 ttl=254 time=60 ms
    Reply from 3.3.3.3: bytes=56 Sequence=5 ttl=254 time=60 ms

[RTC]ping 1.1.1.1
  PING 1.1.1.1: 56  data bytes, press CTRL_C to break
    Reply from 1.1.1.1: bytes=56 Sequence=1 ttl=254 time=90 ms
    Reply from 1.1.1.1: bytes=56 Sequence=2 ttl=254 time=60 ms
    Reply from 1.1.1.1: bytes=56 Sequence=3 ttl=254 time=60 ms
    Reply from 1.1.1.1: bytes=56 Sequence=4 ttl=254 time=40 ms
    Reply from 1.1.1.1: bytes=56 Sequence=5 ttl=254 time=50 ms
```

图 5.25　RTA 与 RTC 互 ping 成功

（2）查看 RTA 的路由表，如图 5.26 所示，没有发现 3.3.3.3 条目，只有一个默认路由，为什么会这样？可参考前面路由计算部分的介绍。

```
[RTA]display ip routing-table
Route Flags: R - relay, D - download to fib
------------------------------------------------------------------
Routing Tables: Public
        Destinations : 8        Routes : 8

Destination/Mask    Proto   Pre  Cost  Flags NextHop      Interface

        0.0.0.0/0   ISIS-L1 15   10      D   10.0.0.2     GigabitEthernet0/0/0
        1.1.1.1/32  Direct  0    0       D   127.0.0.1    LoopBack0
        2.2.2.2/32  ISIS-L1 15   10      D   10.0.0.2     GigabitEthernet0/0/0
       10.0.0.0/24  Direct  0    0       D   10.0.0.1     GigabitEthernet0/0/0
       10.0.0.1/32  Direct  0    0       D   127.0.0.1    GigabitEthernet0/0/0
       20.0.0.0/24  ISIS-L1 15   20      D   10.0.0.2     GigabitEthernet0/0/0
      127.0.0.0/8   Direct  0    0       D   127.0.0.1    InLoopBack0
      127.0.0.1/32  Direct  0    0       D   127.0.0.1    InLoopBack0
```

图 5.26　RTA 的路由表

（3）查看 RTC 的路由表，如图 5.27 所示，RTC 有 1.1.1.1 的路由条目。

（4）查看 RTA 的 LSDB，如图 5.28 所示，有 3 个条目，带 * 的表示自己产生的 LSP；第 2 条是由 RTB 产生的，ATT 位置 1，表示这是边界路由器；第 3 条是由伪节点 DIS 产生的，NSEL 值为 01。

```
[RTC]display ip routing-table
Route Flags: R - relay, D - download to fib
------------------------------------------------------------------------
Routing Tables: Public
        Destinations : 8        Routes : 8

Destination/Mask    Proto    Pre   Cost   Flags NextHop      Interface
       1.1.1.1/32   ISIS-L2  15    20       D   20.0.0.1     GigabitEthernet0/0/0
       2.2.2.2/32   ISIS-L2  15    10       D   20.0.0.1     GigabitEthernet0/0/0
       3.3.3.3/32   Direct   0     0        D   127.0.0.1    LoopBack0
     10.0.0.0/24    ISIS-L2  15    20       D   20.0.0.1     GigabitEthernet0/0/0
     20.0.0.0/24    Direct   0     0        D   20.0.0.2     GigabitEthernet0/0/0
     20.0.0.2/32    Direct   0     0        D   127.0.0.1    GigabitEthernet0/0/0
    127.0.0.0/8     Direct   0     0        D   127.0.0.1    InLoopBack0
    127.0.0.1/32    Direct   0     0        D   127.0.0.1    InLoopBack0
```

图 5.27　RTC 的路由表

```
[RTA]display isis lsdb

                    Database information for ISIS(1)
                    -------------------------------

                    Level-1 Link State Database

LSPID                   Seq Num       Checksum  Holdtime  Length  ATT/P/OL
-------------------------------------------------------------------------
0010.0100.1001.00-00*   0x00000008    0xb88a    526       84      0/0/0
0020.0200.2002.00-00    0x0000000b    0xe362    527       100     1/0/0
0020.0200.2002.01-00    0x00000003    0xf3ee    527       55      0/0/0

Total LSP(s): 3
      *(In TLV)-Leaking Route, *(By LSPID)-Self LSP, +-Self LSP(Extended)
          ATT-Attached, P-Partition, OL-Overload
```

图 5.28　RTA 的 LSDB

（5）查看 RTB 的 LSDB，如图 5.29 所示，RTB 有 Level-1、Level-2 两个 LSDB。

```
[RTB]display isis lsdb
                    Level-1 Link State Database

LSPID                   Seq Num       Checksum  Holdtime  Length  ATT/P/OL
-------------------------------------------------------------------------
0010.0100.1001.00-00    0x0000004b    0x32cd    602       84      0/0/0
0020.0200.2002.00-00*   0x00000050    0x966a    579       100     1/0/0
0020.0200.2002.01-00*   0x00000045    0x6f31    579       55      0/0/0

                    Level-2 Link State Database

LSPID                   Seq Num       Checksum  Holdtime  Length  ATT/P/OL
-------------------------------------------------------------------------
0020.0200.2002.00-00*   0x00000053    0x960     579       112     0/0/0
0020.0200.2002.02-00*   0x00000045    0x3922    579       55      0/0/0
0030.0300.3003.00-00    0x0000004a    0x3d47    856       84      0/0/0
```

图 5.29　RTB 的 LSDB

（6）在 RTA 接口上抓包分析，如图 5.30 所示，这是 L1 的 Hello 报文，里面分为 4 部分：

① 以太网帧头部，使用的是 IEEE 802.3 协议结构，L1 使用组播地址：01:80:c2:00:

00:14,L2 使用的组播地址是 01:80:c2:00:00:15;

②　PDU 通用头部；

③　IIH 专有头部；

④　TLV 结构。

可参照前面介绍的协议结构，对比各个参数。

```
⊞ Frame 102: 1514 bytes on wire (12112 bits), 1514 bytes captured (12112 bits)
⊟ IEEE 802.3 Ethernet
  ⊞ Destination: ISIS-all-level-1-IS's (01:80:c2:00:00:14)    ① IEEE802.3协议
  ⊞ Source: HuaweiTe_e4:65:51 (54:89:98:e4:65:51)
    Length: 1500
⊞ Logical-Link Control
⊟ ISO 10589 ISIS InTRA Domain Routeing Information Exchange Protocol
    Intra Domain Routing Protocol Discriminator: ISIS (0x83)
    PDU Header Length: 27
    Version (==1): 1
    System ID Length: 6
    PDU Type              : L1 HELLO (R:000)              ② PDU通用头部
    Version2 (==1): 1
    Reserved (==0): 0
    Max.AREAS: (0==3): 3
  ⊟ ISIS HELLO
      Circuit type              : Level 1 and 2, reserved(0x00 == 0)
      System-ID {Sender of PDU} : 0020.0200.2002
      Holding timer: 9
      PDU length: 1497                                   ③ IIH专有头部
      Priority                  : 64, reserved(0x00 == 0)
      System-ID {Designated IS} : 0020.0200.2002.01
  ⊟ Area address(es) (2)
      Area address (1): 10
  ⊞ IS Neighbor(s) (6)
  ⊟ IP Interface address(es) (4)                         ④ TLV结构
      IPv4 interface address: 10.0.0.2 (10.0.0.2)
  ⊞ Protocols Supported (1)
  ⊞ Restart Signaling (3)
  ⊞ Multi Topology (2)
    Padding (255)
```

图 5.30　RTA 接口抓包

注意：IS-IS 协议封装在以太网帧里面，IP 地址作为协议参数放在 TLV 结构中。L2 的 Hello 报文、CSNP、PSNP、LSP 里面都是什么内容？ 自己可抓包练习一下。

5.4　小结

本章介绍了 IS-IS 协议的报文格式、工作原理、配置步骤及结果检验。IS-IS 协议工作过程和 OSPF 有点类似，同时也是一个常用的 IGP。特别是在运营商网络中，大部分情况下用的是 IS-IS 协议。

IS-IS 协议的 LSP 类型比较少，相比 OSPF 来讲更简单些。另外，IS-IS 使用 TLV 结构，协议更加稳定，具有良好的扩展性。

第 6 章

BGP 详解

前面章节介绍了 OSPF 和 IS-IS 路由协议,这两个协议主要用于公司内部网络,属于内部网关协议(Interior Gateway Protocols,IGP)。

公司网络需要和外部网络对接,这样才能和外部通信,前面的 OSPF 内容介绍过用引入路由的方式来学习外部路由,例如 import static。这种方式可以学习外部路由,但是如果外部路由很庞大,则在需要精准控制时就显得力不从心了。

除了学习外部路由,还需要对外发布路由,有些路由需要被外面的网络学习,有些路由带有私密性,不能让外面的网络学习。

为了更好地学习外部路由,并控制对外发布的路由,需要使用边界网关协议(Boarder Gateway Protocol,BGP)来完成。BGP 主要用在 AS 之间的网络对接,因此 BGP 属于外部网关协议(Exterior Gateway Protocol,EGP)。BGP 所处位置如图 6.1 所示。

BGP 路由器之间交互的是路由表,而不是链路状态,BGP 主要用来控制路由的引入、发布和路由选择。

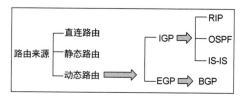

图 6.1　BGP 所处的位置

本章主要介绍以下内容:

(1) BGP 基本工作机制。

(2) BGP 工作原理。

(3) BGP 反射与联盟。

(4) BGP 路由属性。

(5) BGP 路由聚合。

(6) BGP 路径选择。

(7) 路由策略。

(8) 策略路由。

(9) BGP 结构。

6.1　BGP 基本工作机制

介绍 BGP 工作机制之前先介绍一个基本概念——自治系统(Autonomous System,AS),AS 是指由同一个技术管理机构管理,使用统一路由选择策略的路由器的集合。通常情况下,一个公司的网络就是一个 AS。

每个 AS 都有一个编号,编号范围是 1~65 535。IP 地址有公网 IP 和私网 IP 之分,AS 与此类似,公网 AS 的范围是 1~64 511,私网 AS 的范围是 64 512~65 535。公网 AS 编号需要向国际组织申请才可以使用,私网 AS 编号则没有这个要求,内部网络可以随便用,只要不重复就行。

左边网络使用的 AS 编号为 65000,右边网络使用的 AS 编号为 65001,它们都是私网 AS 编号,如图 6.2 所示。BGP 数据包带有 AS 信息,OSPF 与 IS-IS 协议则没有 AS 这个概念。

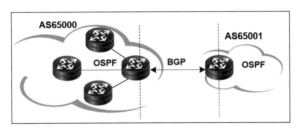

图 6.2　AS 编号

BGP 通过编号来区别不同的 AS,可以通过 AS 编号防止网络环回、控制路由信息转发路径等功能。

BGP 是一个基于 TCP 的应用层协议,协议格式如图 6.3 所示,当 TCP 头部的目标端口号值为 179 时,表示应用层封装的是 BGP。

IP Header	TCP (179)	BGP

图 6.3　BGP 位置

BGP 基于 TCP,因此只要两个路由器之间可以建立 TCP 连接就可以建立 BGP 邻居关系,如图 6.4 所示,RTA 与 RTB 是直连的 BGP 邻居,RTB 与 RTC 不是直连的,中间还有两个路由器,但是只要 IP 可达,并且可以建立 TCP 连接,就可以建立 BGP 邻居关系。

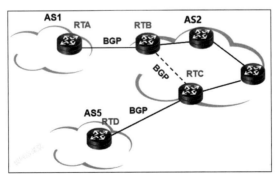

图 6.4　BGP 邻居(1)

BGP 报文有 5 种类型,各种报文的作用和发送时刻如表 6.1 所示。

表 6.1　5 种 BGP 报文

报文名称	作　　用	发 送 时 刻
Open	协商参数、建立邻居关系	TCP 连接建立成功后
Update	宣告、撤销 BGP 路由	BGP 邻居关系建立成功后，或者路由有更新时发送
Notification	发现错误，通知对端返回初始状态	当前路由器发现错误时
Keepalive	标志邻居建立完成，维护邻居关系	邻居建立成功后开始发送，后续保持周期性发送
Route-refresh	当前路由器改变路由策略后，请求对方重新发送路由，使新策略生效	当前路由器入方向的策略发生变化时，请求对方发送

6.2　BGP 工作原理

BGP 的工作过程可以分为以下 4 步。

（1）建立邻居关系：使用 Open 报文。

（2）发布路由：使用 Network、Import 命令手动指定具体的路由。

（3）通告路由：使用 Update 报文发送已发布的路由条目。

（4）链路维护：使用 Keepalive 报文周期性探测邻居是否正常工作。

BGP 在邻居关系建立完成后发送一次已发布的路由条目，后续不再主动发送，除非本地路由条目有更新（新增或减少）时才针对变化的条目发送更新，未变化的不发送更新。这点与 OSPF 和 IS-IS 不同，OSPF 和 IS-IS 就算网络状态没有改变，也会周期性地更新 LSA。

6.2.1　建立 BGP 邻居关系

BGP 不能自动发现邻居，必须手动指定邻居。由于 BGP 建立在 TCP 连接的基础之上，所以建立邻居关系之前必须保证 IP 可达。

RTB 可以与 RTC 建立邻居关系，RTB 也可以与 RTA 建立邻居关系，如图 6.5 所示。RTB 与 RTA 不是直连的，中间隔着 RTD。RTA 与 RTB 之间只要 IP 可达，就可以建立TCP 连接，然后建立 BGP 邻居关系。

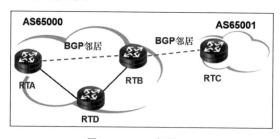

图 6.5　BGP 邻居（2）

BGP 通常用在公司与公司之间的网络对接，在实际应用中，同一个公司内部的两个路由器也可以建立 BGP 邻居关系。

公司 A 的 AS 编号是 100,公司 B 的 AS 编号是 200,公司 C 的 AS 编号是 300,如图 6.6 所示。公司 A(RTA)与公司 C(RTE)距离很远,没有直连的物理链路,此时可以通过公司 B 的网络实现 BGP 互联,从而学习到对方的路由信息。

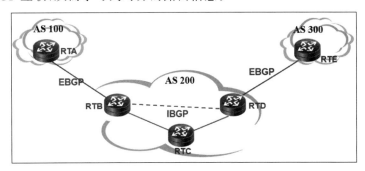

图 6.6　两种 BGP 邻居

RTA 与 RTB 之间跨 AS,属于外部 BGP(External BGP,EBGP),RTE 与 RTD 也是 EBGP 邻居。RTB 与 RTD 在同一个 AS 内部,属于内部 BGP(Internal BGP,IBGP)。

RTE 与 RTD 之间配置的 BGP 邻居关系如图 6.7 所示,先声明自己的 AS 编号,再指定邻居的 IP 和 AS 编号。RTB 与 RTD 的配置与此类似。

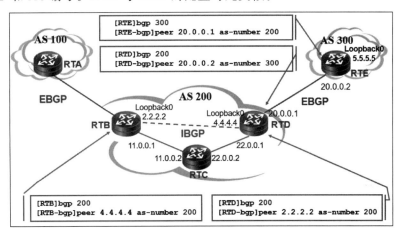

图 6.7　两种 BGP 邻居的配置

IBGP 与 EBGP 之间有什么区别呢? 主要的区别有两个:一个是 TTL 默认值,另外一个是路由可达性。

(1) TTL 默认值:BGP 封装在 IP 报文里面,IP 报文头部有个 TTL 参数,每经过一个路由器减 1。

EBGP 邻居之间发送的 BGP 报文,默认的 TTL=1;

IBGP 邻居之间发送的 BGP 报文的默认 TTL=255。

因此默认情况下,EBGP 必须使用直连接口建立 BGP 邻居关系,否则就会因为 TTL 值不足而失败,而 IBGP 没有这个限制。

（2）路由可达性：EBGP 两端的路由器属于不同公司,除了 BGP 外没有别的路由协议,因此只有直连接口 IP 可达,其他 IP 默认都是不可达的。

RTD 的接口 IP:20.0.0.1 与 RTE 的接口 IP:20.0.0.2 属于同一个网段,如图 6.8 所示。可以直接使用接口 IP 建立 TCP(BGP),但是不能直接用 RTD 的环回接口 4.4.4.4 与 RTE 的环回接口 5.5.5.5 建立 TCP(BGP),因为 RTD 没有去往 5.5.5.5 的路由条目,RTE 也没有去往 4.4.4.4 的路由条目,二者 IP 不可达。

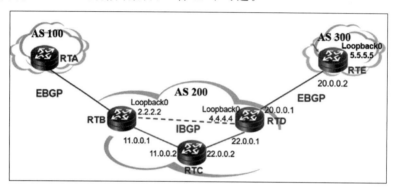

图 6.8　建立 EBGP 邻居关系

但是 IBGP 没有这个限制,在图 6.8 中,RTB 可以通过 OSPF 学习到 RTD 的环回地址 4.4.4.4,RTD 也可以学习到 RTB 的 2.2.2.2,二者 IP 可达,所以可以直接用环回口建立 BGP 邻居关系。

在实际应用中通常是用环回口的 IP 建立 BGP 邻居关系,这样比较直观,因为通过环回口可以很容易地看出来这是哪两个路由器之间建立的 BGP 邻居关系。例如 RTA 的环回口是 1.1.1.1,RTB 的环回口是 2.2.2.2,RTC 的环回口是 3.3.3.3。如果用接口 IP 就没有那么直观了。

因为默认 TTL 和路由可达性的限制,EBGP 默认情况下不能用环回口建立邻居关系,那有没有办法用环回口建立 EBGP 邻居关系呢? 答案是可以的。实现方法是用命令指定用环回口建立 EBGP(默认用出接口地址建立 BGP 邻居关系),修改 TTL 值,并配置静态路由使双方 IP 可达,配置命令如下:

```
//RTE 使用环回口 IP 建立邻居关系
[RTE - bgp]peer 4.4.4.4 connect - interface loopback 0

//RTE 发出的 BGP 报文里 TTL = 2
[RTE - bgp]peer 4.4.4.4 ebgp - max - hop 2

//RTE 上添加去往 4.4.4.4 的静态路由
[RTE]ip route - static 4.4.4.4 32 20.0.0.1

//RTD 的配置与此类似
```

具体配置如图 6.9 所示。

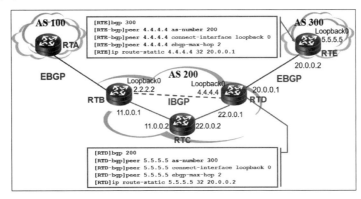

图 6.9 使用环回口建立 EBGP 邻居关系

IBGP 建立邻居关系时也需要用命令指定用环回口建立邻居关系,不同的是 IBGP 不需要配置 TTL 和静态路由,如图 6.10 所示。

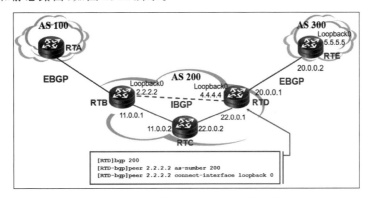

图 6.10 使用环回口建立 IBGP 邻居关系

配置好 BGP 之后就开始建立邻居关系,过程如图 6.11 所示。

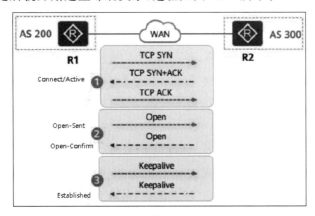

图 6.11 BGP 邻居关系建立流程

（1）通过 3 次握手建立 TCP 链接。

（2）在 TCP 链接里互相发送 Open 报文建立邻居关系（与 OSPF 的 Hello 报文类似，里面携带有版本号及 AS 编号等信息）。

（3）在双方的 Open 报文里面携带的参数一致的情况下，BGP 邻居关系建立成功，开始周期性地发送 Keepalive 消息，以探测邻居的可用性。双方发出 Keepalive 消息后，邻居关系正式建立完成。

BGP 邻居关系建立过程经历以下几种状态，如表 6.2 所示。

表 6.2 BGP 邻居状态

Peer 状态名称	用　　途
Idle	开始准备 TCP 连接
Connect	正在进行第 1 次 TCP 连接
Active	第 1 次 TCP 连接不成功，反复尝试 TCP 连接
Open-Sent	TCP 连接成功，发出 Open 报文
Open-Confirm	双方 Open 报文协商成功，发出 Keepalive
Established	收到对方的 Keepalive 消息，可以开始宣告路由

各种状态的迁移过程如图 6.12 所示。

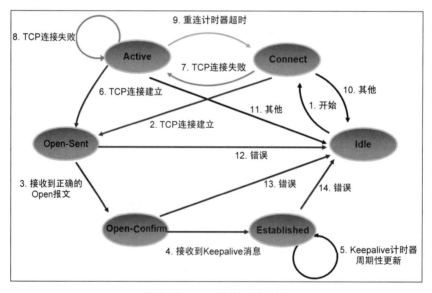

图 6.12 BGP 状态迁移过程

状态迁移触发事件如表 6.3 所示。

如果邻居没有完成 BGP 配置或者配置不正确、IP 不可达，则本地 BGP 会一直停留在 Active、Connect 状态，不停地尝试建立 TCP 连接（箭头 6/7/8/9）。

表 6.3　BGP 状态触发事件

事 件 编 号	说　　　明
箭头 1	完成 BGP 配置,开始第 1 次尝试 TCP 连接
箭头 2	第 1 次 TCP 连接成功,发出 Open 报文
箭头 3	收到对方的 Open 报文,里面的参数与自己的一致
箭头 4	收到对方的第 1 个 Keepalive 报文
箭头 5	收到周期性的 Keepalive 报文
箭头 6	Active 状态下 TCP 连接成功,发出 Open 报文
箭头 7、8	TCP 连接失败,继续尝试建立 TCP
箭头 9	Active 状态下,尝试建立 TCP 时间过长,返回 Connect,重新计时
箭头 10、11	物理接口中断,或者删除 BGP 配置,返回 Idle
箭头 12、13、14	发现 BGP 错误,发出 Notification 给对方,自己返回 Idle 状态

6.2.2　发布路由

邻居关系建立成功后就可以互相通告路由,BGP 路由条目从哪来呢? 有以下两个途径:

(1) 本地路由器发布路由条目。

(2) 由邻居通告过来。

本地路由器可以使用 network、import 命令将路由条目发布到 BGP 中,使用 network 精确发布的路由必须保证存在于当前路由器的路由表中,否则业务报文到达时无法正确转发。

RT2 通过 OSPF 学习到了 RT1 上的 18.0.0.1/32 和 18.0.0.2/32 这两个条目,然后使用 network 18.0.0.1 255.255.255.255 这条命令将路由发布到 BGP 中,如图 6.13 所示。

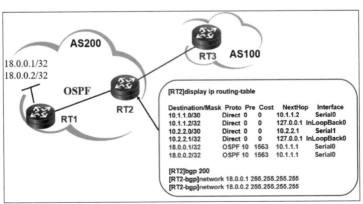

图 6.13　使用 network 命令发布

也可以使用 import 命令将路由发布到 BGP 中,如图 6.14 所示。

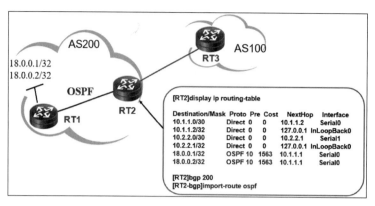

图 6.14　使用 import 命令发布

使用 network 命令发布时是一条一条地发布路由,更加精确,使用 import 命令发布时是按类型来发布的。这两种方式发布的路由有不同的优先级,用 network 命令发布的路由更精确,优先级更高,后面会详细介绍以各种不同方式学来的 BGP 路由条目的优先级。

6.2.3　路由通告原则

BGP 通过 network、import 命令获得路由条目,然后通过 Update 报文通告给邻居。新获得的条目只通告一次,除非有更新或者撤销才会再次通告。

通告路由条目时需要遵循一定的原则,具体原则如下。

(1) 通告原则一:当存在多条路径时,BGP Speaker 只选最优的给自己使用,并且只把自己使用的最优路由通告给对等体(邻居关系建立完成就发送)。

RTA 的 BGP 路由表中存在两条去往 192.168.3.0 的路由条目,但是只选择最优的给自己使用(带">"表示最优),通告给邻居时也只通告第 1 条路由,如图 6.15 所示。

```
[RTA]display bgp routing-table

Total Number of Routes: 2

BGP Local router ID is 1.1.1.1
Status codes: * - valid, > - best, d - damped,
              h - history,  i - internal, s - suppressed, S - Stale
              Origin : i - IGP, e - EGP, ? - incomplete
    Network             NextHop         MED        LocPrf     PrefVal Path/Ogn

*>i 192.168.3.0         10.1.1.2                               0       200i
*  i                    10.2.2.2                               0       200i
```

图 6.15　最优路径

(2) 通告原则二:从 EBGP 获得的路由会向它所有 BGP 对等体通告(包括 EBGP 和 IBGP)。

RTB 与 RTC、RTD 是 EBGP 邻居,RTB 与 RTA 是 IBGP 邻居,RTC 使用 network 命令发布一个路由条目。RTB 从 RTC 收到新的路由通告,然后转发给 RTA 与 RTD,如图 6.16 所示。

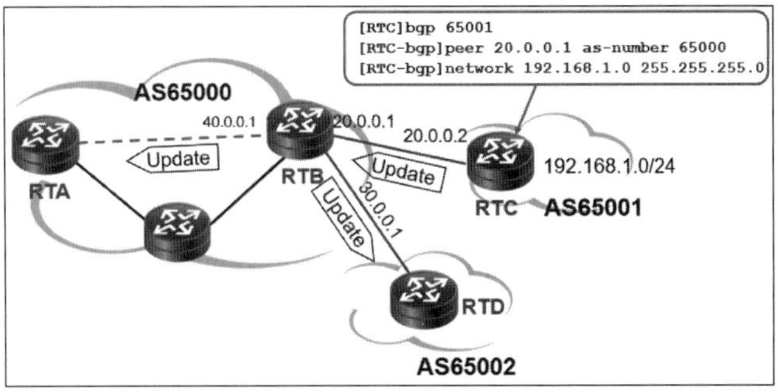

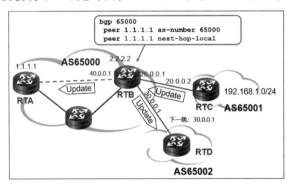

图 6.16　从 EBGP 获得路由

在 BGP 中,每个 AS 被看作一个大型路由器,路由器与路由器之间传递路由条目时会修改下一跳,例如 RTB 收到 192.168.1.0/24 这条路由时,下一跳是 20.0.0.2,RTD 收到 192.168.1.0/24 路由时,下一跳是 30.0.0.1。

但是 RTA 与 RTB 处于同一个 AS 内部,默认情况下传递路由时不会修改下一跳,也就是说 RTA 学到 192.168.1.0/24 路由时,下一跳还是 20.0.0.2,然而此时 RTA 并不知道 20.0.0.2 在哪里。

简单点说,EBGP 转给 EBGP 时,会自动修改下一跳,EBGP 转给 IBGP 时,不会修改下一跳。为了解决 IBGP 传递路由时下一跳不可达的问题,需要使用命令强制修改下一跳。

在 RTB 上,配置 peer 1.1.1.1 next-hop-local 这条命令后,RTB 将 192.168.1.0/24 这条路由转给 RTA 时就会将下一跳修改成 40.0.0.1,如图 6.17 所示。

图 6.17　IBGP 下一跳不可达问题

(3) 通告原则三:从 IBGP 获得的路由不会通告给它的 IBGP 邻居。

RTE 与 RTA 是 EBGP 邻居关系,RTA、RTB、RTC、RTD 在同一个 AS 内部,虚线表示建立了 IBGP 邻居关系。RTA 从 RTE 收到的 BGP 路由条目会发给 RTB 与 RTC。为了避免路由环路,RTB 不能发给 RTD,RTC 也不能发给 RTD(见打"×"记号),如图 6.18 所示。

为了让 RTD 学习到 192.168.1.0/24 这个条目,可以在 RTA 与 RTD 之间建立一个 BGP 邻居关系,如图 6.19 所示。

(4) 通告原则四:从 IBGP 获得的路由是否通告给它的 EBGP 对等体要依 IGP 和 BGP 同步的情况决定。

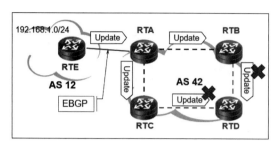
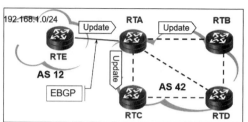

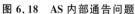

图 6.18　AS 内部通告问题　　　　　　图 6.19　RTA 与 RTD 建立邻居关系

　　RTA 发布 10.1.1.0/24 这条路由,经过 RTB、RTE,最终被 RTF 学习到,如图 6.20 所示,然后目标 IP 为 10.1.1.1 的业务报文从 RTF 转到 RTE,RTE 转给 RTD(此时虽然 RTE 与 RTB 是直接的 IBGP 邻居关系,但是业务报文还得经过 RTD、RTC 才能到达 RTB),此时的 RTD 并没有 10.1.1.0/24 这个条目,报文无法被正确转发。

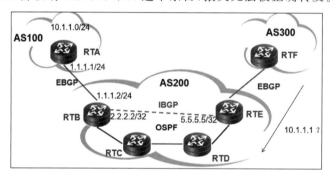

图 6.20　IGP 与 BGP 同步问题

　　问题出在哪里? RTE 的 BGP 路由表中有 10.1.1.0/24 这个条目,但是 RTE 并没有从 IGP(OSPF)学习到 10.1.1.0/24,也就是说 BGP 与 IGP 不同步。如果 RTE 从 OSPF 学习到 10.1.1.0/24 这个条目,则 RTD 与 RTC 肯定也能学到去往 10.1.1.0/24 的路由。

　　为了避免这个问题,RTE 从 RTB 收到 IBGP 路由条目时,要先判断自己的 IGP 路由表是否有这个条目,有这个条目才能再转给 RTF(EBGP 邻居),如果没有就不能转出去。

6.3　BGP 基本配置

　　本节结合例子演示如何配置 BGP,配置完成后,各个路由器之间可以学习到彼此的环回地址,并可以互相 ping,组网拓扑如图 6.21 所示。

　　(1) RTA、RTB、RTC、RTD、RTE 分别在 AS100、AS100、AS100、AS200、AS300 里。

　　(2) RTA 与 RTC 是 IBGP 邻居,RTC 与 RTD、RTD 与 RTE 是 EBGP 邻居。

　　(3) RTA、RTB、RTC 之间通过 OSPF 保证 IP 可达性。

　　(4) RTA 与 RTC、RTC 与 RTD 使用环回接口建立 BGP 邻居关系,RTD 与 RTE 使用默认接口建立邻居关系。

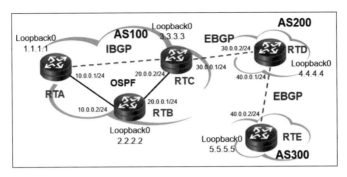

图 6.21 组网拓扑

1. 配置 RTA

配置接口 IP、OSPF、BGP,如图 6.22 所示,将自己的环回地址 1.1.1.1 发布到 BGP 路由表中。

```
[RTA]interface LoopBack 0
[RTA-LoopBack0]ip add 1.1.1.1 32
[RTA-LoopBack0]interface ge0/0/0
[RTA-GigabitEthernet0/0/0]ip add 10.0.0.1 24
[RTA-GigabitEthernet0/0/0]quit
[RTA]ospf
[RTA-ospf-1]area 0
[RTA-ospf-1-area-0.0.0.0]network 1.1.1.1 0.0.0.0
[RTA-ospf-1-area-0.0.0.0]network 10.0.0.0 0.0.0.255
[RTA-ospf-1-area-0.0.0.0]quit
[RTA-ospf-1]quit
[RTA]bgp 100
[RTA-bgp]peer 3.3.3.3 as-number 100
[RTA-bgp]peer 3.3.3.3 connect-interface loopback 0
[RTA-bgp]network 1.1.1.1 255.255.255.255
```

图 6.22 配置 RTA

2. 配置 RTB

配置接口 IP、OSPF,如图 6.23 所示,RTB 不与任何路由器建立 BGP 邻居关系。

```
[RTB]interface loopback 0
[RTB-LoopBack0]ip add 2.2.2.2 32
[RTB-LoopBack0]interface ge0/0/0
[RTB-GigabitEthernet0/0/0]ip add 10.0.0.2 24
[RTB-GigabitEthernet0/0/0]interface ge0/0/1
[RTB-GigabitEthernet0/0/1]ip add 20.0.0.1 24
[RTB-GigabitEthernet0/0/1]quit
[RTB]ospf
[RTB-ospf-1]area 0
[RTB-ospf-1-area-0.0.0.0]network 2.2.2.2 0.0.0.0
[RTB-ospf-1-area-0.0.0.0]network 10.0.0.0 0.0.0.255
[RTB-ospf-1-area-0.0.0.0]network 20.0.0.0 0.0.0.255
```

图 6.23 配置 RTB

3. 配置 RTC

配置接口 IP、OSPF、BGP,如图 6.24 所示,RTC 与 RTA 之间建立 IBGP 时需要修改一下 next-hop-local,这样 EBGP 路由传递给 IBGP 时才会修改下一跳。RTC 与 RTD 之间用环回口建立邻居关系,需要修改 TTL = 2,并且还要添加一条静态路由。

```
[RTC]interface loopback 0
[RTC-LoopBack0]ip add 3.3.3.3 32
[RTC-LoopBack0]interface ge0/0/0
[RTC-GigabitEthernet0/0/0]ip add 20.0.0.2 24
[RTC-GigabitEthernet0/0/0]interface ge0/0/1
[RTC-GigabitEthernet0/0/1]ip add 30.0.0.1 24
[RTC-GigabitEthernet0/0/1]quit
[RTC]ospf
[RTC-ospf-1]area 0
[RTC-ospf-1-area-0.0.0.0]network 3.3.3.3 0.0.0.0
[RTC-ospf-1-area-0.0.0.0]network 20.0.0.0 0.0.0.255
[RTC-ospf-1-area-0.0.0.0]quit
[RTC-ospf-1]quit
[RTC]bgp 100
[RTC-bgp]peer 1.1.1.1 as-number 100
[RTC-bgp]peer 1.1.1.1 connect-interface loopback 0
[RTC-bgp]peer 1.1.1.1 next-hop-local
[RTC-bgp]peer 4.4.4.4 as-number 200
[RTC-bgp]peer 4.4.4.4 connect-interface loopback 0
[RTC-bgp]peer 4.4.4.4 ebgp-max-hop 2
[RTC-bgp]network 3.3.3.3 255.255.255.255
[RTC-bgp]quit
[RTC]ip route-static 4.4.4.4 32 30.0.0.2
```

图 6.24　配置 RTC

4. 配置 RTD

配置接口 IP、BGP,如图 6.25 所示,RTD 有两个 EBGP 邻居,RTD 与 RTE 之间使用默认接口建立 BGP 邻居关系,不需要修改 TTL,也不用添加静态路由。

```
[RTD-LoopBack0]ip add 4.4.4.4 32
[RTD-LoopBack0]interface ge0/0/0
[RTD-GigabitEthernet0/0/0]ip add 30.0.0.2 24
[RTD-GigabitEthernet0/0/0]interface ge0/0/1
[RTD-GigabitEthernet0/0/1]ip add 40.0.0.1 24
[RTD-GigabitEthernet0/0/1]quit
[RTD]bgp 200
[RTD-bgp]peer 40.0.0.2 as-number 300
[RTD-bgp]peer 3.3.3.3 as-number 100
[RTD-bgp]peer 3.3.3.3 ebgp-max-hop 2
[RTD-bgp]peer 3.3.3.3 connect-interface loopback 0
[RTD-bgp]network 4.4.4.4 255.255.255.255
[RTD-bgp]quit
[RTD]ip route-static 3.3.3.3 32 30.0.0.1
```

图 6.25　配置 RTD

5. 配置 RTE

配置接口 IP、BGP,如图 6.26 所示,不指定 connect-interface,默认就是用本地出接口作为原 IP 与对方建立 TCP 连接。

```
[RTE]interface loopback 0
[RTE-LoopBack0]ip add 5.5.5.5 32
[RTE-LoopBack0]interface ge0/0/0
[RTE-GigabitEthernet0/0/0]ip add 40.0.0.2 24
[RTE-GigabitEthernet0/0/0]quit
[RTE]bgp 300
[RTE-bgp]peer 40.0.0.1 as-number 200
[RTE-bgp]network 5.5.5.5 255.255.255.255
```

图 6.26　配置 RTE

6．配置验证

在 RTD 上面查看 BGP 邻居建立状态，如图 6.27 所示，RTD 有两个邻居，一个是 3.3.3.3 （使用 loopback 0 建立的邻居关系），对方的 AS 编号是 100，另一个是 40.0.0.2（使用出接口建立的邻居关系），AS 编号为 300，状态为 Established，表示邻居关系建立成功。

```
[RTD]display bgp peer
BGP local router ID : 4.4.4.4
Local AS number : 200
Total number of peers : 2         Peers in established state : 2

  Peer          V    AS  MsgRcvd  MsgSent  OutQ  Up/Down      State
  3.3.3.3       4   100      26       28     0  00:23:43 Established
  40.0.0.2      4   300      31       32     0  00:28:34 Established
```

图 6.27　查看 RTD 邻居状态

如果邻居关系建立不成功，则状态可能是 Idle 或者 Active，此时应该检查 IP 是否可达。

在 RTD 上查看 BGP 路由表，如图 6.28 所示，RTD 只有 3 条路由，为什么学习不到 RTA 的 1.1.1.1 路由呢？

```
[RTD]display bgp routing-table

BGP Local router ID is 4.4.4.4
Status codes: * - valid, > - best, d - damped,
              h - history,  i - internal, s - suppressed, S - Stale
              Origin : i - IGP, e - EGP, ? - incomplete

Total Number of Routes: 3
     Network          NextHop          MED       LocPrf      PrefVal Path/Ogn

      3.3.3.3/32       3.3.3.3          0                       0     100i
 *>   4.4.4.4/32       0.0.0.0          0                       0     i
 *>   5.5.5.5/32       40.0.0.2         0                       0     300i
```

图 6.28　查看 RTD 的 BGP 路由表

查看 RTC 的 BGP 路由表，如图 6.29 所示，里面有 4 个条目，能学到 5.5.5.5，证明与 RTD 之间的路由学习没有问题，但是此时 RTC 有 1.1.1.1 条目，为什么不通告给 RTD 呢？

```
[RTC]display bgp routing-table

BGP Local router ID is 3.3.3.3
Status codes: * - valid, > - best, d - damped,
              h - history,  i - internal, s - suppressed, S - Stale
              Origin : i - IGP, e - EGP, ? - incomplete


Total Number of Routes: 4
     Network          NextHop          MED       LocPrf      PrefVal Path/Ogn

  i  1.1.1.1/32       1.1.1.1          0         100           0     i
 *>  3.3.3.3/32       0.0.0.0          0                       0     i
     4.4.4.4/32       4.4.4.4                                  0     200i
 *>  5.5.5.5/32       4.4.4.4                                  0     200 300i
```

图 6.29　查看 RTC 的 BGP 路由表

仔细看 1.1.1.1 这个条目，会发现前面不带"＊＞"，表示这不是有效最优的路由，根据通告原则一，不是有效最优的路由不会通告给邻居，所以 RTD 就学不到 1.1.1.1 这个路由。

那为什么 1.1.1.1 就不是有效最优的呢？实际上 RTC 有两个渠道学习到了 1.1.1.1，一个是通过 BGP,另外一个是通过 OSPF。相比之下,OSPF 的路由优先级高于 BGP,所以路由条目 1.1.1.1 在 BGP 表里不是有效最优的,因此不会通告给邻居 RTD。

查看 RTE 的路由表,如图 6.30 所示,只有两个条目,1.1.1.1 条目已经知道为什么学习不到了,但是 3.3.3.3 条目又去哪了呢？返回去看图 6.30,在 RTD 的 BGP 路由表里,3.3.3.3 路由前面也不带"＊＞",所以也不能通告给 RTE。除了 BGP 之外,RTD 通过静态路由也学习到了 3.3.3.3,静态路由的优先级比 BGP 高。

```
[RTE]display bgp routing-table

BGP Local router ID is 5.5.5.5
Status codes: * - valid, > - best, d - damped,
              h - history,  i - internal, s - suppressed, S - Stale
              Origin : i - IGP, e - EGP, ? - incomplete

Total Number of Routes: 2
      Network            NextHop          MED         LocPrf       PrefVal Path/Ogn

*>    4.4.4.4/32         40.0.0.1         0                        0       200i
*>    5.5.5.5/32         0.0.0.0          0                        0       i
```

图 6.30   查看 RTE 的 BGP 路由表

在 RTA 上查看 BGP 路由表,如图 6.31 所示,RTA 只有 3 条路由,4.4.4.4 这个条目为什么没有学习到呢？参照前面的分析思路,自己尝试分析一下为什么。

```
[RTA]display bgp routing-table

BGP Local router ID is 1.1.1.1
Status codes: * - valid, > - best, d - damped,
              h - history,  i - internal, s - suppressed, S - Stale
              Origin : i - IGP, e - EGP, ? - incomplete

Total Number of Routes: 3
      Network            NextHop          MED         LocPrf       PrefVal Path/Ogn

*>    1.1.1.1/32         0.0.0.0          0                        0       i
 i    3.3.3.3/32         3.3.3.3          0           100          0       i
*>i   5.5.5.5/32         3.3.3.3                      100          0       200 300i
```

图 6.31   查看 RTA 的 BGP 路由表

从图 6.31 可以看到 RTA 有 5.5.5.5(RTE 的环回地址)这条路由,但是 RTE 没有 1.1.1.1(RTA 的环回地址),所以 RTA 与 RTE 是无法互相 ping 通的,要怎样才能互相 ping 通？

为了让 RTE 能学到 1.1.1.1,将 1.1.1.1 的路由放到 RTC 上面发布,如图 6.32 所示,取消 RTA 的 1.1.1.1 路由发布,新增 RTC 上面的 1.1.1.1 路由发布。

```
[RTA]bgp 100
[RTA-bgp]undo network 1.1.1.1
[RTC]bgp 100
[RTC-bgp]network 1.1.1.1 255.255.255.255
```

图 6.32   修改路由发布

查看 RTE 的 BGP 路由表发现已经学习到 1.1.1.1,如图 6.33 所示,

```
[RTE]display bgp routing-table

BGP Local router ID is 5.5.5.5
Status codes: * - valid, > - best, d - damped,
              h - history,  i - internal, s - suppressed, S - Stale
              Origin : i - IGP, e - EGP, ? - incomplete


Total Number of Routes: 3
     Network          NextHop          MED        LocPrf     PrefVal Path/Ogn

*>   1.1.1.1/32       40.0.0.1                                0       200 100i
*>   4.4.4.4/32       40.0.0.1         0                      0       200i
*>   5.5.5.5/32       0.0.0.0          0                      0       i
```

图 6.33　查看 RTE 的 BGP 路由表

此时 RTA 和 RTE 有彼此的路由是否就可以 ping 通了呢? 如图 6.34 所示,还是无法从 RTE ping 通 RTA,ping 命令带-a 参数,指的是 ping 报文的源 IP 为 5.5.5.5,这样 RTA 才能正确返回。如果使用命令 ping 1.1.1.1,则可不指定源 IP,默认为用出接口 IP(40.0.0.2)作为源 IP,由于此时 RTA 没有 40.0.0.2 路由条目,所以无法返回 Echo Reply。

```
[RTE]ping -a 5.5.5.5 1.1.1.1
  PING 1.1.1.1: 56  data bytes, press CTRL_C to break
    Request time out
    Request time out
    Request time out
    Request time out
    Request time out

  --- 1.1.1.1 ping statistics ---
    5 packet(s) transmitted
    0 packet(s) received
    100.00% packet loss
```

图 6.34　RTE ping RTA

在 RTA 的接口上抓包发现 RTA 收到了 ping 请求报文(Echo request),也返回了 ping 应答(Echo reply),但是收到了一个错误报告,如图 6.35 所示。错误报告指出目标 IP 不可达,这是从 10.0.0.2(RTB 的 GE0/0/0 接口)发出来的错误报告。

```
20 48.937000  5.5.5.5      1.1.1.1      ICMP   Echo (ping) request  (id
21 48.953000  1.1.1.1      5.5.5.5      ICMP   Echo (ping) reply    (id
22 48.984000  10.0.0.2     1.1.1.1      ICMP   Destination unreachable
23 49.748000  10.0.0.1     224.0.0.5    OSPF   Hello Packet
24 51.184000  5.5.5.5      1.1.1.1      ICMP   Echo (ping) request  (id
25 51.199000  1.1.1.1      5.5.5.5      ICMP   Echo (ping) reply    (id
26 51.215000  10.0.0.2     1.1.1.1      ICMP   Destination unreachable
```

图 6.35　ping 抓包分析

查看 RTB 的路由表,发现 RTB 没有去往 5.5.5.5 的路由,因此将去往 5.5.5.5 的报文丢弃,然后返回 ICMP 错误报告,如图 6.36 所示。

为了让 RTB 学到去往 5.5.5.5 的路由,在 RTC 上面的 OSPF 进程里面引入 BGP 路由,引入 BGP 路由之后,RTB 学习到 5.5.5.5 路由就可以正确转发报文了,此时 RTE 可以成功 ping 通 RTA 的 1.1.1.1 接口,如图 6.37 所示。

```
[RTB]display ip routing-table
Route Flags: R - relay, D - download to fib
------------------------------------------------------------------------
Routing Tables: Public
         Destinations : 9        Routes : 9

Destination/Mask     Proto    Pre   Cost        Flags NextHop        Interface
        1.1.1.1/32   OSPF     10    1           D     10.0.0.1       GigabitEthernet0/0/0
        2.2.2.2/32   Direct   0     0           D     127.0.0.1      LoopBack0
        3.3.3.3/32   OSPF     10    1           D     20.0.0.2       GigabitEthernet0/0/0
     10.0.0.0/24     Direct   0     0           D     10.0.0.2       GigabitEthernet0/0/0
     10.0.0.2/32     Direct   0     0           D     127.0.0.1      GigabitEthernet0/0/0
     20.0.0.0/24     Direct   0     0           D     20.0.0.1       GigabitEthernet0/0/1
     20.0.0.1/32     Direct   0     0           D     127.0.0.1      GigabitEthernet0/0/1
    127.0.0.0/8      Direct   0     0           D     127.0.0.1      InLoopBack0
    127.0.0.1/32     Direct   0     0           D     127.0.0.1      InLoopBack0
```

图 6.36　RTB 的路由表

```
[RTC-ospf-1]import bgp
[RTC-ospf-1]
        .
        .
[RTE]ping -a 5.5.5.5 1.1.1.1
  PING 1.1.1.1: 56  data bytes, press CTRL_C to break
    Reply from 1.1.1.1: bytes=56 Sequence=1 ttl=252 time=130 ms
    Reply from 1.1.1.1: bytes=56 Sequence=2 ttl=252 time=90 ms
    Reply from 1.1.1.1: bytes=56 Sequence=3 ttl=252 time=90 ms
    Reply from 1.1.1.1: bytes=56 Sequence=4 ttl=252 time=90 ms
    Reply from 1.1.1.1: bytes=56 Sequence=5 ttl=252 time=90 ms

  --- 1.1.1.1 ping statistics ---
    5 packet(s) transmitted
    5 packet(s) received
    0.00% packet loss
    round-trip min/avg/max = 90/98/130 ms
```

图 6.37　RTE 成功 ping 通 RTA

　　做实验时会遇到各种问题,首先要确保配置正确,避免错配漏配命令。检查配置没有问题之后,再使用命令检查状态(邻居状态、BGP 路由表状态,IP 路由表等),同时可以配合抓包分析,查看报文的转发情况。沿途追踪报文的去向是故障定位的常用思路。

6.4　反射与联盟

　　为了避免路由环路,根据 BGP 通告原则,从 IBGP 收到的路由条目不能再通告给其他 IBGP 邻居。

　　为了让每个 AS 内部的路由器都能学到 BGP 路由,AS 内部必须建立全连接,如图 6.38 所示,连接数量呈指数级增长,当路由器数量很多时维护困难,资源浪费严重。

　　为了解决全连接的问题,BGP 引入了反射与联盟技术,这两个技术都可以有效地提高连接的效率。

6.4.1　路由反射

　　全连接网络变成反射网络之后,BGP 连接数量大大减少,如图 6.39 所示。路由反射器 (Route Reflector,RR)是路由转发中心,类似于 OSPF 中 DR 的功能,Client 是客户机。

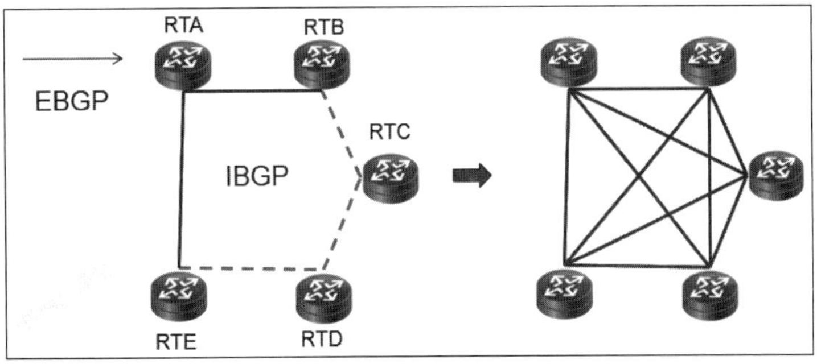

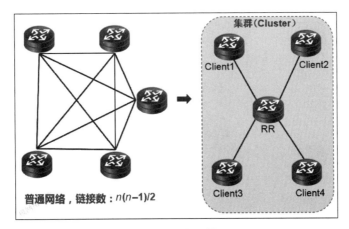

图 6.38　BGP 全连接问题

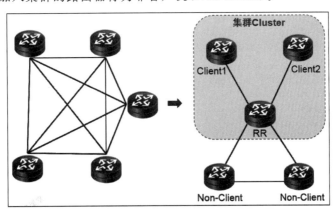

图 6.39　路由反射(1)

　　RR 和其所属的 Client 组成集群(Cluster),一个 AS 内部可以有多个集群,也就是说一个大型 AS 内部可能有多个 RR。

　　路由器不一定要属于某个集群,如图 6.40 所示,AS 内部可能是集群和普通路由器共存的情况。没有加入集群的路由器称为非客户机(Non-Client)。

图 6.40　路由反射(2)

客户机只需和 RR 建立 IBGP,但是非客户机、RR 之间还是要建立全连接,因此非客户机的数量不能太多。

路由反射的三条规则,具体如下。

(1)规则一:将从非客户机 IBGP 对等体学到的路由发布给此 RR 的所有客户机。

RR 只转发给下属的客户机,不转发给非客户机,如图 6.41 所示。

(2)规则二:将从客户机学到的路由发布此 RR 的所有非客户机和客户机(发起此路由的客户机除外),如图 6.42 所示。

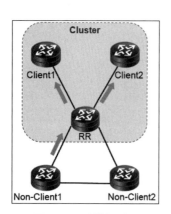

图 6.41 反射规则一

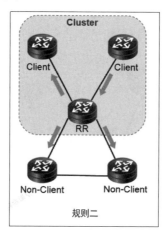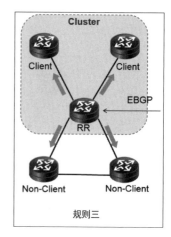

图 6.42 反射规则二、三

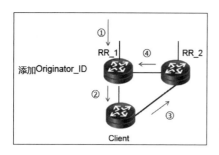

图 6.43 反射防环机制

(3)规则三:从 EBGP 对等体学到的路由,由 RR 发布给所有的非客户机和客户机。

从 IBGP 学到的路由不能再通告给其他 IBGP 这条规则的目的就是为了防止环路,因为这条规则又引入了全连接的问题,反射技术解决了全连接的问题,它又是怎么防止 AS 内部环路的呢?

网络中因为配置失误存在两个 RR,而且共有客户机,形成环路,如图 6.43 所示。

根据反射转发原则,从 RR_1 发给 Client 的路由又会回到 RR_1,如何破环呢?步骤如下:

① RR_1 收到路由,给这条路由添加一个属性 Originator_ID,值为 RR_1 的 Router_ID;

② RR_1 添加完 Originator_ID,再发给 Client;

③ Client 将这条路由转给 RR_2,RR_2 发现里面已带有 Originator_ID,保持不变;

④ RR_2 将路由转给 RR_1,此时 RR_1 根据 Originator_ID 发现这是自己发出去的,是环回路由,丢弃。

注意:RR 之间是可以互相通告路由的,彼此都把对方当作非客户机。

简单来讲就是 RR 给发出去的路由添加一个标志,后面 RR 收到的路由都会检查一下标志,如果路由携带的 Originator_ID 与自己的一样就表明出现环路了,直接丢弃。

但是始发 RR 不在环内怎么办?如图 6.44 所示,RR1 添加了 Originator_ID,在 RR2-Client-RR3-RR2 的转发过程中,此 Originator_ID 不会被修改,此时 RR2 无法通过 Originator_ID 判断是否出现环路,怎么破环呢?

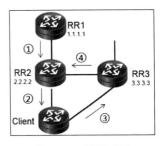

图 6.44　反射环回

此时可以通过 Cluster_ID 来辅助,每个 RR 可以添加一个 Cluster_ID(通常用环回地址),每经过一个 RR 就会将自己的 Cluster_ID 添加进去,形成一个先后顺序的列表。

图 6.44 中,RR2 第 1 次从 RR1 收到路由时,Cluster_ID 列表是(1.1.1.1),经过①②③④步转发再回到 RR2 时,Cluster_ID 列表变成(1.1.1.1,2.2.2.2,3.3.3.3),此时 RR2 发现自己的 Cluster_ID(2.2.2.2)在列表里面,可以判断出现环回,丢弃报文。

在实际应用中,如果 AS 内部路由器数量较多,则可以分层反射,这样逻辑关系更加清晰,防止环路出现,如图 6.45 所示,中间的路由器既是 RR 也是 Client,通常两层反射就够了。

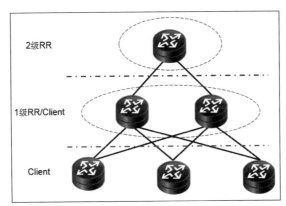

图 6.45　分层反射

反射的配置如图 6.46 所示,只需配置 RR,客户机不用任何配置。

```
[RTA]bgp 100
[RTA-bgp]peer 2.2.2.2 as-number 100
[RTA-bgp]peer 2.2.2.2 connect-interface loopback 0
[RTA-bgp]peer 2.2.2.2 reflect-client          //将对方配置为自己的客户机
[RTA-bgp]reflector cluster-id 1.1.1.1          //配置集群ID
```

图 6.46　反射配置

可以使用命令查看某条路由的 Originator_ID 和 Cluster_ID,如图 6.47 所示。

Originator_ID 是起源 ID,第 1 个 RR 添加后不能被其他 RR 修改。Cluster_ID 是路径 ID,用来记录路由所经过的路径,是一个列表。

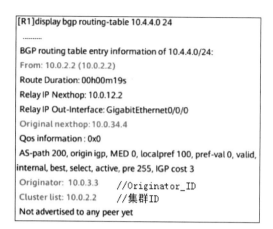

```
[R1]display bgp routing-table 10.4.4.0 24
---------
BGP routing table entry information of 10.4.4.0/24:
From: 10.0.2.2 (10.0.2.2)
Route Duration: 00h00m19s
Relay IP Nexthop: 10.0.12.2
Relay IP Out-Interface: GigabitEthernet0/0/0
Original nexthop: 10.0.34.4
Qos information : 0x0
AS-path 200, origin igp, MED 0, localpref 100, pref-val 0, valid,
internal, best, select, active, pre 255, IGP cost 3
Originator: 10.0.3.3        //Originator_ID
Cluster list: 10.0.2.2      //集群ID
Not advertised to any peer yet
```

图 6.47   查看反射配置

6.4.2   BGP 联盟

反射技术的主要原理是在 AS 内部设置一个或多个路由转发中心(RR),其他普通路由器都和 RR 连接,然后配合 Originator_ID、Cluster_ID 防止环路。

BGP 联盟的主要原理是将 AS 分割成多个子 AS(使用私有 AS 编号),私有 AS 之间的通告规则和 EBGP 类似,避免 AS 内部全连接的问题。

有两个公网 AS:AS100、AS101,AS100 内部路由器较多,里面又划分了 3 个私有 AS:AS64512、AS64513、AS64514,如图 6.48 所示。

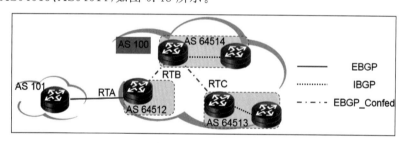

图 6.48   BGP 联盟

私有 AS 之间建立的 EBGP 又叫 EBGP_Confed(联盟 EBGP),它的通告规则和 EBGP 类似,但是有稍微区别:在发送路由通告时,NEXP_HOP、MED 和 LOCAL_PREF 被保留,而 AS-PATH 被修改。

每个路由条目都带有属性参数,AS_PATH 是一个 AS 路径列表。AS-PATH 与前面介绍的 Cluster_ID 类似,每经过一个 AS 就会将自己的 AS 放到列表里,用来防止路由环路。MED、LOCAL_PREF 参数后面再详细介绍。

在通告过程中,公网 AS 和私有 AS 都会放到列表里面,如图 6.49 所示。

私有 AS 编号对公网不可见,RTA 通告给 RTF 之前会将私网 AS 编号都剥离,如图 6.50 所示。

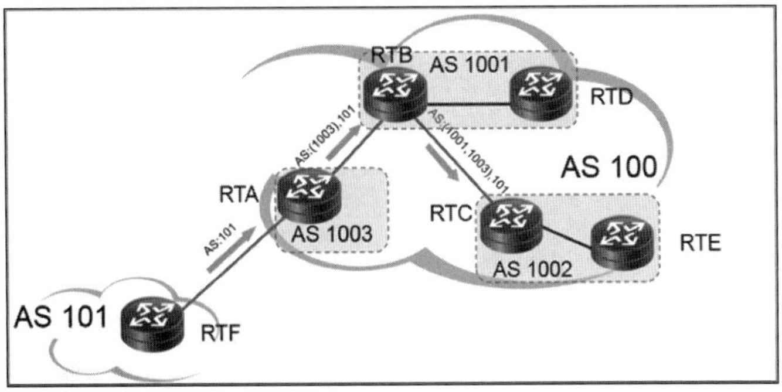

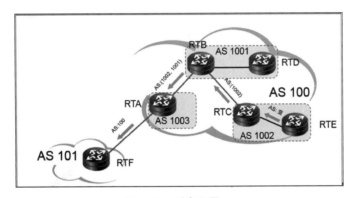

图 6.49 添加私网 AS

图 6.50 剥离私网 AS

反射与 BGP 联盟都可以用来解决 AS 内部全连接的问题,但是路由反射的复杂性比较低,网络配置只需少量改变,而 IBGP 到联盟的迁移需要对配置和网络架构做很大的改变。

在实际应用中,大部分运营商网络使用的是反射,而不是联盟,因此 BGP 联盟的内容大致了解是怎么工作的就可以了。

6.5 BGP 路由属性

BGP 主要用来在 AS 之间传递路由,并选择转发路径。为了精确控制路由的传递、选择最优转发路径,每个路由条目都带有相关属性,常用的属性有以下几个:

(1) 来源(Origin)。

(2) AS 路径(AS_PATH)。

(3) 下一跳(Next hop)。

(4) 本地优先(Local-Preference)。

(5) 多出口标识(Multi-Exit Discriminators,MED)。

(6) 团体(Community)。

下面逐个介绍以上属性的应用场景和功能。

1. Origin 属性

Origin 属性用于标识路由条目的来源,BGP 路由有 3 个来源。

(1) 通过 network 命令导入。

(2) 通过 import 命令导入。

(3) 通过 EGP 学习。

通过 network 命令导入的路由条目,首先要在 IGP 里面存在,它的来源是 IGP,因此查看 BGP 路由表时,Origin 属性的标识(缩写:Ogn)是 i,如图 6.51 所示,每个条目的最右边有个字母 i,表示这是通过 network 命令导入的。

```
[RTB]display bgp routing-table

Total Number of Routes: 2

BGP Local router ID is 192.168.2.1
Status codes: * - valid, > - best, d - damped,
              h - history,  i - internal, s - suppressed, S - Stale
              Origin : i - IGP, e - EGP, ? - incomplete
     Network           NextHop          MED        LocPrf     PrefVal Path/Ogn

*>   192.168.1.0       10.1.1.1         0                     0       100i
*    192.168.2.0       10.1.1.1         0                     0       100i
```

图 6.51　Origin 属性

通过 import 命令导入的路由条目没有 network 命令那么精确,它是按类型导入的,带有不确定性,它在 BGP 路由表中的标识是"?"(Incomplete)。

绝大部分的路由起源是 i 或者"?",还有一种是 e,表示从 EGP 学来的,现在 EGP 已经退出历史舞台,现实中基本看不到带 e 的路由条目。

Origin 属性可以帮助 BGP 选择最优路径,不同起源的路由条目有不同的优先级,它们的优先级顺序是:IGP>EGP>Incomplete。

2. AS_PATH 属性

AS_PATH 指的是 AS 路径,如图 6.52 所示,有 5 个 AS,处于 AS200 的 RTA 往 AS300、AS500 两个方向发布了一条路由 18.0.0.0/8,这条路由经过两条不同的路径最终都到达处于 AS100 的 RTB。

路由每经过一个 AS,都会将当前的 AS 编号添加到 AS_PATH 中,从左边过来的路由 AS_PATH 是(400 300 200),从右边过来的 AS_PATH 是(500 200)。

此时 RTB 有两条路径去往 18.0.0.0/8,应该选择哪一条呢?在大多数的实际网络中,多条路径的优劣往往是由 AS_PATH 来决定的,AS_PATH 短的更优,因此 RTB 默认会选择右边这条路径(500 200)。

有时 AS_PATH 短的路径不一定更优,还跟带宽有关,如图 6.53 所示,处于 AS123 的 RTC 和 RTB 分别对外发布了 10.0.0.0/8 这条路由。RTE 从 RTB 收到的通告中,AS_PATH 是(123),RTE 从 RTD 收到的通告中,AS_PATH 是(462 123),因此选择了左边这条路径,但实际上左边路径的带宽是 64Kb/s,上边路径的带宽是 2Mb/s,应该选择上面的路径。

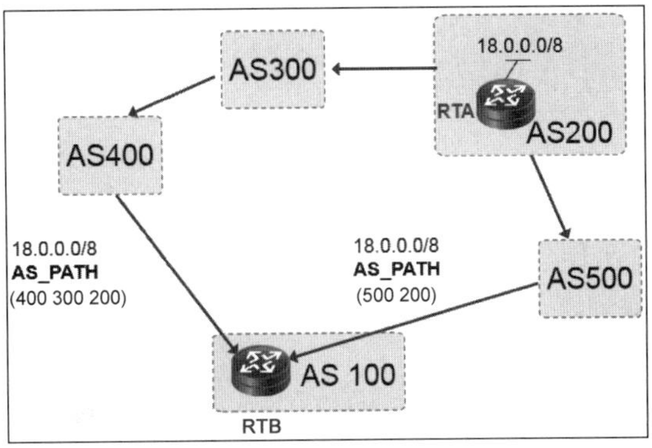

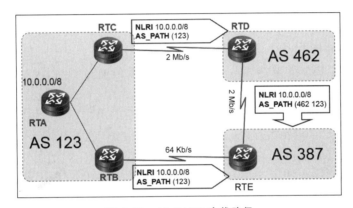

图 6.52　AS_PATH 属性

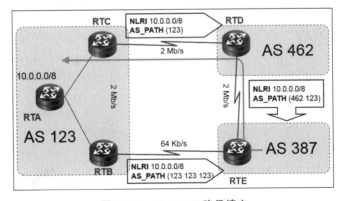

图 6.53　AS_PATH 次优路径

　　为了让 RTE 选择上面的路径,如图 6.54 所示,可以在 RTB 上对 AS_PATH 进行填充,RTB 通告给 RTE 时,路径变成(123 123 123),此时 RTE 就会选择上面的路径。

图 6.54　AS_PATH 路径填充

　　除了路由选择和路径控制功能外,AS_PATH 还可以防止环路,如图 6.55 所示,RTB 发布了 10.0.0.0/8,经过 RTC 转发之后回到 RTA,此时 RTA 会接受这条路由吗?

此时 RTA 检查 AS_PATH 发现里面带有 213,和自己的 AS 编号重复,直接丢弃,防止路由环路,该功能和 Cluster_ID 的功能类似。

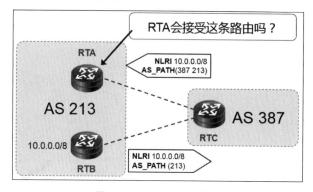

图 6.55　AS_PATH 防环

3. Next hop 属性

每个路由条目都必须带有 Next hop 属性,路由传递过程中,Next hop 的变更规则如下:

(1) 从 EBGP 学来的路由条目,Next hop 是对端的出接口 IP,如图 6.56 所示,RTA 中,去往 18.0.0.0/8 的路由条目,Next hop 是对端路由器 RTC 的出接口 IP:10.0.0.2。

(2) 从 IBGP 学来的路由条目,Next hop 是对端的出接口 IP,如图 6.56 所示,RTA 中,去往 19.0.0.0/8 的路由条目,Next hop 是对端路由器 RTB 的出接口 IP:21.0.0.1。

(3) 从 EBGP 学来的路由,经过 IBGP 传递出去时,Next hop 保持不变,如图 6.56 所示,RTA 通过 EBGP 学到 18.0.0.0/8,然后通过 IBGP 通告给 RTB。RTB 中,去往 18.0.0.0/8 的 Next hop 是 10.0.0.2。

(4) 还有一个特殊场景,在图 6.56 中,RTA、RTC、RTD 通过交换机连在一起,各自的出接口 IP 是同一个网段。RTA 与 RTC 建立 EBGP,RTC 与 RTD 建立 IBGP,理论上来讲 RTA 通过 RTC 学习到 20.0.0.0/8,下一跳应该是 10.0.0.2,但是实际上,RTC 在向 RTA 通告路由 20.0.0.0/8 时,发现本地端口 10.0.0.2 同此路由的下一跳 10.0.0.3 为同一子网,因此使用 10.0.0.3 作为向 EBGP 通告路由的下一跳,而不是 10.0.0.2。

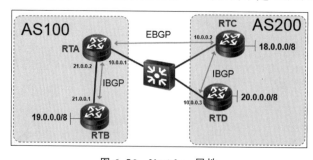

图 6.56　Next hop 属性

4. Local-Preference 属性

为了提高公司网络的可靠性,使用两个出接口(移动网、电信网),公司里面的 RT5 通过这两个出接口都可以到达 210.52.83.0/24 和 210.52.82.0/24,如图 6.57 所示。为了让流量均衡,希望将去往 210.52.83.0/24 的流量走移动网,去往 210.52.82.0/24 的流量走电信网。

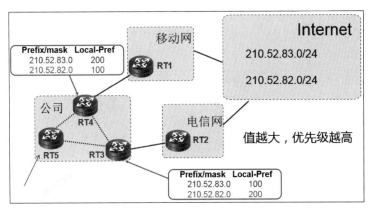

图 6.57 Local-Preference 属性

此时可以在 RT4 与 RT3 上配置 Local-Pref 属性,对这两个路由条目赋予不同的值(默认为 100),值越高,优先级越高。RT5 从 RT4、RT3 收到路由通告时,选择 Local-Pref 值最高的路由作为转发路径。

5. MED 属性

Local-Preference 用于控制流量如何从本 AS 出去,而 MED 则反过来,用来控制流量如何从对方进入本 AS,如图 6.58 所示,AS200 有两条链路与 AS100 的 RT3 连接。AS200 有83、82 两个网段,希望外面访问这两个网段时流量均衡,82 网段的流量走 RT2,83 网段的流量走 RT1。

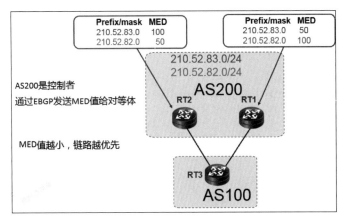

图 6.58 MED 属性

此时可以在 RT2、RT1 上配置 MED 属性,值越小优先级越高,RT3 从 RT2、RT1 收到路由通告时,通过 MED 值选择最优转发路径。RT3 有去往 83 网段的流量就转发给 RT1,有去往 82 网段的流量就转发给 RT2。

默认情况下,RT3 不会比较来自不同 AS 的 MED,如图 6.59 所示,RT2、RT1 都可以到达 192.10.0.0/16 网段。RT3 收到 RT2、RT1 的通告时,对于 192.10.0.0/16 这条路由不会比较 MED,因为 RT2、RT1 处于不同的 AS。

可以使用命令(compare-different-as-med)强制比较,通常不建议这么做。

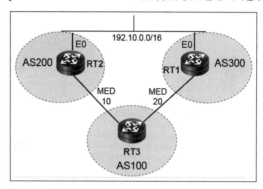

图 6.59　不同 AS 的 MED 属性

6. 团体（Community）属性

团体是一组有相同性质的路由条目。简单理解就是给一组路由条目打上标记,方便进行路由控制。

就好比部队里面的编制,一排、二排、三排,连长下达作战指令一排负责冲锋,二排负责掩护,三排负责后勤。一个路由条目就好比一个战士,一个排就是一个团体。连长可以按排为单位进行控制,而不是给每个战士逐个下达任务。

一个路由条目可以具有多个团体属性,BGP 路由器可以根据一个或多个团体属性值来采取相应的策略。路由器在将路由传递给其他对等体之前可以增加或修改团体属性值。

团体属性是由一系列 4 字节(0x00000000~0xFFFFFFFF)数值所组成的,与 IP 地址类似,团体属性取值也分公有、私有、保留值。

（1）保留的团体属性:

0x00000000~0x0000FFFF,0xFFFF0000~0xFFFFFFFF

（2）公认团体属性:

NO_EXPORT（0xFFFFFF01）:路由器收到带有这一团体值的路由后,不能把该路由通告给一个联盟之外的对等体。

NO_ADVERTISE（0xFFFFFF02）:路由器收到带有这一团体值的路由后,不能把该路由通告给任何的 BGP 对等体。

NO_EXPORT_SUBCONFED（0xFFFFFFFF03）:路由器收到带有这一团体值的路由后,可以把该路由通告给它的 IBGP 对等体,但不能通告给任何的 EBGP 对等体(包括联盟内的 EBGP 对等体）。

默认情况下，所有目的路由都属于 Internet 团体，可以无限制地传递给对等体。

（3）私有团体属性。

AS(2B)：Number(2B)。

AS 填当前 AS 编号，Number 按顺序取值，例如 100：1,100：2。

7．BGP 属性分类

BGP 路由属性可以被分为四大类：

（1）公认必遵（Well-known mandatory）：必须包括，缺少就会出错。

（2）公认任意（Well-known discretionary）：每个路由器都认识，但不是必须。

（3）可选过渡（Optional transitive）：如果本路由器不认识，则会转给邻居。

（4）可选非过渡（Optional non-transitive）：如果本路由去不认识，则丢弃。

前面介绍的路由属性分类如图 6.60 所示。

BGP属性	类别
========	=========
1. Origin	(公认必遵)
2. AS_Path	(公认必遵)
3. Next_Hop	(公认必遵)
4. MED	(可选非过渡)
5. Local_Pref	(公认任意)
6. Community	(可选过渡)

图 6.60　BGP 属性分类

6.6　BGP 路由聚合

BGP 作为一个跨 AS 的路由协议，在很多情况下需要对明细路由进行聚合，以减少通告的路由条目，如图 6.61 所示，RTA 有 3 个条目，经过聚合之后只需将一个条目发布给 RTB，注意掩码长度的变化。

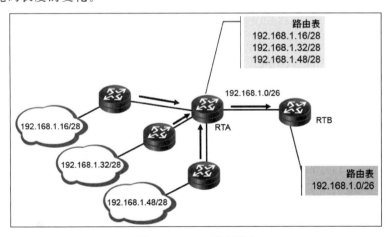

图 6.61　BGP 路由聚合

路由聚合的原理是将共同的前缀截取出来，如图 6.62 所示，左边 3 个网段的前 26 位是一样的，所以可以进行聚合，聚合之后的掩码变成 26 位。

路由聚合有两种，一种是自动聚合，另一种是手动聚合。

十进制	二进制	
192.168.1.16	11000000.10101000.00000001.00	010000
192.168.1.32	11000000.10101000.00000001.00	100000
192.168.1.48	11000000.10101000.00000001.00	110000
	26 位	6 位

图 6.62　路由聚合原理

1. 自动聚合

BGP 模式下使用 summary automatic 命令使能自动聚合(默认不开启),如图 6.63 所示。RTA 聚合后只发布一条给 RTB,原来的 3 条路由明细不会发出去。

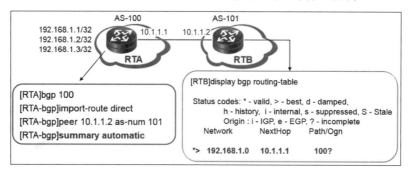

图 6.63　自动聚合

2. 手动聚合

BGP 模式下可使用命令 aggregate 配置手动聚合,同时要指定聚合后的网段与掩码,如图 6.64 所示。默认情况下会将聚合前的 3 个条目和聚合后的路由都发送给对端,后面配置参数 detail-suppressed 后,只发送聚合后的路由条目给对 RTB。

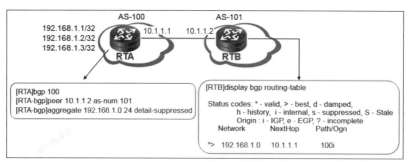

图 6.64　手动聚合

手动聚合的优先级高于自动聚合的优先级。

BGP 路由聚合后会带来一些问题,原始路由条目的属性会丢失,例如 AS-Path、Origin、Community 等。

RTA 处于 AS100,RTB 处于 AS200,RTC 从 RTA、RTB 学到路由后进行聚合,然后通

告给 RTD,此时 RTD 的路由条目里 AS-Path 只能看到 AS300,如图 6.65 所示。

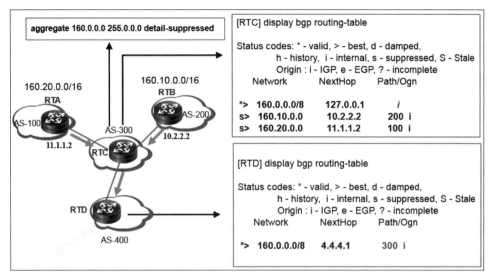

图 6.65 AS-Path 丢失问题

为了解决这个问题,可以添加一个参数进行弥补,如图 6.66 所示,aggregate 命令后面带上 as-set 参数,此时 RTD 上可以看到 AS300、AS200、AS100,但是 AS200、AS100 被放在一个集合里面,没有先后顺序。

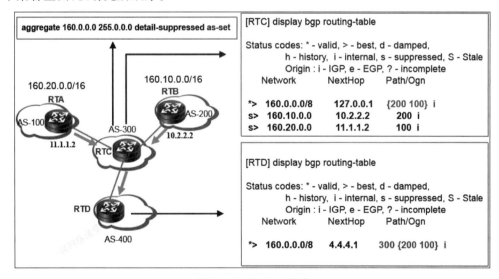

图 6.66 AS-Path 集合

因为一个路由条目只有一个 Origin 属性,要么是 i,要么是问号(?),如果被聚合前的路由条目有的是 i,有的是问号(?),就会出现 Origin 属性丢失的问题。

此时可以根据实际需要,修改 Origin 属性,如图 6.67 所示。

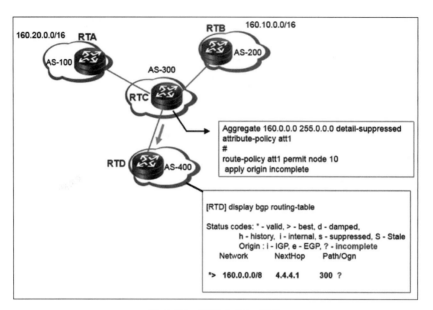

图 6.67　修改 Origin 属性

其他路由属性的修改与此类似。

6.7　BGP 路径选择

BGP 路由器经常会收到重复的路由条目,因为有多条路径可以到达相同的目标网段,前面介绍了多个属性都可以帮助选择更优路由,这么多属性应该听谁的? 如何选最优路由?

实际上这些属性有先后顺序,路由器会逐个判断,一旦判断出优劣就会停止比较后面的属性,选择过程如下:

(1) 如果此路由的下一跳不可达,则忽略此路由。

(2) Preferred-Value 值高的优先。

(3) Local-Preference 值最高的路由优先。

(4) 聚合路由优先于非聚合路由。

(5) 本地手动聚合路由的优先级高于本地自动聚合的路由。

(6) 通过 network 命令引入的路由的优先级高于通过 import-route 命令引入的路由。

(7) AS 路径的长度最短的路径优先。

(8) 比较 Origin 属性,IGP > EGP > Incomplete。

(9) 选择 MED 较小的路由。

(10) EBGP 路由优于 IBGP 路由。

(11) BGP 优先选择到 BGP 下一跳的 IGP 度量最低的路径。

当以上全部相同时,则为等价路由,可以负载分担。

注意:AS_PATH 必须一致。

当负载分担时,以下3条原则无效。

(12) 比较 Cluster-List 长度,短者优先。

(13) 比较 Originator_ID(如果没有 Originator_ID,则用 Router ID),选择数值较小的。

(14) 比较对等体的 IP 地址,选择 IP 地址数值最小的路径。

以上属性都介绍过,除了 Preferred-Value 属性,这个属性取值为 0~65 535,默认为 0,值越大优先级越高,只在当前路由器有效,用来在当前路由器上手动选择最优路径,不会传递给其他邻居,配置方法如图 6.68 所示。

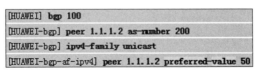

图 6.68 配置 Preferred-Value 值

如果没有手动修改 Preferred-Value,则默认值都是 0,下一步就要比较 Local-Preference 值,如果值不一样,就可以选出最优路由,结束比较。如果 Local-Preference 值也相同,则往下逐个比较,直到可以判断出最优路由。最坏的情况就是到最后一步,根据对等体的 IP 大小来判断。

6.8 路由策略

OSPF、IS-IS 协议用于公司内部网络,网络规模内部可控,但是如果引入外部路由就有可能让路由条目不可控,例如 import BGP。路由条目过多会带来问题,性能低的路由器可能会崩溃,OSPF 使用 Stub 区域、完全 Stub 区域、NSSA 区域进行保护。

BGP 与此类似,理论上来讲 BGP 可以学习全世界范围内的路由条目,如果不加以控制,路由条目就很容易过载。BGP 是如何控制路由学习条目的呢?

BGP 使用路由策略进行控制,将不需要的路由精准过滤。就像我们在计算机上删除文件一样,删除前要先选中对象,然后删除。路由策略与此类似,先将要过滤的路由挑选出来,然后执行过滤指令。

本节内容先介绍路由选择工具,然后介绍如何应用路由策略。

6.8.1 路由选择工具

路由选择工具可以将指定的路由挑选出来,常用的工具有以下几个:

(1) 访问控制列表(ACL)。

(2) 前缀列表(ip-prefix)。

(3) AS 路径过滤器(as-path-filter)。

(4) 团体属性过滤器(community-filter)。

1. ACL 访问控制列表

ACL 可以根据源 IP 地址、目的 IP 地址、源端口号、目的端口号、协议号、接口等信息进

```
acl 2001
  rule 0 permit source 1.1.1.1 0
  rule 5 deny source 2.1.1.0 0.0.0.255
  rule 10 deny
```

图 6.69 ACL 格式

行匹配,ACL 的命令格式如图 6.69 所示。

acl 2001:定义一个编号为 2001 的 ACL。

rule 0 permit source 1.1.1.1 0:定义编号为 0 的规则,允许源 IP 为 1.1.1.1 的报文/路由通过,最后面的 0 是 0.0.0.0 的缩写,指的是完全匹配,必须是精确的 1.1.1.1。

rule 5 deny source 2.1.1.0 0.0.0.255:定义编号为 5 的规则,拒绝源 IP 为 2.1.1.0 的报文/路由通过,0.0.0.255 指的是只匹配前 3 字节,最后字节任意,例如 2.1.1.4 也可以匹配。

rule 10 deny:定义编号为 10 的规则,拒绝所有,如果前面两条规则不匹配,则默认拒绝。

应用了 ACL 之后,报文/路由条目会逐个匹配 ACL 里面的规则,只要匹配其中一条就跳出,不再往下匹配。ACL 规则只有两个操作:要么 permit(允许通过),要么 deny(拒绝通过)。

ACL 规则里的匹配掩码和 IP 掩码不大一样,IP 掩码要求 0、1 是连续的,但是 ACL 的匹配掩码里的 0、1 可以是不连续的,可以是 0.255.0.255,这个掩码只需匹配第 1、第 3 字节。

按照访问控制列表的用途,可以分为以下四类。

① 基本的访问控制列表(basic acl)2000~2999:只能基于源 IP 匹配;

② 高级的访问控制列表(advanced acl)3000~3999:可以基于源、目的 IP 和端口号;

③ 基于 MAC 的访问控制列表(MAC-based acl)4000~4999:按 MAC 地址来匹配;

④ 基于接口的访问控制列表(interface-based acl)1000~1999:按接口来匹配。

定义 ACL 时,编号就决定了 ACL 类型,例如前面介绍的 ACL 2001 就是基本 ACL,只能基于源 IP 匹配,ACL 3500 就是高级 ACL,可以基于目的 IP 匹配。

ACL 举例一:左边的路由经过 acl 2001 匹配后,只有前 3 个条目可以通过,最后一条不能通过,因为 acl 2001 规则 0 里面的掩码是 0.0.255.255,要求前 2 字节完全匹配,而 1.0.0.0/8 的前 2 字节是 1.0,所以匹配失败,被过滤掉,如图 6.70 所示。

注意:ACL 规则默认拒绝,后面不配置 rule 5 deny 也可以。

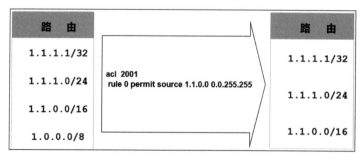

图 6.70 ACL 举例一

ACL 举例二：rule 0 permit source 1.1.0.0 0,最后的数字 0 是 0.0.0.0 的缩写,意思是 1.1.0.0 的 4 字节要完全匹配,因此只有一个条目可以通过,如图 6.71 所示。

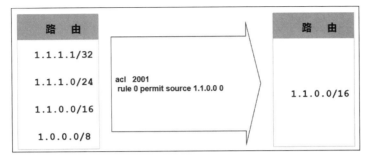

图 6.71　ACL 举例二

ACL 举例三：左边的第 1 个条目 1.1.1.1 与 rule 5 匹配,permit 通过；第 2 个条目 1.1.1.0 与 rule 10 匹配,但是动作是 deny,不通过；第 3 个条目 1.1.0.0 与 rule 15 匹配,通过；最后一个条目 1.0.0.0 与 rule 5、10、15 都不匹配,默认 deny,不通过,如图 6.72 所示。

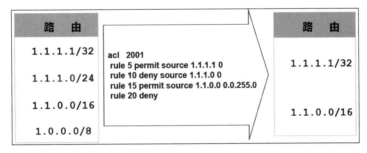

图 6.72　ACL 举例三

ACL 举例四：经过 ACL 2001 过滤后得到两个路由条目,前缀都是 1.1.1.0,但是掩码不一样,一个是 24,另一个是 25,如图 6.73 所示。

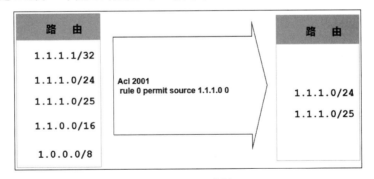

图 6.73　ACL 举例四

有没有办法将 1.1.1.0/25 这条也过滤掉呢？此时 ACL 就无能为力了,必须使用另外一个工具实现,那就是 IP-Prefix(前缀列表)。

2. IP-Prefix 前缀列表

前缀列表一般用于过滤路由表,不能用于过滤数据包,IP-Prefix 格式如图 6.74 所示。

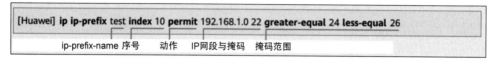

图 6.74   IP-Prefix 格式

Test 是这个规则的名字,permit 192.168.1.0 22 指的是匹配长度为 22 位,greater-equal 24 指的是掩码要大于或等于 24,less-equal 26 指的是掩码要小于或等于 26。

ACL 举例四中,用 IP-Prefix 可以过滤掉 1.1.1.0/25 这个条目,如图 6.75 所示,与 1.1.1.0 前 24 位完全匹配的有 3 个条目,但是掩码≥24 并≤24 的只有一个。

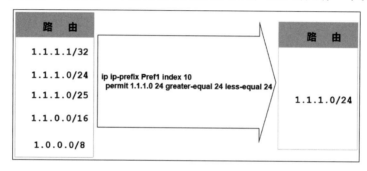

图 6.75   IP-Prefix 举例

3. AS-Path-Filter

BGP 中经常需要根据 AS 路径进行过滤,过滤方法如下。

(1) 匹配所有 AS-PATH 属性: ip as-path-filter 10 permit . * 。

(2) 匹配从 AS100 发起的路由: ip as-path-filter 10 permit _100 $ 。

(3) 匹配从 AS200 接收的路由: ip as-path-filter 10 permit ^200_ 。

AS-PATH 属性使用正则表达式来定义,如表 6.4 所示。

表 6.4   正则表达式

字　　符	符　　号	代　表　含　义
句号	.	匹配任意单字符
星号	*	匹配模式中 0 个或者更多序列
加号	+	匹配模式中 1 个或者更多序列
问号	?	匹配模式 0 次或者 1 次出现
加字符	^	匹配输入字符串的开始
美元符	$	匹配输入字符串的结束
下画线	_	匹配逗号、括号、字符串的开始和结束、空格
方括号	［范围］	表示一个单字符模式的范围
连字符	-	把一个范围的结束点分开

4. Community-Filter

可以使用团体属性过滤 BGP 路由,团体列表有基本和高级两种:

(1)基本团体列表用来匹配实际的团体属性值和常量。

```
ip community - filter 1 permit 100: 1 100: 2
ip community - filter 1 permit 100: 1
ip community - filter 1 permit no - export
```

(2)高级团体列表可以使用正则表达式。

```
ip community - filter 100 permit ^10
```

6.8.2　路由策略

下面结合几个例子看一下如何使用路由策略过滤路由条目。

1. 举例一

RTA 有 8 个路由条目,如图 6.76 所示,为了方便介绍,左边用数字给每条路由做了编号。条目 1 的目标网段是 1.1.1.0/24,条目 2 的目标网段是空的,表示和上一个条目一致,也是 1.1.2.0/24。条目 4、6、8 与此类似。

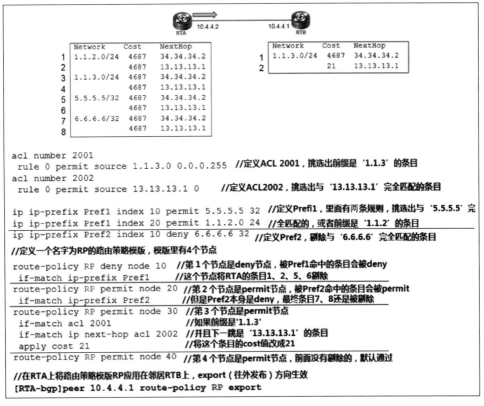

图 6.76　举例一

在 RTA 上做路由过滤,只将两个条目发送给 RTB,见图中 RTB 下方的条目表。

经过路由策略 RP 过滤后,RTA 只发布了两个条目给 RTB,RTB 收到的条目 1 是由 node 40 得来的,条目 2 是由 node 30 得来的。

路由策略不仅可以过滤路由条目,而且还可以修改路由条目的相关属性,本例中修改了其中一个条目的 cost 值。此外还可以修改其他路由属性,如 local-preference、community 等属性。

2. 举例二

RTA 有 5 个路由条目,如图 6.77 所示,在 RTA 上做路由过滤,只将两个条目发送给 RTB。配置方法是定义一个 IP-Prefix 模板 P1,在里面定义 4 条规则,然后将模板 P1 绑定到 RTA 的出口方向。

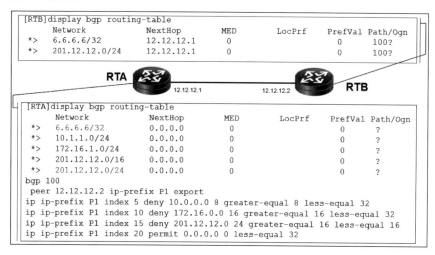

图 6.77　举例二

路由策略可以应用在出口方向(export),也可以应用在入口方向(import),应用在出口方向时,将不必要的路由剔除,只将精准的路由发布给对等体。在入口方向应用时,剔除不必要的路由,将本路由器需要的路由条目放入路由表。

路由策略只过滤路由条目,不能过滤链路状态信息。

6.9　策略路由

有时需要控制流量往指定的方向走,如图 6.78 所示,RTA 的路由表里去往 5.5.5.5 的下一跳是 20.0.0.2,RTA 应该将报文转发给 RTB,但是因为特殊场景,需要让 RTA 将报文转发给 RTC。此时可以配置策略控制流量的转发,这个操作叫策略路由。

RTA 有两条路径去往 5.5.5.5,如图 6.79 所示,希望将 PCA 与 PCB 的流量均衡在这两条路径上,配置步骤如下:

(1) 配置 ACL,根据源 IP 匹配指定流量。

（2）配置策略路由模板 PBR1，里面定义两个节点，根据不同的流量指派不同的出接口。

（3）使能 PBR1 模板。

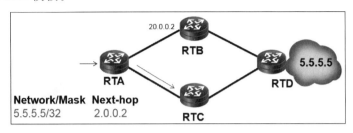

图 6.78　策略路由

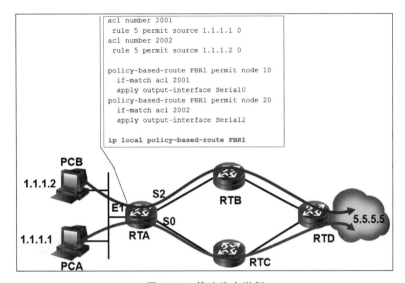

图 6.79　策略路由举例

策略路由是一种依据用户制定的策略进行报文转发路径选择的机制，转发优先级高于路由表，可应用于安全、QoS、负载分担等目的。

路由策略：控制路由的策略，主要控制路由信息的引入、发布、接收等。

策略路由：带策略的路由，可以不按照路由表进行报文的转发。

6.10　BGP 报文结构

为了加深对 BGP 的理解，本节介绍 BGP 报文结构。

BGP 属于应用层协议，使用 TCP（端口号 179）进行承载，BGP 使用了 5 种类型的报文，如图 6.80 所示，这 5 种报文有个公共头部（Header），里面包含以下 3 个字段。

Marker：长度为 16 字节，全部置 1，没有特殊意义。

Length：2 字节，消息的全部长度，包括头部。

Type：1 字节，标识里面封装的报文类型。

1——Open

2——Update

3——Notification

4——Keepalive

5——Route-Refresh

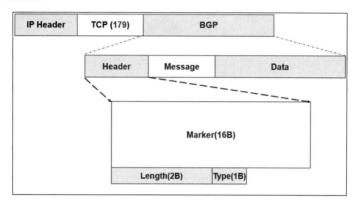

图 6.80　BGP 报文格式

6.10.1　Open 报文格式

Open 报文专有头部包含以下字段,如图 6.81 所示。

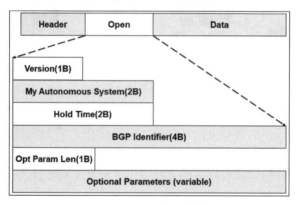

图 6.81　Open 报文格式

（1）Version：BGP 的版本号。对于 BGPv4 来讲,其值为 4。

（2）My Autonomous System：本地 AS 编号。

（3）Hold Time：在建立对等体关系时两端要协商 Hold Time,并保持一致。如果两端所配置的 Hold Time 时间不同,则 BGP 会选择较小的值作为协商的结果。如果在这段时间内未收到对端发来的 Keepalive 消息,则断开 BGP 连接。

（4）BGP Identifier：BGP 路由器的 Router ID,以 IP 地址的形式表示,用来识别 BGP 路由器。如果没有通过命令 router id 进行配置,则优选 Loopback 接口地址中最大的地址作为 Router ID,如果没有 Loopback 接口配置了 IP 地址,则从其他配置了 IP 地址的物理接口中选择一个最大 IP 地址作为 Router ID。

(5) Opt Param Len(Optional Parameters Length):可选参数的长度。

(6) Optional Parameters:是一个可选参数,用于 BGP 验证或多协议扩展(Multiprotocol Extensions)等功能。每个参数为一个(Parameter Type-Parameter Length-Parameter Value)三元组。与 IS-IS 协议类似,这也是一个 TLV 结构,可以方便扩展 BGP 功能。

6.10.2 Update 报文格式

Update 报文可以通告新的路由条目,也可以撤销路由条目,如图 6.82 所示,Update 报文专有头部包含 5 部分。

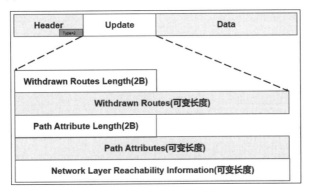

图 6.82 Update 报文格式

(1) Withdrawn Routes Length:需要撤销的路由条目数量。

(2) Withdrawn Routes:撤销的具体路由。该字段包括一系列的 IP 地址前缀信息,以< length,prefix >的格式来表示,例如< 19,198.18.160.0 >表示一个 198.18.160.0 255.255.224.0 的网络。

(3) Path Attribute Length:路径属性长度,表示当前条目所携带的参数数量。

(4) Network Layer Reachability Information:网络可达信息,包括一系列的 IP 地址前缀。格式与撤销路由字段一样< length,prefix >。

(5) Path Attributes:路径属性,每个路径属性都由 TLV 三元组所组成:< attribute type,attribute length,attribute value >,其中 attribute type 长度为 2 字节,里面的每位都有指定含义,如图 6.83 所示。

属性的第 0 位表示属性是公认的还是可选的(0:公认,1:可选)。

属性的第 1 位表示属性是过渡还是非过渡(0:非过渡,1:过渡)。

属性的第 2 位表示可选过渡属性中的信息是完全的还是部分的(0:完全,1:部分)。

属性的第 3 位表示属性的长度(0:一字节,1:两字节)。

第 4～第 7 位未被使用,总为 0。第 8～第 15 位是属性类型的代码。

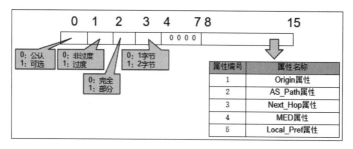

图 6.83　Type 字段含义

每个属性都有固定的类别,对应关系如表 6.5 所示。

表 6.5　属性与类别对应关系

属 性 编 号	属 性 名 称	类别/代码
1	Origin	公认必遵/1
2	AS_Path	公认必遵/2
3	Next_Hop	公认必遵/3
4	MED	可选非过渡/4
5	Local_Pref	公认任意/5
6	Atomic-aggregate	公认任意/6
7	Aggregator	可选过渡/7
8	Community	可选过渡/8
9	Originator-ID	可选过渡/9
10	Cluster_List	可选过渡/10

Withdrawn Routes Length 与 Withdrawn Routes 用来撤销路由,Path Attribute Length、Path Attributes、Network Layer Reachability Information 这 3 个参数用来通告新增路由。

6.10.3　Keepalive 报文格式

Keepalive 报文只有头部,默认 60s 发一次,180s 超时,格式如图 6.84 所示。

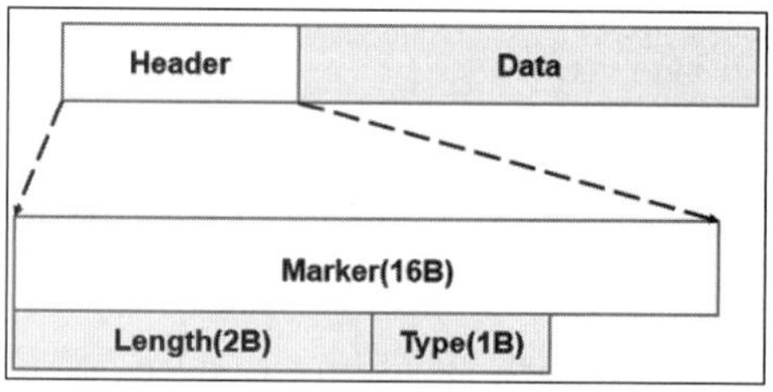

图 6.84　Keepalive 报文结构

6.10.4　Notification 报文格式

BGP 路由器发现错误之后会发送 Notification 报文,在里面用错误码和错误子码标识具体错误,如图 6.85 所示。发出 Notification 之后会关闭 BGP 连接。

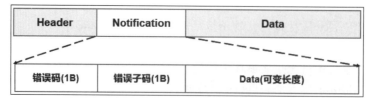

图 6.85　Notification 报文结构

错误码和错误子码的取值如表 6.6 所示。

表 6.6 错误码和错误子码的含义

错 误 码	错 误 子 码
1 消息头错误	1. 连接不同步 2. 无效的消息长度 3. 无效的消息类型
2 Open 消息错误	1. 不支持的版本号 2. 无效的对等体 AS 3. 无效的 BGP 标识符 4. 不支持的可选参数 5. 认证失败 6. 不能接收的保持时间 7. 不支持的能力
3 Update 消息错误	1. 畸形属性列表 2. 未能识别的公认属性 3. 公认属性丢失 4. 属性标记错误 5. 属性长度错误 6. 无效的起源属性 7. AS 路由环路 8. 可选属性错误 9. 无效的网络字段 10. 畸形 AS_PATH
4 保持时间超时	N/A
5 状态机序偶无	N/A
6 终止	N/A

6.10.5 Route-Refresh 报文格式

当前路由器应用了路由策略之后,可以将 Route-Refresh 报文发送给邻居,让邻居重新发送一遍路由条目,然后使用路由策略进行过滤,得到新的路由表,如图 6.86 所示,Route-Refresh 报文包括 3 个字段。

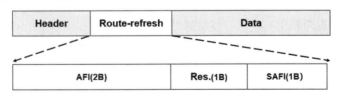

图 6.86 Route-Refresh 报文结构

(1) AFI(Address Family Identifier):地址族标识符(2 字节),1 表示 IPv4。

(2) Res.(Reserved field):保留区域(1 字节),发送方应将其设置为 0。

（3）SAFI(Subsequent Address Family Identifier)：子地址族标识符(1字节)。

6.11　小结

本章对BGP进行了详细介绍,内容包括以下几个方面。

（1）BGP基本工作机制：BGP工作于应用层,基于TCP链接基础之上。BGP需要手动配置邻居,可以和直连路由器建立邻居关系,也可以和非直连路由器建立邻居关系。BGP使用了5种报文,分别是Open、Update、Notification、Keepalive、Route-Refresh。

（2）BGP工作原理：BGP工作过程可以分为以下4步。

① 建立邻居关系：使用Open报文,分IBGP邻居和EBGP邻居,二者的区别有两个,一个是TTL默认值,另一个是路由可达性。使用状态迁移图详细介绍了邻居建立的具体过程。

② 发布路由：使用network、import命令将路由发布到BGP中。

③ 如果BGP有新的路由条目就会通告给邻居,有以下4个通告原则。

通告原则一：当存在多条路径时,BGP Speaker只选最优的给自己使用,并且只把自己使用的最优路由通告给对等体(邻居关系建立完成就发送)。

通告原则二：从EBGP获得的路由会向它所有的BGP对等体通告(包括EBGP和IBGP)。

通告原则三：从IBGP获得的路由不会通告给它的IBGP邻居。

通告原则四：从IBGP获得的路由是否通告给它的EBGP对等体要依IGP和BGP同步的情况来决定。

④ 链路维护：使用Keepalive周期性地探测邻居的状态。

（3）BGP基础配置：举例介绍了EBGP、IBGP的配置,并且详细演示了配置过程、问题定位过程。

（4）反射与联盟：为了防止环路,从IBGP学来的路由条目不能发给自己的其他IBGP邻居,因此引出了全连接的解决方法,但是全连接又比较浪费资源,常用的解决方法是使用反射,或者联盟技术。

反射：类似于OSPF的DR,选出一个中心点,其他路由器为客户机,使所有路由器都能同步又避免环路。反射规则有以下3个。

规则一：从非客户机IBGP对等体学到的路由,发布给此RR的所有客户机。

规则二：从客户机学到的路由,发布给此RR的所有非客户机和客户机(发起此路由的客户机除外)。

规则三：从EBGP对等体学到的路由,由RR发布给所有的非客户机和客户机。

反射技术为了防环,初始RR时会添加一个Originator_ID,每个RR收到时会判断Originator_ID,如果已经存在,则不修改,如果和自己的一样,则丢弃。除了Originator_ID,RR还会添加一个族ID(Cluster_ID),每个RR都会添加,形成一个列表,如果自己的ID在列表里面,则表示有环路存在,丢弃。

联盟:将 AS 分割成几个私网 AS,私网 AS 之间建立 EBGP 邻居关系,避免环路存在,私网 AS 不对外体现。

(5) BGP 路由属性:介绍了 Origin、AS_Path、Next_Hop、MED、Local-Preference、Community 等属性的应用环境和工作原理。

(6) BGP 路由聚合:为了减少路由通告条目可以对路由进行聚合,分为自动聚合、手动聚合。手动聚合更精确,优先级更高。

BGP 路径选择:每个路由条目都有很多与之关联的属性,每个属性都会影响路径选择,但是不同属性生效有先后顺序,具体如下。

① 如果此路由的下一跳不可达,则忽略此路由。

② Preferred-Value 值的数值高的优先。

③ Local-Preference 值最高的路由优先。

④ 聚合路由优先于非聚合路由。

⑤ 本地手动聚合路由的优先级高于本地自动聚合的路由。

⑥ 通过 network 命令引入的路由的优先级高于通过 import-route 命令引入的路由。

⑦ AS 路径的长度最短的路径优先。

⑧ 比较 Origin 属性,IGP>EGP>Incomplete。

⑨ 选择 MED 较小的路由。

⑩ EBGP 路由优于 IBGP 路由。

⑪ BGP 优先选择到 BGP 下一跳的 IGP 度量最低的路径。

当以上全部相同时,则为等价路由,可以负载分担。

当负载分担时,以下 3 条原则无效。

⑫ 比较 Cluster-List 长度,短者优先。

⑬ 比较 Originator_ID(如果没有 Originator_ID,则用 Router ID),选择数值较小的路径。

⑭ 比较对等体的 IP 地址,选择 IP 地址数值最小的路径。

(7) 路由策略:为了筛选接收、通告的路由条目,可以使用路由策略进行灵活控制。首先使用路由选择工具将指定路由选择出来,常用工具有 ACL、IP-Prefix、AS-Path-Filter、Community-Filter。创建路由策略模板,对选择出来的路由进行指定动作,permit、deny 或者修改具体参数,最终将策略模板绑定生效。

(8) 策略路由:为了实现安全、QoS、负载分担等目的,将特定流量修改转发路径,优先级高于路由表,被策略路由控制的报文,不用查路由表就可以转发出去。

(9) BGP 报文结构:介绍了 BGP 报文的具体结构,5 种报文(Open、Update、Notification、Keepalive、Route-Refresh)有一个共同的头部,头部里面有一个 Type 字段,此字段用于标识里面具体的报文类型。

第 7 章

园区网络结构与协议

可以将网络类型大致分为两种：一种是运营商网络（如中国移动、联通、电信，它们的主要功能是为个人、企业提供网络接入），另外一种是园区网络（如办公楼、机场、商场等，主要功能是为区域提供网络接入，上行对接运营商网络）。运营商网络里路由器占绝大部分，主要工作协议是 OSPF、IS-IS、BGP，园区网络里交换机占绝大部分，主要通过交换机将内部的终端连接起来，使用各种协议使网络工作更高效、更稳定、更安全。

为了方便搭建知识结构，HCIP-Core 这部分的内容又可以分为两大块：第一部分是 1～6 章，介绍路由基础、OSPF、IS-IS、BGP，可以理解为跟运营商强相关的内容；第二部分是后面的章节，介绍园区网络强相关的内容。

本章内容将介绍园区网络的分类、常见的园区网络结构及园区网络里将需要使用哪些协议。先串起来介绍各个协议的工作背景和功能，然后后面的章节针对每个协议展开介绍。

7.1 园区网络分类

工厂、政府机关、商场、写字楼、校园、公园等，这些场所内为了实现数据互通而搭建的网络都可以称为园区网。园区有大有小，有行业属性的不同，相应地，园区网络也多种多样。

按规模可以将园区网络划分成以下三种网络。

（1）大型园区网络：终用户端数量＞2000 个；网元数量＞100 个。

（2）中型园区网络：2000＞终用户端数量＞200 个；100 个＞网元数量＞25 个。

（3）小型园区网络：终用户端数量＜200 个；网元数量＜25 个。

有些企业还存在不同地域的分支机构，每个分支机构网络可看作一个园区。

按职能可以将园区网络划分成以下三种网络。

（1）企业园区网络：关注网络可靠性、先进性，提升员工的办公体验，保障运营生产的效率和质量。

（2）校园网络：分为普教园区和高教园区（大专、大学院校）。高教园区相对复杂，通常存在教研网、学生网，还可能有运营性的宿舍网。网络可管理性、安全性要求高，对网络也有先进性要求。

（3）政务园区网络：通常指政府机构的内部网络。安全要求极高，通常采用内网和外网隔离的措施保障涉密信息的绝对安全。

（4）商业园区网络：通常用于商场、超市、酒店、公园等。网络主要用于服务消费者，此外还包含内部的办公网。提供上网服务，构建智能化系统提升用户体验，安全性、可靠性及复杂性相对较低。

7.2　园区网络结构

园区网络多种多样，然而万变不离其宗，园区网络的大致结构是一致的，可以划分为出口层、核心层、汇聚层、接入层及终端层，如图 7.1 所示。

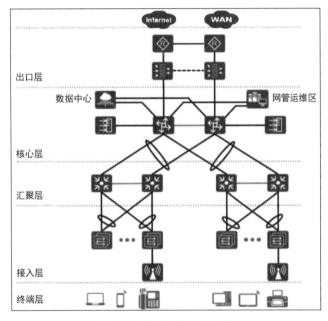

图 7.1　园区网络分层结构

（1）出口层：园区内部网络到外部网络的边界，主要有路由器、防火墙设备。通常与运营商对接，连入 Internet。

（2）核心层：是园区网骨干，园区数据交换的核心，连接园区网的各个组成部分，如数据中心、管理中心等。

（3）汇聚层：处于园区网的中间层次，完成数据汇聚或交换的功能，可以提供一些关键的网络功能，如路由、安全、组播等。

（4）接入层：为终用户端提供网接入功能，常用的设备有交换机、AP（WiFi 接入点）。不同类型的园区，网络分层结构与此类似，只不过侧重点不一样，有的侧重安全、有的侧重带宽、有的侧重便捷接入等，具体的网络部署也会有所差异。

7.3 园区网络常用协议

为了让网络高效、稳定、安全地工作,还需要使用各种协议,网络各层常用的协议如图 7.2 所示。

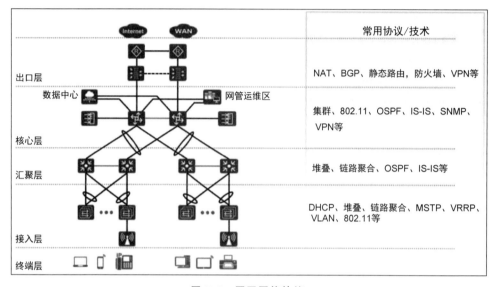

图 7.2 园区网络协议

(1) 网络地址转换(Network Address Translation,NAT):园区内部主机通常用私网 IP,当访问外部网络时,需要将源 IP(私网 IP)转换成公网 IP,这样回程报文才能被正确转发。

(2) 防火墙:一种网络设备,主要功能是对报文进行控制。对外界进来的带有病毒、木马及攻击特征的报文进行丢弃处理,保护内部网络安全;内部网络访问外界网络时也可以进行过滤。此外,防火墙通常带有 NAT、VPN 等功能。

(3) 虚拟私有网络(Virtual Private Network,VPN):处于不同地理位置的公司分支,通过 Internet 连接在一起,分支间访问时使用私有 IP,就像在同一个园区内部的私有网络一样。

(4) 集群:将两台框式交换机通过高速数据线缆连在一起,逻辑上是一台交换机,可以支持链路聚合(两条链路不在同一个设备上不能做链路聚合,这两个设备组成集群之后就可以了),避免环路等优点。

(5) 堆叠:将 2~32 台盒式交换机通过高速数据线缆连在一起,逻辑上是一台交换机。

集群和堆叠有点类似,共同点是将多台交换机组成一个逻辑上的大交换机,不同点如下。

① 数量上:集群固定为 2 台交换机,堆叠可以是 2 台及以上,32 台以下。

② 交换机类型：集群只能用在框式交换机上，如 S7300、S7700、S9300、CE12800 等，堆叠只能用在盒式交换机上，如 S3700、S5700、S6700 等。

（6）801.11：这是 WiFi 使用的协议，又细分为 802.11a/b/n/g/ac 等，不同协议拥有不同带宽。

（7）简单网络管理协议（Simple Network Management Protocol，SNMP）：网管系统和设备间的通信协议，配置下发、参数查询、设备告警上报都是通过这个协议实现的。

（8）虚拟路由冗余协议（Virtual Router Redundancy Protocol，VRRP）：网关是报文转发出口，如果网关出现故障，则底下设备都无法和外界通信。为了提高可靠性，可以布置多台网关设备，但是每台网关的 IP 不一样，而主机上又无法实时根据网络情况修改网关配置。VRRP 可以使多台网关设备虚拟为一台网关，使用统一网关 IP，这样就可以使用多台设备做网关备份，又可以避免主机实时修改 IP 的问题。

总结一下，园区网络中需要用到的协议/技术有 VLAN、WiFi(IEEE802.11)、MSTP、堆叠、链路聚合、集群、DHCP、VRRP、SNMP、静态路由、OSPF、IS-IS、BGP、VPN、防火墙、NAT 等。此外还有组播技术和双向转发检测机制（Bidirectional Forwarding Detection，BFD)用于快速检测两个设备之间故障的网络协议。

其中有部分协议在《华为 HCIA 路由与交换技术实战》一书中已详细介绍。

VLAN 技术：见《华为 HCIA 路由与交换技术实战》3.2 节；

WiFi 技术及相关协议：见《华为 HCIA 路由与交换技术实战》6.2 节；

STP、RSTP、MSTP：见《华为 HCIA 路由与交换技术实战》3.3 和 3.4 节；

链路聚合：见《华为 HCIA 路由与交换技术实战》6.1 节；

DHCP：见《华为 HCIA 路由与交换技术实战》5.1 节；

静态路由：见《华为 HCIA 路由与交换技术实战》4.2 节；

SNMP：见《华为 HCIA 路由与交换技术实战》9.1 节；

OSPF、IS-IS、BGP：本书 1～6 章已详细介绍。

除去已介绍的内容，下面的章节将详细介绍以下主题：堆叠与集群、VRRP、IP 组播、防火墙、VPN、NAT、BFD 等。

第8章

交换机堆叠与集群

为了提高网络可靠性,通常会使用设备备份、链路备份等技术,如图 8.1 所示,下游设备(SWC、SWD、SWE)有两条上行链路,分别连接上游设备 SWA、SWB,单条链路故障或者单个上游设备故障都可以自动恢复业务。

但是二层网络不允许存在环路,为了避免环路的存在,需要使用 STP 进行破环。破环后的网络逻辑结构如图 8.2 所示,同一时间内只有一条上行链路处于工作状态,这样就导致上行链路资源的浪费,另外 STP/RSTP/MSTP 在链路故障恢复时都有一定的网络中断时间(以秒为单位)。

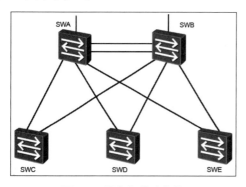

图 8.1　设备与链路备份

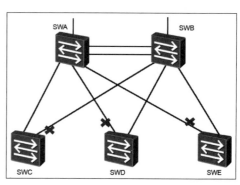

图 8.2　网络防环

为了解决上行资源浪费及业务中断时间长的问题,可以使用某种技术,将两台交换机虚拟成一个交换机,如图 8.3 所示,SWA、SWB 虚拟成一个交换机 SWF。此时 SWC 与 SWF 之间的两条链路可以做链路聚合,同时工作,网络中也不存在环路的问题,不需要使用 STP,任何一条链路故障都不会导致业务中断。SWD、SWE 与此类似。

将多台交换机虚拟成一台交换机的技术就是本章要介绍的堆叠与集群。

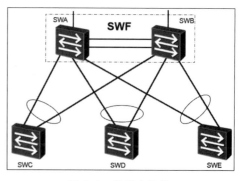

图 8.3　虚拟交换机

8.1 堆叠与集群概述

堆叠与集群都是将多台交换机虚拟成一台交换机,但是这两个概念之间有不小区别。

(1) 堆叠(iStack):将多台(2≤数量≤32)支持堆叠特性的交换机通过堆叠线缆连接在一起,从逻辑上虚拟成一台交换设备,作为一个整体进行管理、数据转发,如图 8.4 所示,堆叠用于盒式交换机上。

(2) 集群(Cluster Switch System,CSS):将两台(固定为 2 台)支持集群特性的交换机设备组合在一起,从逻辑上虚拟成一台交换设备,如图 8.5 所示,集群用于框式交换机上。

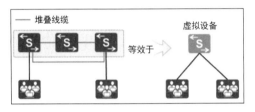

图 8.4 堆叠

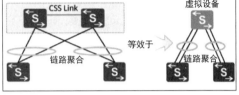

图 8.5 集群

堆叠、集群技术将多台交换机虚拟成一台交换机,对于以前不能进行链路聚合的场景,使用虚拟技术之后可以进行链路聚合,不需要使用 STP 进行破环,如图 8.6 所示。

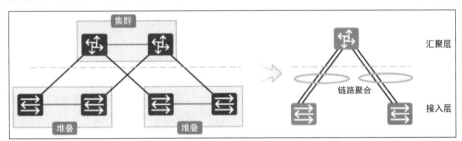

图 8.6 链路聚合

使用堆叠、集群技术,不仅可以提高链路使用效率,避免网络业务中断,还可以简化网络管理,如图 8.7 所示,原本 8 台设备虚拟成 3 台设备,现在只需管理 3 台虚拟设备。

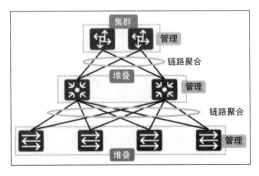

图 8.7 简化网络管理

8.2 堆叠技术原理

堆叠系统中所有的单台交换机都称为成员交换机,按照功能不同,可以分为以下 3 种角色。

(1) 主交换机(Master):负责管理整个堆叠系统,只能有一个主交换机。

(2) 备份交换机(Backup):主交换机的备份,堆叠系统只能有一个备份交换机,当主交换机发生故障时,备份交换机立即转入主交换机角色。

(3) 从交换机(Slave):堆叠系统中可以有多台从交换机,除了主、备交换机外,其他交换机都是从交换机。

堆叠建立时,根据优先级高低选主、备交换机,优先级最高的成为主交换机,次高的成为备交换机,其他的都是从交换机,如图 8.8 所示。

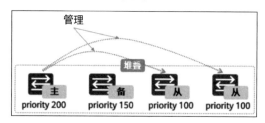

图 8.8 堆叠交换机优先级

交换机默认优先级为 100,可通过以下命令进行修改:

```
[Huawei]stack slot 0 priority 120
```

上面的命令将交换机的优先级从 100 改成 120,组建堆叠之前可以先修改优先级,以此来控制主、备交换机的位置。

slot 0 表示当前交换机的槽位号,每个盒式交换机的槽位号默认为 0,组建堆叠之后,每个盒式交换机相当于一个槽位,槽位编号要进行区分,避免重叠。可以使用命令对槽位号进行修改:

```
[Huawei]stack slot 0 renumber 1
```

上面这条命令将默认槽位号 0 改成 1,修改后只有保存并重启后才生效。组建堆叠前进行规划并修改,方便管理维护,如图 8.9 所示。

堆叠形成之后,当有新成员加入时,主交换机会判断新成员的 ID,如果与已有的成员 ID 冲突,则会从 0 到最大可用堆叠 ID 遍历,找到第 1 个空闲的 ID,分配给新加入的成员。

建议堆叠建立前先规划并配置好堆叠 ID,否则堆叠建立时,不知道交换机上线的先后顺序,往往搞不清楚哪台交换机用哪个堆叠 ID。

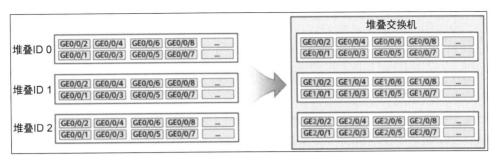

图 8.9　堆叠 ID 规划

8.2.1　堆叠建立

堆叠组建过程有以下 5 个步骤：

（1）先对每台交换机规划并配置好优先级、堆叠 ID。

（2）物理连线，有两种连线方式：链形、环形。链形适用于交换机之间距离较远的场景；环形可靠性高，适用于交换机距离近的场景，如图 8.10 所示。

图 8.10　堆叠组网方式

支持堆叠的交换机（不是每个盒式交换机都支持堆叠）带有两个堆叠口，使用堆叠卡、堆叠线缆进行组网，如图 8.11 所示，将交换机首尾相连，组成环形堆叠。

（3）主交换机选举。交换机上电之后，互相发送自己的优先级，根据优先级高低确定主交换机。主交换机的竞选时间是 20s，因为交换机开机并上线的时间有差异，为了让每个交换机公平竞争，第 1 个上线的交换机发出自己的竞选报文后，等待 20s 才决定谁是主交换机。

图 8.11　堆叠口和堆叠线缆

如果之前没有配置优先级，此时所有交换机优先级都为 0，则比较 MAC 地址，值最小的成为主交换机。

如果第 1 个上线的交换机等待 20s 后没有收到任何其他交换机的竞选报文，则不管优先级高低自己都会成为主交换机。

需要注意的是：为了保证业务稳定性，堆叠的工作模式是非抢占式的，如果主交换机已经确定，则后面新加入的交换机的优先级再高也不会马上变成主交换机。

为了确保优先级高的交换机成为主交换机,除了要配置最高优先级外,还要确保第一时间上电、上线。

(4)备交换机选举。主交换机分配堆叠 ID 并收集完堆叠拓扑之后,选出备交换机。

(5)主交换机将拓扑信息同步给各个成员,成员交换机从主交换机同步系统软件和配置,进入稳定工作状态。

堆叠系统里的成员必须使用相同型号的设备,否则系统软件无法同步。

成员交换机从主交换机同步配置后会覆盖原有配置,就算脱离堆叠系统,也会保留配置。新加入堆叠系统的交换机会被重新同步。

如果需要彻底清除堆叠配置,则需要通过命令手动清除,清除的配置内容包括以下几个。

① 交换机槽位号;

② 堆叠优先级;

③ 堆叠保留 VLAN;

④ 系统 MAC 切换时间;

⑤ 堆叠口配置;

⑥ 堆叠口速率配置。

修改以上配置后设备需要重启。

8.2.2 堆叠分裂

堆叠分裂是指在稳定运行的堆叠系统中,因为线缆故障或者中间某台设备故障,导致一个堆叠系统变成多个堆叠系统,如图 8.12 所示,分不同场景,如果分离出去的堆叠系统中都是从交换机,因为长时间收不到主交换机的报文,则超时后会重新竞选主交换机。

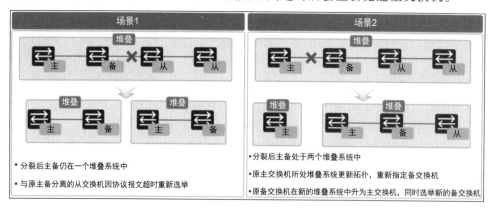

图 8.12 堆叠分裂

在堆叠系统中,所有交换机都使用相同的 IP 地址和 MAC 地址,当主交换机故障或者离开时,默认 10min 后才切换 MAC 地址,在这 10min 内,网络中可能存在 IP 地址和 MAC 地址冲突。

为了避免堆叠分裂后 IP 地址、MAC 地址冲突,需要使用多主检测(Multi-Active Detection,MAD)实现分裂检测、冲突处理、故障恢复,如图 8.13 所示,除了堆叠连线外,堆叠交换机之间还要连接 MAD 线缆(见虚线、普通线缆,手动配置为 MAD 链路)。

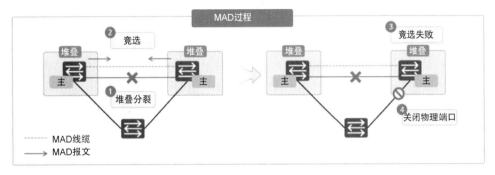

图 8.13　MAD 过程

双主通过 MAD 线缆互发竞选报文,竞选失败者(优先级低、启动时间晚的一方)关闭所有物理端口,避免 IP 地址、MAC 地址冲突。

MAD 有两种模式:直连检测模式、代理检测模式。

1. 直连检测模式

在直连检测模式中,堆叠成员通过普通线缆直连。在堆叠系统正常运行中,不发送 MAD 报文,堆叠分裂后,两台主交换机以 1s 为周期往检测链路发送 MAD 报文,如图 8.14 所示。

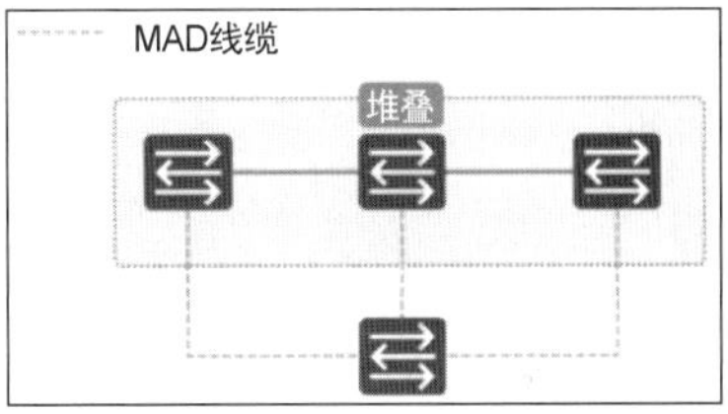

2. 代理检测模式

代理检测方式在链路聚合上启用代理检测,在代理设备上启动 MAD 功能。与直连检测方式相比,代理检测方式不占用额外的接口,普通业务报文和 MAD 报文走同一条链路,如图 8.15 所示。

图 8.14　直连模式 MAD

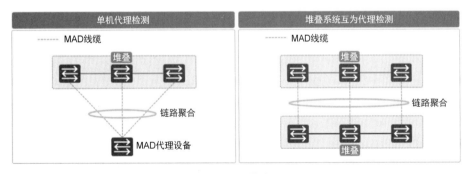

图 8.15　代理模式 MAD

在代理检测方式中,当堆叠系统正常运行时,堆叠成员每 30s 发送一次 MAD 报文,堆叠分裂后,两主每秒发送一次 MAD 报文进行多主冲突处理。

8.2.3　堆叠合并

故障的线缆、设备恢复后，两个堆叠系统又合并成一个堆叠系统，如图 8.16 所示，两个主交换机互发竞选报文，竞选失败的一方重启（系统内的所有成员都重启），重启上线后，主交换机重新分配堆叠 ID，并同步系统软件和配置。

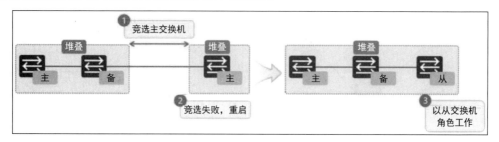

图 8.16　堆叠合并

8.2.4　堆叠主备倒换

如果当前主交换机不是期望的设备，则可以通过命令实现主备倒换，主交换机故障也会导致主备倒换。主备倒换过程如图 8.17 所示，主交换机重启，备交换机成为主交换机，然后选出新的备交换机，原来的主交换机重启后，不管优先级再高也会成为从交换机（非抢占模式）。

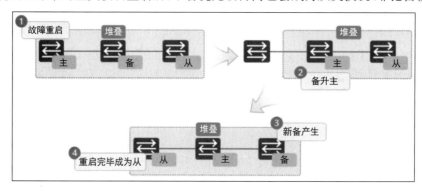

图 8.17　堆叠主备倒换

8.3　集群技术原理

集群交换机系统（Cluster Switch System，CSS）简称集群，指将两台支持集群特性的交换机组合在一起，逻辑上虚拟成一台交换机。

集群固定由两台交换机组成，一主一备，与堆叠类似，当两台交换机组建集群时，也是根据优先级竞选主备，如图 8.18

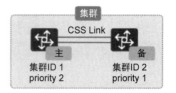

图 8.18　集群

所示。

集群技术只能用于框式交换机上,如 S7700、S9300、S9700 等,如图 8.19 所示,每台框式交换机有两个主控板,一主一备,一个集群内有 4 块主控。

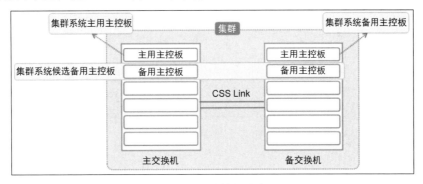

图 8.19 主控板分布

集群的组建方式有两种,如图 8.20 所示,一种是通过主控板上的集群卡组网,另外一种是通过普通业务口组网,例如使用 40Gb/s 或者 100Gb/s 的业务口。

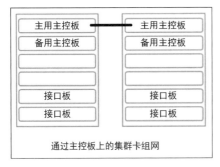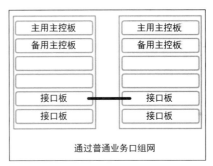

图 8.20 集群组网方式

因为集群系统里主控板有 4 个,而且还可能出现倒换的情况,组网连线没那么方便,使用业务口建集群更常用一些。为了提高带宽和可靠性,可以配置两条集群链路,分布在不同业务板上。两台成员交换机之间建立集群的业务口数量和类型必须一致。

8.4 堆叠与集群配置

1. 堆叠常用命令

修改堆叠 ID,默认 ID 是 0,命令如下:

```
< HUAWEI > system - view
[HUAWEI] stack slot 0 renumber 5
Warning: Please do not frequently modify slotid, it will make the stack split!
continue?[Y/N]: y
Info: Stack configuration has been changed, need reboot to take effect.
```

配置优先级,默认优先级是 100,配置命令如下:

```
< HUAWEI > system - view
[ HUAWEI] stack slot 0 priority 150
Warning: Please do not frequently modify Priority, it will make the stack split!
continue?[Y/N]: y
```

配置堆叠 VLAN,默认堆叠 VLAN 是 4093,配置命令如下:

```
< HUAWEI > system - view
[ HUAWEI] stack reserved - vlan 4000
```

配置堆叠端口,每个盒式交换机有两个堆叠口:

```
< HUAWEI > system view
[ HUAWEI] interface stack - port 0/1
[ HUAWEI - stack - port0/1] port member - group interface gigabitethernet 0/0/27
[ HUAWEI] interface stack - port 0/2
[ HUAWEI - stack - port0/2] port member - group interface gigabitethernet 0/0/28
```

配置直连双主检测功能,命令如下:

```
< HUAWEI > system - view
[ HUAWEI] interface gigabitethernet 1/0/1
[ HUAWEI - GigabitEthernet1/0/1] dual - active detect mode direct
Warning: This command will block the port, and no other configuration running on this port is
recommended. Continue?[Y/N]: y
```

配置代理双主检测功能,命令如下:

```
< HUAWEI > system - view
[ HUAWEI] interface eth - trunk 10
[ HUAWEI - Eth - Trunk10] dual - active detect mode relay
```

配置堆叠分离后,MAC 地址更新时间,默认为 10min,以下命令改成 4min:

```
< HUAWEI > system - view
[ HUAWEI] stack timer mac - address switch - delay 4
Warning: Please do not frequently modify mac switch time, it will make the stack
split! continue?[Y/N]: y
```

使能堆叠功能:

```
< HUAWEI > system - view
[ HUAWEI] stack enable
Info: The stack function is enabled.
Info: Stack configuration has been changed, need reboot to take effect.
```

强制堆叠倒换,在主交换机上执行的命令如下:

```
< HUAWEI > system - view
[HUAWEI] slave switchover enable
[HUAWEI] slave switchover
Warning: This operation will switch the slave board to the master board. Continue? [Y/N]: y
```

强制清除堆叠的所有配置,包括堆叠 ID、优先级、堆叠 VLAN、MAC 切换时间、堆叠口配置、堆叠速率等待,执行命令后设备重启:

```
< HUAWEI > system - view
[HUAWEI] reset stack configuration
```

查看堆叠状态,命令如下:

```
< HUAWEI > display stack
Stack topology type : Link
Stack system MAC: 0018 - 82b1 - 6eb4
MAC switch delay time: 2 min
Stack reserved vlanid : 4093
Slot # Role        Mac address        Priority      Device type
------ ----        -----------        -------       -------
   0   Master      0018 - 82b1 - 6eb4    200        S5300 - 28P - LI - AC
   1   Standby     0018 - 82b1 - 6eba    150        S5300 - 28P - LI - AC
```

查看堆叠口状态,命令如下:

```
< HUAWEI > display stack port slot 0
Show stack port info:
slot 0:
Stack 1,        Status: UP, Peer: 1
Stack 2,        Status: DOWN, Peer: NONE
```

查看双主检测状态,命令如下:

```
< HUAWEI > display dual - active verbose
Current DAD status: Detect
Dual - active direct detect interfaces configured:
 GigabitEthernet2/0/8
 GigabitEthernet2/0/9
```

2. 集群常用命令

为了提高带宽和可靠性,SW1 和 SW2 之间配置 4 对集群链路,分布在两块业务卡上,如图 8.21 所示。

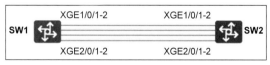

图 8.21 集群举例

SW1 的配置命令如下：

```
[SW1]set css mode lpu
[SW1]set css id 1
[SW1]set css priority 100
```

SW2 的配置命令如下：

```
[SW2]set css mode lpu
[SW2]set css id 2
[SW2]set css priority 10
```

mode lpu 指的是用业务口组建集群,当用主控板上的堆叠卡组建集群时,命令为 set css mode css-card。另外,组建集群之前要配置 css id,默认为 1,两交换机必须不一致,否则不能组建成功。

配置集群端口,分布在两块卡上,每块卡有两个口,SW1 的配置命令如下：

```
[SW1]interface css - port 1
[SW1 - css - port1]port interface xgigabitethernet 1/0/1 to xgigabitethernet 1/0/2 enable
[SW1 - css - port1]quit
[SW1]interface css - port 2
[SW1 - css - port2]port interface xgigabitethernet 2/0/1 to xgigabitethernet 2/0/2 enable
[SW1 - css - port2]quit
```

SW2 的配置与此类似 。

连接好物理链路,并完成上面配置之后,使能 CSS,配置命令如下：

```
[SW1]css enable
Warning: The CSS configuration will take effect only after the system is rebooted. The next CSS mode is LPU. Reboot now?[Y/N]: Y
[SW2]css enable
Warning: The CSS configuration will take effect only after the system is rebooted. The next CSS mode is LPU. Reboot now?[Y/N]: Y
```

使能后系统重启生效。

8.5 小结

本章介绍了堆叠与集群的应用场景、堆叠与集群的区别,以及堆叠与集群的工作原理,最后举例介绍了堆叠与集群的配置方法。需要注意的是配置命令在不同设备上会有所差异。

第 9 章

VRRP 原理与配置

每个终端除了需要配置 IP 地址外,还需要配置网关才能访问外部网络,如果网关设备发生故障,则底下所有终端访问外部网络的流量都将中断,如图 9.1 所示。

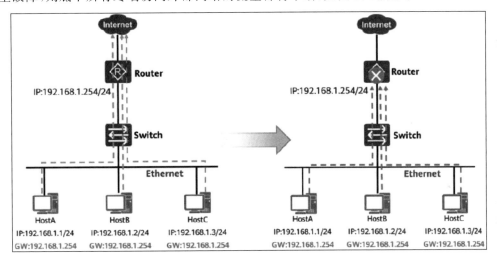

图 9.1　网关的作用

网关这么重要,能不能布置两个网关以提高可靠性呢? 如图 9.2 所示,网络中配置了两个网关,这两个网关的 IP 地址不能相同,要不然就会发生冲突,但是底下 PC 终端只能填一个网关 IP 地址,该填 192.168.1.251 呢? 还是填 192.168.1.252?

填哪个 IP 地址都不合适,如果网关出现切换,则 PC 的网关 IP 地址都有可能需要修改。

虚拟路由冗余协议(Virtual Router Redundancy Protocol,VRRP)就是为了解决以上问题而产生的。VRRP 既能实现网关备份,又能解决冲突的问题。

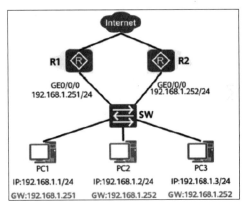

图 9.2　网关备份

与第8章讲解的交换机堆叠与集群类似,VRRP 将多台路由器虚拟成一台路由器,如图 9.3 所示,虚拟路由器使用虚拟的网关 IP 地址,底下 PC 填这个虚拟 IP 地址就可以正常转发报文了。

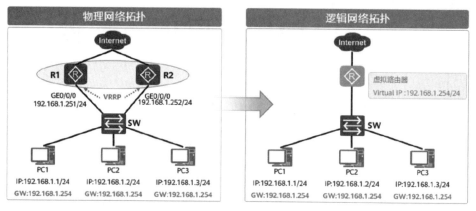

图 9.3　虚拟路由器

9.1　VRRP 基本概念与协议格式

先介绍几个 VRRP 的基本概念。

(1) 虚拟路由器标识符(Virtual Router Identifier,VRID):用来标识一个 VRRP 组,组内的多台路由器接口使用相同的 VRID。

(2) VRRP 路由器:运行 VRRP 的路由器,VRRP 是基于接口的概念,一个路由器可以配置多个 VRRP。

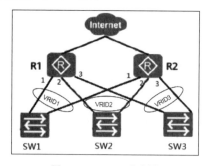

图 9.4　VRRP 路由器

有 3 个部门分别连在 SW1、SW2、SW3 下面,如图 9.4 所示,都使用 R1、R2 作网关,可以这样配置:

在 R1 的 1 端口、R2 的 1 端口上配置 VRRP 组 1。

在 R1 的 2 端口、R2 的 2 端口上配置 VRRP 组 2。

在 R1 的 3 端口、R2 的 3 端口上配置 VRRP 组 3。

这 3 个组使用不同的 VRID,独立工作。

(3) 虚拟 IP 地址和虚拟 MAC 地址:VRRP 虚拟出一个路由器,该路由器使用虚拟 IP 地址、MAC 地址,如图 9.5 所示,R1 接口的 IP 地址是 192.168.1.251,R2 接口的 IP 地址是 192.168.1.252,虚拟 IP 地址是.254。该虚拟 IP 地址由手动配置指定。

虚拟 MAC 地址是 0000-5400-01XX。前面的值是固定的,后面的 XX 是 VRID 编号,本例中,VRID 值是 01。

一个 VRRP 组里的两个路由器不能同时工作,同一时间只能有一台处于工作转发状态,如图 9.6 所示,主路由器(Master)负责 ARP 报文应答、报文转发,此外还定时给备路由器(Backup)发协议报文(每秒发送一次),通知自己的存活信息。

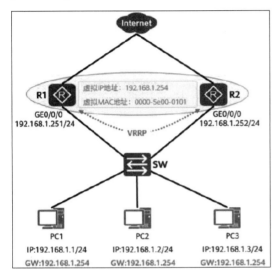

图 9.5　虚拟 IP 地址与虚拟 MAC 地址

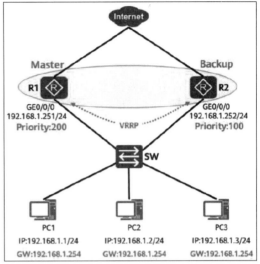

图 9.6　VRRP 主备路由器

备路由器不对 ARP 做应答,也不转发报文,只侦听主路由器发来的报文,如果计时器超时就切换成 Master,计时器＝3×1＋(256－本路由器优先级)/256,计时器为 3～4s。

主备路由器是根据优先级选举出来的,优先级范围是 0～255,值越大优先级越高,默认值为 100,如果优先级相同,则比较 IP 地址值,越大优先级越高。

Master 路由器会定期给 Backup 路由器发存活通知报文。报文的格式如图 9.7 所示,使用组播地址进行发送,组播 IP 地址是 224.0.0.18。

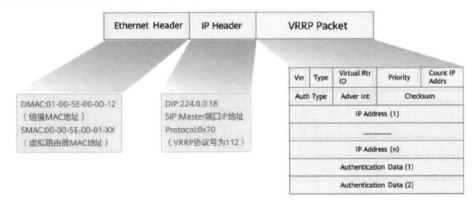

图 9.7　VRRP 格式

(1) Version:协议版本号,目前有两个版本,值为 2 表示 VRRPv2,仅支持 IPv4,值为 3 表示 VRRPv3,支持 IPv4 和 IPv6。

(2) Type:报文类型,只有一种类型,即 VRRP 通告(Advertisement),取值为 1。

（3）Virtual Rtr ID(VRID)：虚拟路由器编号，取值为 1～255。

（4）Priority：路由器优先级，取值为 0～255，值越大优先级越高。

（5）Count IP Addrs：VRRP 中虚拟 IP 地址数量，一个 VRRP 组可以有多个虚拟 IP 地址。

（6）Auth Type：认证类型，0 表示无认证，1 表示无加密字符认证，2 表示 MD5 加密认证。

（7）Adver Int：发送 VRRP 通告的间隔，默认 1s 发送 1 次。

（8）IP Address：该 VRRP 的虚拟 IP 地址，可以为多个。

（9）Authentication Data：验证的具体密码。

9.2　VRRP 工作过程

VRRP 路由器有 3 种工作状态，分别是初始化（Initiate）、主状态（Master）、备状态（Backup）。3 种状态之间的切换如图 9.8 所示。

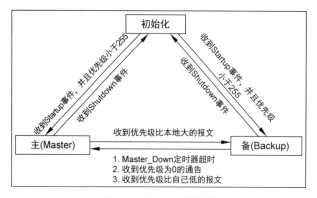

图 9.8　VRRP 状态机

初始化：VRRP 配置完成，准备进入主/备状态。

主状态：应答 ARP 报文，转发业务报文状态。

备状态：对 ARP、业务报文不做任何处理状态，只监听主设备发来的 VRRP 报文。

Startup 事件：VRRP 配置完成时触发，或者物理链路恢复时触发。

Shutdown 事件：链路故障或者用命令关闭物理端口。

状态切换的过程有以下几个。

（1）初始化 → 主状态：VRRP 配置完成，并且当前路由器优先级是 255（最高优先级），直接进入主状态。

实际上无法用命令将 VRRP 路由器的优先级配置为 255，只有一种特殊情况下优先级会自动变成 255，如图 9.9 所示，R1 的接口 IP 是 192.168.1.254，而 VRRP 虚拟 IP 也是 192.168.1.254，R1 是 VRRP 虚拟 IP 的拥有者，虽然配置的优先级是 100，但实际生效的优先级是 255，R1 启动后直接进入主状态。

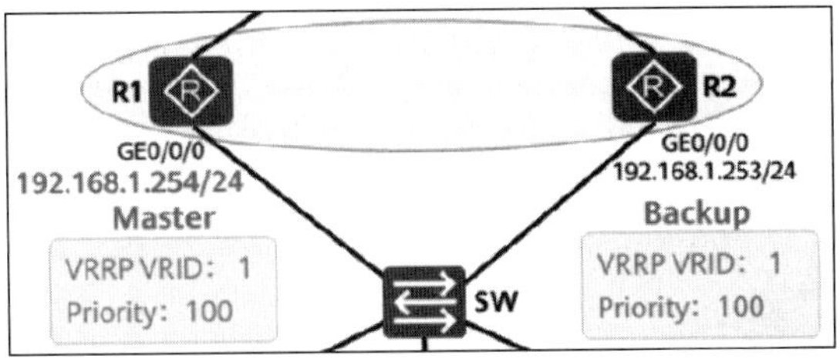

图 9.9 VRRP 优先级

（2）初始化→备状态：VRRP 配置完成，但是优先级不是 255，直接进入备状态。如果两台路由器优先级都不是 255，则都进入备状态，此时它们都不能发送任何报文，都在等待主路由器发来的通告，直到计时器超时。

根据计时器算法：3×1＋(256－本路由器优先级)／256，优先级高的会先超时，优先进入主状态，然后每秒发送一个通告。

（3）主状态→备状态：假如两台路由器的优先级分别为 200、100，则它们的超时计时器分别为 3.21875s、3.6094s。时间差异很小，2 台路由器有可能都进入主状态，然后各自发出一个通告，优先级低的路由器收到优先级比本地大的报文，需要转入备状态。

还有一种情况是优先级低的路由器先启动完成，计时器超时后进入主状态。优先级高的路由器上电较晚，启动完成后，收到主路由器的通告报文，发现优先级比本地低，本地路由器会进入主状态，并给对方发通告，原来是主状态的设备，收到优先级比自己高的报文后转换为备状态。

（4）备状态 → 主状态：分为以下 3 种情况：

① 主路由器故障，定时器超时，备路由器转入主状态，接替工作。

② 收到优先级为 0 的通告。删除主状态路由器的 VRRP 配置，当主动退出 VRRP 组时，会发出优先级为 0 的通告，让备状态的路由器立刻进入主状态。

③ 收到优先级比自己低的报文。

9.3 VRRP 业务切换

进入主状态后，会马上发出免费 ARP，让下面的所有用户学习虚拟 IP 和虚 MAC 映射关系。业务流量走 R1，当 R1 发生故障时，R2 变成主状态，流量切换到 R2，如图 9.10 所示，流量见虚线。

当 R1 恢复后，流量又切换回 R1，如图 9.11 所示。

VRRP 分为抢占模式和非抢占模式，默认为抢占模式，如果网络不稳定，则会导致频繁切换流量，刷新 ARP 缓存表。

为了避免频繁切换，有一个抢占定时器，就算主路由器恢复了，也不能马上抢占，必须等定时器超时才能抢占，计算方法是：3×1＋(256－本路由器优先级)／256＋Delay_time。

可以通过设置 Delay_time 来控制抢占的频度。

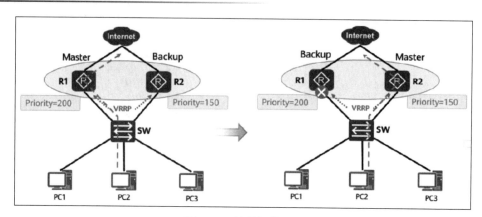

图 9.10　流量切换(1)

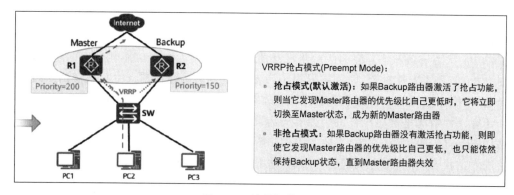

VRRP抢占模式(Preempt Mode):

- 抢占模式(默认激活): 如果Backup路由器激活了抢占功能,则当它发现Master路由器的优先级比自己更低时,它将立即切换至Master状态,成为新的Master路由器

- 非抢占模式: 如果Backup路由器没有激活抢占功能,则即使它发现Master路由器的优先级比自己更低,也只能依然保持Backup状态,直到Master路由器失效

图 9.11　流量切换(2)

9.4　VRRP 应用

VRRP 存在一定的缺陷,下面将逐个介绍问题所在及如何解决。

9.4.1　VRRP 负载分担

VRRP 组里两台路由器不能同时处于工作状态,如图 9.12 所示,正常工作时,流量都走 R1,R2 路由器及相关链路都处于空闲状态,造成资源浪费。

为了更好地利用资源,可以采用负载分担的工作模式,如图 9.13 所示,在 R1、R2 上创建两个 VRRP 组。1 组的 Master 在 R1,2 组的 Master 在 R2。PC1、PC2 网关配置为 192.168.1.254,属于 1 组,流量走 R1,PC3 网关配置为.251,属于 2 组,流量走 R2,实现负载分担。

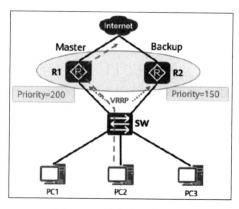

图 9.12　链路与设备空闲

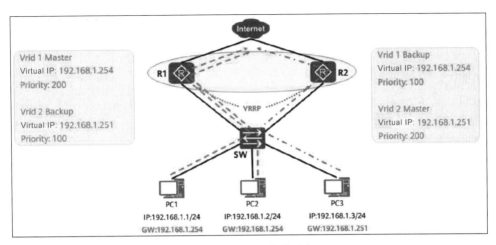

图 9.13　VRRP 负载分担

9.4.2　VRRP 与 BFD 联动

如果 Master 发生故障,则 Backup 路由器需要等待超时才能转换为工作状态,这段时间默认情况下是 3～4s。也就是说业务恢复时间超过 3s,相对来讲这段时间是很长的。

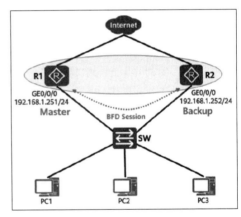

图 9.14　VRRP 与 BFD 联动

为了减少业务中断时间,可以将 VRRP 与 BFD 结合起来,Backup 路由器快速探测到 Master 故障,然后马上切换业务,将业务中断时间缩小到毫秒级。

双向检测(Bidirectional Forwarding Detection, BFD)快速发送简短的报文,检测对方的存活情况,可以做到毫秒级检测。

R1 与 R2 之间配置 VRRP、BFD,如图 9.14 所示。R2 虽然不能转发业务,但是 BFD 报文还是可以正常收发的。正常工作时 R2 用 BFD 快速探测 R1,如果 R1 发生故障,则 R2 可以快速感知到,并通知 VRRP,实现毫秒级切换。

9.4.3　VRRP 上游端口检测

R1 是 Master,业务走 R1 上去,如果 R1 的上行端口 GE0/0/1 出现故障,但是 VRRP 还是正常的,则不会将流量切换到 R2,如图 9.15 所示。此时报文将被丢弃,出现流量黑洞。

VRRP 可以 Track(监视)上行端口,如果 R1 上行端口出现故障,则降低 R1 本地 VRRP 优先级,R2 成为主,实现流量切换。

9.4.4 VRRP 与 MSTP 联动

在实际应用中,三层交换机也可以实现网关和 VRRP 功能,同时,为了避免二层环路,交换机通常还运行 MSTP 进行破环。

MSTP 是多实例生成树协议,网络中存在多个生成树,一般基于 VLAN 来划分,如图 9.16 所示,VLAN 10 的生成树中阻塞的端口是 SW3:GE0/0/23,VLAN 20 的生成树中阻塞的端口是 SW3:0/0/24。

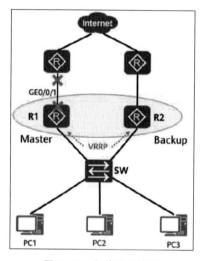

图 9.15 上游端口检测

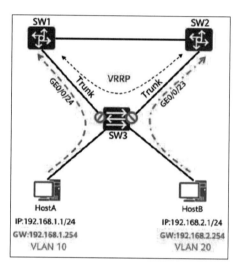

图 9.16 VRRP 与 MSTP 联动

VRRP 负载分担中,VLAN 10 的流量走左边路径,VLAN 20 的流量走右边路径。此时,MSTP 阻塞的端口与 VRRP 的流量路径必须吻合,否则就会出现业务不通的问题。

如果 MSTP 的 VLAN 10 生成树中阻塞的是 SW3:GE0/0/24,但是对应的 VRRP 主交换机是 SW1,则流量就会被发到 Backup 设备,出现流量黑洞。配置 VRRP 与 MSTP 联动可以自动实现业务的切换。

9.5 VRRP 基础配置

在 R1、R2 上配置 VRID 为 1 的 VRRP 组,R1 为主,R2 为备,虚拟网关 IP 是 192.168.1.254/24。VRRP 采用抢占模式,延时 10s,VRRP 监视上行口,自动切换主备,如图 9.17 所示。

eNSP 实验组网如图 9.18 所示。

1. 配置 PC

双击 PC 图标,配置对应的 IP、掩码、网关,如图 9.19 所示。

LSW1 不需要任何配置,保持默认配置就可以了。

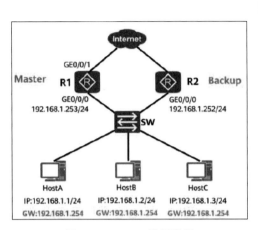

图 9.17 VRRP 配置举例 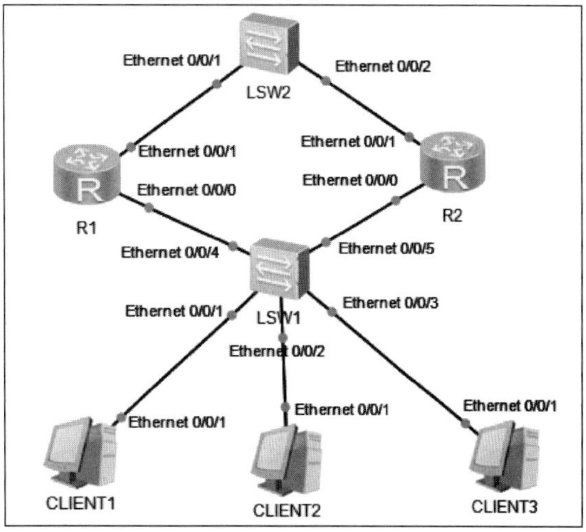   图 9.18 eNSP 组网

图 9.19 配置 PC

2. 配置 R1

配置接口 IP 及 VRRP 组，如图 9.20 所示，实验中用的是 Ethernet 口，依次配置接口 IP、虚拟 IP、优先级、抢占模式及抢占延时、上行口监控。

如果上行口发生故障，则下降 30 点优先级，从 120 变成 90。

```
[Huawei]interface e0/0/0
[Huawei-Ethernet0/0/0]ip add 192.168.1.253 24
[Huawei-Ethernet0/0/0]interface e0/0/1
[Huawei-Ethernet0/0/1]ip add 1.1.1.2 24
[Huawei-Ethernet0/0/1]quit
[Huawei]interface e0/0/0
[Huawei-Ethernet0/0/0]vrrp vrid 1 virtual-ip 192.168.1.254
[Huawei-Ethernet0/0/0]vrrp vrid 1 priority 120
[Huawei-Ethernet0/0/0]vrrp vrid 1 preempt-mode timer delay 10
[Huawei-Ethernet0/0/0]vrrp vrid 1 track interface e0/0/1 reduced 30
[Huawei-Ethernet0/0/0]
```

图 9.20 配置 R1

3. 配置 R2

只需配置虚拟 IP 和优先级，不用配置抢占模式和上行口监控，如图 9.21 所示。

```
[Huawei]interface e0/0/0
[Huawei-Ethernet0/0/0]ip add 192.168.1.252 24
[Huawei-Ethernet0/0/0]interface e0/0/1
[Huawei-Ethernet0/0/1]ip add 1.1.1.3 24
[Huawei-Ethernet0/0/1]quit
[Huawei]interface e0/0/0
[Huawei-Ethernet0/0/0]vrrp vrid 1 virtual-ip 192.168.1.254
[Huawei-Ethernet0/0/0]vrrp vrid 1 priority 110
```

图 9.21 配置 R2

4. 配置 LSW2

创建一个 VLANIF 接口 IP,并配置一条静态路由。为了简单验证,只配置这条静态路由,然后可以在 PC 上 ping 1.1.1.1 验证流量,如图 9.22 所示。

```
[Huawei]interface vlanif 1
[Huawei-Vlanif1]ip add 1.1.1.1 24
[Huawei-Vlanif1]quit
[Huawei]ip route-static 192.168.1.0 24 1.1.1.2
```

图 9.22 配置 LSW2

5. 验证配置

配置完成后,Client1 可以 ping 1.1.1.1,如图 9.23 所示。

```
PC>ping 1.1.1.1

Ping 1.1.1.1: 32 data bytes, Press Ctrl_C to break
From 1.1.1.1: bytes=32 seq=1 ttl=254 time=47 ms
From 1.1.1.1: bytes=32 seq=2 ttl=254 time=47 ms
From 1.1.1.1: bytes=32 seq=3 ttl=254 time=62 ms
From 1.1.1.1: bytes=32 seq=4 ttl=254 time=47 ms
From 1.1.1.1: bytes=32 seq=5 ttl=254 time=62 ms
```

图 9.23 ping 测试

在 R1 上查看 VRRP 状态,如图 9.24 所示,可以看到虚拟 IP、Master 的 IP、优先级、抢占模式、抢占延迟、通告间隔、认证模式等信息。

```
[Huawei]display vrrp
  Ethernet0/0/0 | Virtual Router 1
    State : Master
    Virtual IP : 192.168.1.254
    Master IP : 192.168.1.253
    PriorityRun : 120
    PriorityConfig : 120
    MasterPriority : 120
    Preempt : YES    Delay Time : 10 s
    TimerRun : 1 s
    TimerConfig : 1 s
    Auth type : NONE
    Virtual MAC : 0000-5e00-0101
    Check TTL : YES
    Config type : normal-vrrp
    Track IF : Ethernet0/0/1    Priority reduced : 30
```

图 9.24 R1 上查看 VRRP 状态

在 R2 上查看 VRRP 状态,如图 9.25 所示。

```
[Huawei]display vrrp
 Ethernet0/0/0 | Virtual Router 1
   State : Backup
   Virtual IP : 192.168.1.254
   Master IP : 192.168.1.253
   PriorityRun : 110
   PriorityConfig : 110
   MasterPriority : 120
   Preempt : YES   Delay Time : 0 s
   TimerRun : 1 s
   TimerConfig : 1 s
   Auth type : NONE
   Virtual MAC : 0000-5e00-0101
   Check TTL : YES
   Config type : normal-vrrp
   Create time : 2022-06-14 18:32:33 UTC-08:00
   Last change time : 2022-06-14 18:59:16 UTC-08:00
```

图 9.25　R2 上查看 VRRP 状态

在 R1 上,将上行口关闭,如图 9.26 所示。

再查看 R1 的 VRRP 状态,如图 9.27 所示,此时的 Master 变成 R2(192.168.1.252),本地当前的优先级是 90。

```
[Huawei]interface e0/0/1
[Huawei-Ethernet0/0/1]shutdown
```

图 9.26　在 R1 上将上行口关闭

```
[Huawei]display vrrp
 Ethernet0/0/0 | Virtual Router 1
   State : Backup
   Virtual IP : 192.168.1.254
   Master IP : 192.168.1.252
   PriorityRun : 90
   PriorityConfig : 120
   MasterPriority : 110
   Preempt : YES   Delay Time : 10 s
   TimerRun : 1 s
   TimerConfig : 1 s
   Auth type : NONE
   Virtual MAC : 0000-5e00-0101
   Check TTL : YES
   Config type : normal-vrrp
   Track IF : Ethernet0/0/1   Priority reduced : 30
   IF state : DOWN
   Create time : 2022-06-14 18:30:52 UTC-08:00
   Last change time : 2022-06-14 19:07:42 UTC-08:00
```

图 9.27　R1 查看 VRRP

PC1 上 ping 1.1.1.1 失败,如图 9.28 所示。

```
PC>ping 1.1.1.1

Ping 1.1.1.1: 32 data bytes, Press Ctrl_C to break
Request timeout!
Request timeout!
Request timeout!
Request timeout!
Request timeout!

--- 1.1.1.1 ping statistics ---
  5 packet(s) transmitted
  0 packet(s) received
  100.00% packet loss
```

图 9.28　ping 测试

在 R2 与 LSW2 之间的链路上抓包，发现 ICMP 报文(ping)出现，说明流量转到了 R2，如图 9.29 所示，此时 R2 将 ICMP request 交给了 LSW2，但是 LSW2 没有正确的回程路由，所以没有办法正确发送 ICMP Reply，导致 PC1 的 ping 测试失败。

```
5 8.689000   HuaweiTe_b9:6e:c3   Spanning-tree-(for-STP         MST. Root = 32768/0/4c:1f:cc:b9:6e:c3  Cost = 0  Port = 0x8002
6 10.733000  192.168.1.1         1.1.1.1               ICMP     Echo (ping) request  (id=0xfc68, seq(be/le)=1/256, ttl=127)
7 10.749000  HuaweiTe_b9:6e:c3   Broadcast             ARP      who has 1.1.1.2?  Tell 1.1.1.1
8 10.842000  HuaweiTe_b9:6e:c3   Spanning-tree-(for-STP         MST. Root = 32768/0/4c:1f:cc:b9:6e:c3  Cost = 0  Port = 0x8002
9 12.714000  192.168.1.1         1.1.1.1               ICMP     Echo (ping) request  (id=0xfc68, seq(be/le)=2/512, ttl=127)
0 12.730000  HuaweiTe_b9:6e:c3   Broadcast             ARP      who has 1.1.1.2?  Tell 1.1.1.1
```

图 9.29　抓包分析

ping 失败的原因是上面的交换机 LSW2 没有配置回程路由，可以自己添加回程路由尝试恢复业务。

9.6　小结

本章介绍了 VRRP 应用背景、工作原理，以及在实际应用中的问题和相应的解决方法，最后结合一个例子介绍了具体配置和验证步骤。

第 10 章

IP 组播原理与配置

网络可实现多种功能,如上网、收发邮件、打电话、电话会议、看电视、证券交易等。这些业务可以分为两大类型:

第一类:点对点业务,如上网、收邮件、打电话,这都是点对点的,每个用户的数据都不一样。

第二类:点对多点业务,如电话会议、看电视、证券交易是点对多点的业务。例如电话会议,说话者的声音会传递给各个与会人员,这个数据是一样的;看电视,如果大家都看中央一套,则终端接收的数据也是一致的;证券交易时,股票价格实时更新,每个用户看到的数据也是一致的。

不同类型的业务有不同特点,转发时也需要采用不同的策略来提高转发效率。对于第二类点对多点业务通常使用组播技术来提高转发效率。

本章将介绍组播技术的工作背景、工作原理及配置演示。

10.1 IP 组播基础

如果用普通的 IP 转发处理点对多点的业务会有什么问题呢? 以看电视为例,如图 10.1 所示,有 4 个终用户端点播同一个电视节目,每个客户端使用一条单播流。此时服务器(视频源)需要送出 4 份数据,网络节点也需要转发 4 份报文,但这 4 份报文都是一样的。

在实际应用中,客户端的数量可能会非常庞大,如果采用普通的 IP 转发,则视频源与网络设备将承受巨大的流量压力。

既然点对点转发效率太低,那能不能用广播的方式呢? 如图 10.2 所示,采用广播转发业务报文,当 4 个客户端点播同一个节目时,视频源只需发送一份报文,网络设备也只需转发一份,转发效率得到了提高。

但是广播方式也有问题,在图 10.2 中,中间的普通终端并没有点播节目,也收到了一份报文,存在安全问题,同时对普通终端来讲也浪费了带宽。电视节目可能会几十上百个,如果采用广播方式,则每个终端都会收到巨量的垃圾报文。

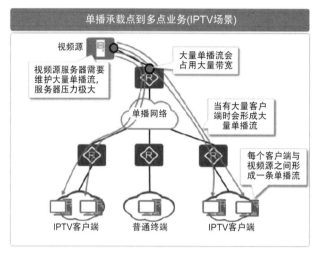

图 10.1 单播方式转发组播业务

综合单播和广播的优缺点,能不能既准确转发又节省网络资源呢?答案是肯定的,那就是组播转发,如图 10.3 所示,使用组播技术,视频源和网络设备只需转发一份业务报文,每个 IPTV 客户端会收到报文,但普通终端不会收到组播报文。

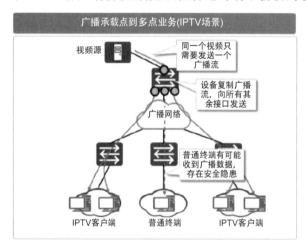

图 10.2 广播方式转发组播业务

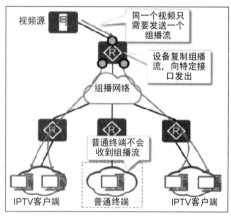

图 10.3 组播转发

10.1.1 组播报文结构

组播报文和单播报文有什么区别呢?如图 10.4 所示,组播报文也有 IP 头部和以太网头部,其中源 MAC、源 IP 直接填组播源的 MAC 和 IP。目标 MAC、目标 IP 怎么填呢?

目标 MAC 又称为组播 MAC,目标 IP 又称为组播 IP,不是具体某个设备的 MAC、IP,而是代表一个业务组。加入同一个业务组的终端才会接收组播报文。

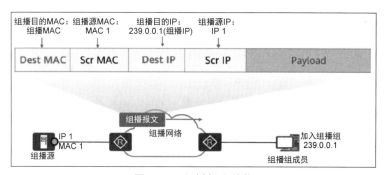

图 10.4　组播报文结构

组播 MAC 是根据组播 IP 计算得来的,先看组播 IP 怎么来的。IPv4 的地址总共分为 5 类,A、B、C 类是单播地址,D 类是组播地址,地址范围是 224.0.0.0～239.255.255.255,如图 10.5 所示。

某些组播地址供给协议专用,属于永久组播地址,如图 10.6 所示,这些组播地址有特殊用途,不能用于普通组播业务,否则在网络上传播会出现误解。

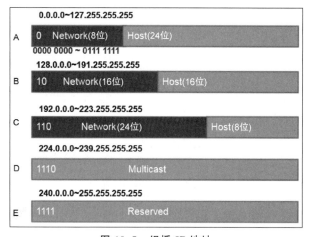

图 10.5　组播 IP 地址

图 10.6　固定用途的组播地址

与 IP 单播地址类似,组播地址也有公网、私网之分,如表 10.1 所示,通常在私网内用的组播 IP 在 239.0.0.0～239.255.255.255。

表 10.1　组播 IP 分类

D 类地址范围	含　义
224.0.0.0～224.0.0.255	为路由协议预留的永久组地址
224.0.1.0～231.255.255.255 233.0.0.0～238.255.255.255	用户可用的 ASM(Any-Source Multicast)临时组地址,全网范围有效,类似公网 IP
232.0.0.0～232.255.255.255	用户可用的 SSM(Source-Specific Multicast)临时组地址,全网范围有效
239.0.0.0～239.255.255.255	本地有效,类似于私网 IP

组播 MAC 根据组播 IP 计算得来,如图 10.7 所示,MAC 地址总共 48 位,高 24 位固定为 0x01005e,第 25 位固定为 0,后 23 位复制组播 IP 的后 23 位。

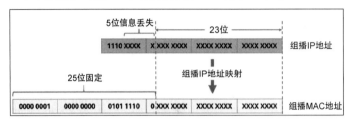

图 10.7 组播 MAC 格式

组播 IP 只映射了 23 位到组播 MAC,最高 4 位固定为 1110,因此有 5 位信息丢失。

5 位有 128 个组合,这就导致有 128 个组播 IP 使用同一个组播 MAC,例如 224.128.1.1、224.0.1.1 映射得到的组播 MAC 地址是一样的,都是 01-00-5e-00-01-01。管理员分配组播 IP 时需要考虑这一点。

10.1.2　组播网络架构

组播网络可以分成 3 部分,如图 10.8 所示。

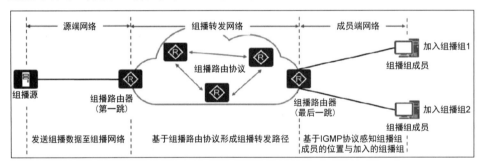

图 10.8 组播网络结构

(1) 源端网络:组播源将组播数据发到组播网络。组播源可以是多媒体服务器,例如电视节目服务器,只需发送组播节目,不需要运行组播协议。

(2) 组播转发网络:由组播路由器组成,运行组播协议,计算组播转发路径,形成组播分发树(Multicast Distribution Tree)。实际上交换机、防火墙也能支持组播。

(3) 成员端网络:终端通过边缘路由器加入组播组。组播成员与组播路由器之间运行因特网组管理协议(Internet Group Management Protocol,IGMP),通过 IGMP 感知成员的位置(在哪个路由器下面,连在哪个端口)、成员加入哪个组。

路由器使用组播协议,根据组播成员的位置,计算生成组播分发树,如图 10.9 所示。

10.1.3　组播模型

组播有以下 3 种模型。

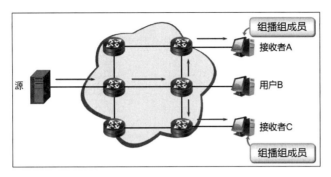

图 10.9　组播分发树

（1）任意组播源（Any-Source Multicast，ASM）模型：任意发送者都可以成为组播源，只判断组播地址，不判断组播源地址。

（2）组播源过滤（Source-Filtered Multicast，SFM）模型：接收者只能接收到来自部分组播源的数据，组播源经过了筛选。

（3）指定组播源（Source-Specific Multicast，SSM）模型：客户端可以指定组播源，只有组播地址、组播源地址都是匹配的情况下才是合法数据。

在 ASM 模型中，客户端接收任意组播源的数据，只判断组播地址，不判断源地址，如图 10.10 所示。如果网络中存在非法组播源，则此时用户会收到两份不同的数据，还能正常播放电视节目吗？

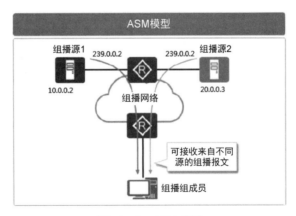

图 10.10　ASM 模型

为了保护用户安全，通常用 SFM 模型或者 SSM 模型。SFM 模型如图 10.11 所示，路由器执行了筛选动作，被过滤掉的流量不会发给终端。

SSM 模型如图 10.12 所示，客户端事先知道组播源的位置（IP），当收到组播数据时，既检查组播 IP，也检查组播源 IP。客户端将组播源指定为 10.0.0.2，丢弃从 20.0.0.3 过来的数据。终端自己筛选流量。

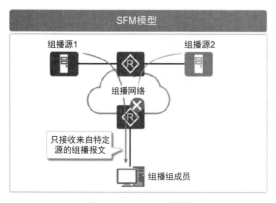

图 10.11　SFM 模型

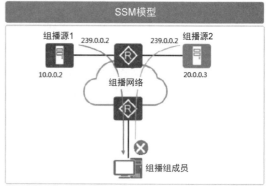

图 10.12　SSM 模型

10.2　IGMP 原理

前面介绍了组播的一些基础概念,下面开始介绍组播需要用到的协议。组播网络里主要使用两种协议,如图 10.13 所示。

(1) 协议独立组播协议(Protocol Independent Multicast,PIM):路由器之间使用的协议。

(2) 因特网组管理协议(Internet Group Management Protocol,IGMP):路由器和终端之间使用的协议。

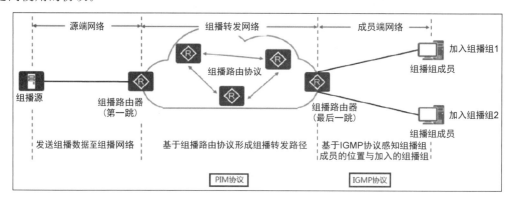

图 10.13　组播协议

图 10.14　IGMP

本节先介绍 IGMP。IGMP 用来在 IP 主机和与其直接相邻的组播路由器之间建立、维护组播组成员关系,如图 10.14 所示。

IGMP 主要实现以下功能:

(1) 主机向路由器报告自己状态(加入、离开)。

(2) 路由器周期性查询成员状态。

(3) 主机响应路由器的查询信息。

(4) 路由器根据主机反馈的信息刷新成员状态(所处端口、加入哪个组、是否存活）。

可以使用命令查看路由器某接口下的 IGMP 信息,包括组播组 IP,组播成员 IP,加入组播组的时间等信息,如图 10.15 所示。

IGMP 有 3 个版本,如图 10.16 所示。

（1）IGMPv1：定义了基本的组成员查询和报告过程。

（2）IGMPv2：添加了组成员快速离开的机制。

（3）IGMPv3：成员可以指定接收或指定不接收某些组播源的报文。

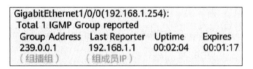

图 10.15　IGMP 信息

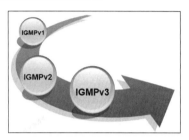

图 10.16　IGMP 版本

1. IGMPv1 版本

IGMP 格式封装在 IP 报文里面,如图 10.17 所示。

（1）版本：IGMP 版本标识,v1 版本设置为 1。

（2）类型：

成员关系查询(0x11),默认周期为 60s。

成员关系报告(0x12)。

（3）组地址：主机发送报告时,组地址字段填组播地址。

路由器发送查询时,本字段为 0,并被主机忽略。

成员加入过程如图 10.18 所示,PC3 是新加入的成员,主动发送报告,并填入自己所在的组（组播地址：224.1.1.1）。

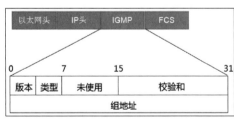

图 10.17　IGMPv1 版本

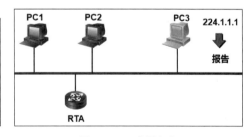

图 10.18　成员加入

路由器查询与主机响应过程如图 10.19 所示。

（1）RTA 发送查询报文,因为 RTA 下面可能存在不同组播组的主机,因此查询报文的目标组播 IP 是 224.0.0.1,所有主机都会收到。

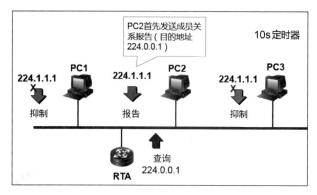

图 10.19　查询与响应

（2）主机收到查询报文后,启动定时器,固定为 10s。

（3）定时器超时后,主机响应查询,假设 PC2 第 1 个响应,响应报文的目标 IP 也是 224.0.0.1,里面 IGMP 组地址再填上自己所处的组地址 224.1.1.1。

（4）PC1、PC3 也会收到这个响应报文,而且是同一个组地址,就没有必要再发重复的响应了,所以 PC1、PC3 删除定时器,并抑制响应报文的发送。

（5）每隔 60s 查询一次。

组播成员离开时不发送报告,如图 10.20 所示,RTA 靠查询/响应来判断底下是否还有组播用户,连续查询 3 次都没有响应才认为没有组播用户。

每次查询间隔 60s,加上主机的 10s 定时器,总共需要 $60 \times 3 + 10 = 190$s。

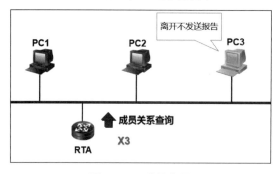

图 10.20　成员离开

2. IGMPv2 版本

IGMPv1 版本没有用户离开消息,路由器 190s 后才探测到主机离开,为了避免路由器感知时间过长问题,出现了 IGMPv2 版本。IGMPv2 协议格式如图 10.21 所示。

（1）类型。

成员关系查询(0x11)。

IGMPv2 成员关系报告(0x16)。

IGMPv1 成员关系报告(0x12)。

离开组消息(0x17)。

（2）最大响应时间：以 0.1s 为单位，默认值为 100，即 10s。

（3）组地址。

全 0：查询所有组播组，看哪些组还有成员。

指定组：查询指定组播地址是否还有成员。

成员加入如图 10.22 所示，与 v1 版本差不多。

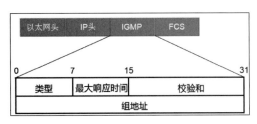

图 10.21 v2 协议格式

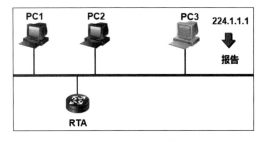

图 10.22 v2 成员加入

路由器查询与主机响应，如图 10.23 所示，查询过程与 v1 类似，有两个不同点：

（1）v2 主机的定时器是 1～10 的随机值，避免多个主机同时发送响应。

（2）RTA 可以查询特定组，目标 IP 和 IGMP 里面的组地址都是该组播地址。

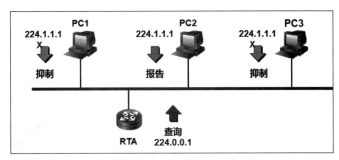

图 10.23 v2 查询与响应

成员离开的过程如图 10.24 所示。

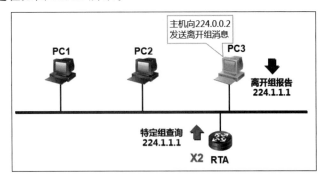

图 10.24 v2 成员离开

（1）PC3 主动发送离开消息（类型 0x17），消息的目标 IP 是 224.0.0.2（所有路由器），里面 IGMP 组地址填自己所在的组（224.1.1.1）。

（2）收到主机离开的消息后，RTA 发特定组（224.1.1.1）查询，明确该组播组中是否还有其他成员主机，如果最大响应时间内（默认为 1s）没有收到该组的报告，则再次发送特定组查询。如果两次特定组查询后仍没有收到成员报告，则认为组播成员全部离开。

有多个组播路由器的共享网段，此网段下运行 IGMP 的路由器都能从主机那里收到成员消息，但是只需一个路由器发送查询消息，所以这就需要一个路由器选举机制来确定一个路由器作为查询器，如图 10.25 所示。

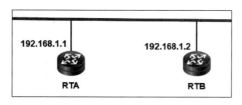

图 10.25 v2 查询器选举

查询器选举步骤如下：

（1）路由器启动，主动发送到目的（224.0.0.1）的 IGMPv2 的常规查询信息。

（2）路由器收到对方的查询信息时，会把此信息的源 IP 地址和接收口的 IP 地址进行比较，拥有最低 IP 地址的路由器被选举为 IGMP 查询路由器。图 10.26 中，RTA 会成为查询器。

（3）缺省情况下，每隔 120s 选举一次查询器，防止当前查询器失效。

IGMPv2 版本多了一个成员离开的机制，成员信息更新更及时。

3. IGMPv3 版本

组播模型总共有 3 种：ASM（任意源）、SFM（过滤源）、SSM（指定源）。SFM 靠路由器过滤，SSM 则靠终端自己过滤。

IGMPv3 就是为了辅助 SSM 模型而设计的，使用 IGMPv3，主机可以加入组播组，还可以指定组播源。

在 v3 版本中，路由器查询网址为 224.0.0.1，主机报告地址是 224.0.0.22（代表同一网段所有使能 IGMPv3 的路由器）。v3 的路由器查询协议格式如图 10.26 所示。

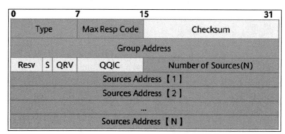

图 10.26 v3 路由器查询协议格式

（1）Type：路由器发送主机查询（0x11）。

（2）Max Resp Code：最大响应时间，主机必须在该时间内响应。

（3）Group Address：为 0 时表示查询所有的组播组，不为 0 时查询特定组播组。

（4）S：路由器禁止位，当被设置成 1 时，表示任何路由器（接收者）禁止更新定时器（特指收到查询消息时需要更新的定时器）。

（5）QRV：查询者健壮变量。组播路由器（非查询者）将当前查询消息里面的健壮变量设置为自己的值。

（6）QQIC：查询间隔，以秒为单位，组播路由器（非查询者）从最近收到的查询中取QQIC值作为自己的［查询间隔］值。

v3的客户端报告协议格式如图10.27所示。

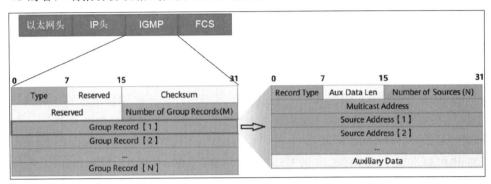

图10.27 v3主机响应协议格式

（1）Type：主机发送报告（0x22）。

（2）Number of Group Records：报文中包含组记录的数量。

（3）Group Record：组记录，里面有每个组的详细信息。

每个组记录展开后的信息见图10.27中右边部分。

（4）Record Type：组播源的类型，与后面的Number of Source、Source Address配合使用，有以下几种类型。

① MODE_IS_INCLUDE：表示后面的组播源列表（Source Address）来的数据都是想要的。

② MODE_IS_EXCLUDE：表示不接收后面的组播源列表来的组播数据。

③ CHANGE_TO_INCLUDE_MODE：之前是 EXCLUDE 模式，变成 INCLUDE 模式。

④ CHANGE_TO_EXCLUDE_MODE：之前是 INCLUDE 模式，变成 EXCLUDE 模式。

Aux Data Len 与 Auxiliary Data 配合使用，辅助参数，平时不用置0。

IGMPv3 版本工作过程如图10.28所示，路由器周期性往 224.0.0.1 发送查询，主机往224.0.0.22 发送响应报告，在报告中指出所在的组，以及组播源相关信息。

例如 PC3，报告中指出组 224.1.1.1 不希望收到组播源为 10.1.1.1 的数据，其他都可以，而组 224.1.2.2 只希望收到组播源为 10.1.2.1 的数据，其他都不接收。

在 v3 中，组员没有抑制报告的机制，因为每个主机的组播源信息可能会不一样。

v3 版本没有专门的成员离开消息，但是主机可以通过以下几种方式报告成员离开：

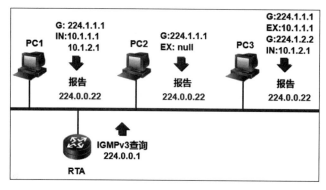

图 10.28　v3 工作过程

（1）假如成员之前所在的组播组是 G1，组播源是 S1，离开时发（G1，EXCLUDE，S1），路由器收到组播源改变消息后会发送查询指令，如果查询失败，则判断组员离开。

（2）也可以发（G1，CHANGE_TO_EXCLUDE_MODE，S1），实现一样的效果。

（3）也可以发（G1，CHANGE_TO_INCLUDE_MODE，0）表示主机离开。

IGMP 各个版本之间的区别，如表 10.2 所示。

表 10.2　各个版本之间的区别

机制	IGMPv1	IGMPv2	IGMPv3
查询器选举	依靠其他协议	自己选举	自己选举
成员离开方式	静默离开	离开时发出消息	离开时发出消息
特定组查询	不支持	支持	支持
指定源、组	不支持	不支持	支持

IGMP 的配置比较简单，只需在全局模式下使能组播，然后在接口模式下配置 IGMP 版本，有 3 个选择，1、2、3 对应版本 1、2、3，如图 10.29 所示。

```
[Huawei]multicast routing-enable
[Huawei]interface g0/0/0
[Huawei-GigabitEthernet0/0/0]igmp enable
[Huawei-GigabitEthernet0/0/0]igmp version ?
  INTEGER<1-3>  Value of the version
```

图 10.29　IGMP 配置

10.3　PIM 协议原理

PIM 协议是工作于路由器之间的组播协议，如图 10.30 所示，PIM 协议可以在路由器网络中生成组播分发树，以组播源为树根，接收者为叶子。

PIM 协议有以下两种模式：

（1）PIM 密集模型（PIM-Dense Mode，PIM-DM）：用于组播用户密集的小型网络。

（2）PIM 稀疏模型（PIM-Spare Mode，PIM-SM）：用于组播用户稀疏的大型网络。

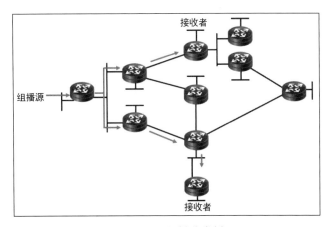

图 10.30 组播分发树

10.3.1 PIM-DM 工作原理

PIM-DM 模式用于组播用户密集的场景,最开始时给每个路由器都发一份组播数据,如果发现某些路由器不需要组播数据,则再修剪,最后形成组播分发树。

PIM-DM 协议的工作过程可以分为以下几个步骤。

(1) 建立邻居关系:和 OSPF 类似,先建立邻居关系,才能做后面的操作。

(2) 扩散(Flooding):给每个组播路由器发一份组播数据。

(3) 剪枝(Prune):修剪不必要的组播路径。

(4) 嫁接(Graft):前期被剪掉的路径,对于后面新增组播成员,恢复组播路径。

(5) 断言(Assert):在同一个网段有多个上游路由器的情况下,只让一个上游路由器转发,确保组播报文不重复。

(6) 状态刷新(State Refresh):刷新定时器,避免不必要的组播报文转发。

1. 建立邻居关系

路由器之间发送 Hello 报文(目标 IP:224.0.0.13),如果双方设置的参数匹配就可以建立邻居关系,如图 10.31 所示,然后每 30s 发送一次,如果 105s 没收到 Hello 报文就视为超时,删除邻居关系。

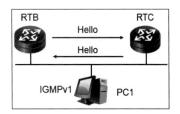

图 10.31 建立邻居关系

Hello 报文中带有优先级,用于选举 DR,DR 会成为 IGMPv1 版本的查询器(IGMPv2 版本有自己的查询器选举机制)。

2. 扩散

邻居关系建立完成之后,组播源发出的第 1 个组播数据会在全网扩散,如图 10.32 所示,路由器收到组播报文后,给每个邻居发送一份,这样会产生报文重复的问题。

如 RTC 从 RTA、RTB 各收到一份,但是只能给下游(RTD、接收者)发送一份数据,如何控制?

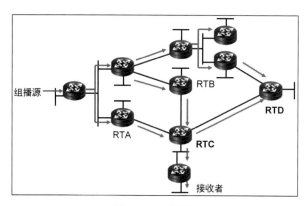

图 10.32　扩散

为了解决组播报文重复的问题,需要使用反向路径检查(Reverse Path Forwarding,RPF)功能,丢弃多余的报文,保证给下游只发送一份数据。

RPF 工作原理如图 10.33 所示。

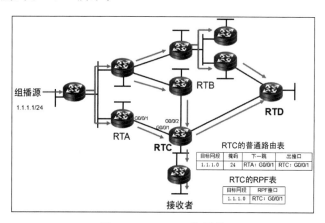

图 10.33　RPF 工作原理

(1) RTC 收到组播报文后,提取组播报文的源 IP(1.1.1.1)。

(2) 以 1.1.1.1 查路由表(普通单播路由表),找到匹配条目。

(3) 提取路由条目的出接口,本例中去往 1.1.1.1 的出接口是 RTC 的 GE0/0/1。

(4) 去往组播源 1.1.1.1 的最优接口是 RTC 的 GE0/0/1,形成 RPF 表项。

(5) 将所有组播报文进行 RPF 查表匹配,提取组播报文源 IP,查 RPF 表,不是从 GE0/0/1 接口进来的都进行丢弃。

经过 RPF 检查后,RTC 丢弃从 RTB 过来的组播数据,只保留从 RTA 过来的组播数据 (最优路径),然后转发给 RTD、接收者,保证组播报文不重复。

每个组播路由器收到组播报文都会进行 RPF 检查。

组播路由器会生成组播路由表项,如图 10.34 所示,组播表项包括组播源 IP、组播地址、入接口、出接口。组播路由表项默认的老化时间是 210s。如果 210s 内没有收到组播报文,则删除表项。

图 10.34 组播路由表项

在 PIM-DM 模式中,除了入接口,所有接口都发一份组播报文,都是下游接口。

3. 剪枝

刚开始时,无论下游有没有组播成员,组播报文都会被扩散出去,因此会导致带宽资源的浪费。为避免带宽的浪费,使用剪枝机制剪掉不必要的路径。

如图 10.35 所示,没有组播用户的路由器收到组播报文后,往上发剪枝消息(虚线箭头),上游路由器收到剪枝消息后,将对应的接口从组播表项中删除。

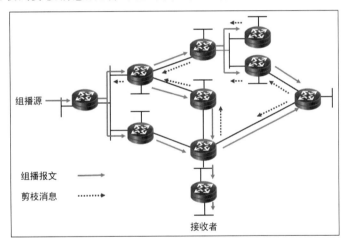

图 10.35 剪枝

经过剪枝后,形成一个组播分发树,如图 10.36 所示。

虽然有些路由器没有组播流量,但是组播表项还在,组播源、组播地址、入接口信息还会保留,只是出接口信息会被删除。如果有新的组播用户加入,则可以快速恢复。

4. 嫁接

扩散、剪枝过程每 3min 重复一次。如果有新的组播用户加入,则最长等待时间是180s。为了让新加入的组播用户快速通业务,可以使用嫁接功能。

末端路由器发现有新的组播用户后,查找组播表项,找到上游端口,往上游路由器发送嫁接消息,如图 10.37 所示,并将下游端口添加到组播表项中。嫁接消息一直往上传递,直到当前路由器有组播流量,上游路由器收到嫁接消息时回一个确认消息。

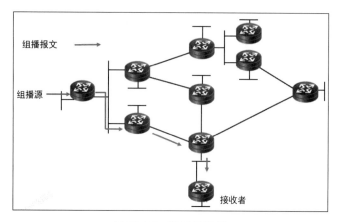

图 10.36   组播分发树

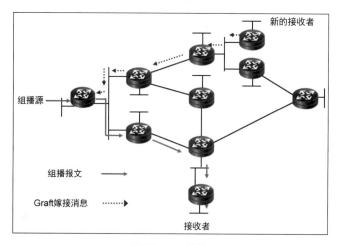

图 10.37   嫁接

5. 断言机制

RTA、RTB、RTC 是 RTD 的上游组播路由器，如果 3 个路由器 RTA、RTB、RTC 都发送一份组播报文给 RTD，就会造成报文重复，而且在 RTD 上使用 RPF 机制也无法去除重复报文，因为入接口是一样的，如图 10.38 所示。这个场景如何解决组播报文重复性？

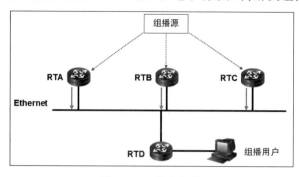

图 10.38   断言机制

PIM-DM 的断言机制可以解决这个报文重复问题。RTA、RTB、RTC 通过发送 Assert 报文选举,选举获胜的路由器才往下游转发组播报文,其他路由器停止发送组播报文。

断言机制工作过程如下:

(1) 路由器往下游口发送组播报文,同时又从下游口收到组播报文,触发断言机制,发送 Assert 报文。

(2) 路由器会收到各个邻居的 Assert 报文,Assert 报文携带组播源的路由前缀、路由优先级、开销,根据这些信息进行选举,产生最优路由器,如图 10.39 所示。

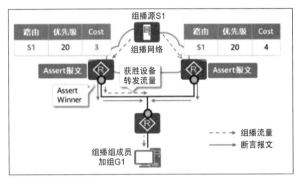

图 10.39　竞选过程

选举过程如下:

(1) 先比较优先级,优先级高的获胜。

(2) 对于优先级相同的,比较开销,开销小的获胜。

(3) 如果以上都相同,则可比较下游接口的 IP,IP 大的获胜。

(4) 获胜方(Assert Winner)转发组播流量,失败方停止转发组播流量。

(5) 竞选失败方抑制转发 180s,超时后恢复转发,重新触发竞选。

6. 状态刷新机制

默认情况下每 180s 会扩散并剪枝一次,为了避免不必要的组播报文转发,离组播源最近的路由器每隔 60s 刷新一次状态,使所有下游组播路由器刷新计时器,如果没有组播用户加入,则将一直处于转发抑制状态。

RTA 每 60s 发送一次 State Refresh,下游路由器 RTB、RTC、RTD、RTE 收到消息后刷新计时器,避免 180s 后重新扩散,如图 10.40 所示。

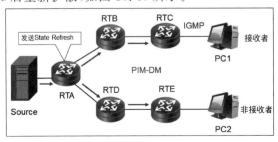

图 10.40　状态刷新

PIM-DM 协议封装在 IP 报文里面,IP 号为 103,目的组播 IP 为 224.0.0.13,使用的协议报文如表 10.3 所示。

表 10.3　PIM-DM 协议报文

报 文 类 型	功　　能
Hello	发现 PIM 邻居、维护邻居关系
Prune(剪枝)	修剪组播分发树
Graft(嫁接)	将组播设备快速加入组播分发树
Graft-ACK(嫁接确认)	对 Graft 报文进行确认
Assert(断言)	用于断言机制
State Refresh(状态刷新)	刷新组播路由器计时器,抑制不必要的组播报文

10.3.2　PIM-DM 配置与验证

实验拓扑如图 10.41 所示。

(1) 每个网段的 IP 规划是左端为 1,右端为 2;上端为 1,下端为 2,例如 RT2 与 RT3 之间的网段,左端接口 IP 是 40.0.0.1/24,右端接口 IP 为 40.0.0.2/24。

(2) 组播源与组播用户之间有两条路径,"组播源-RTA-RTD-组播用户"这条路径较短,流量应该走这条路径。

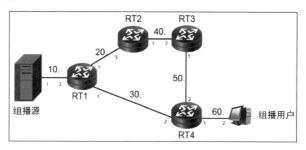

图 10.41　PIM-DM 实验拓扑

实验目标:组播用户可以收到组播流量,并且组播流量走"组播源-RTA-RTD-组播用户"这条路径。

实验步骤:

(1) 配置各个路由器,包括接口 IP、OSPF、PIM-DM 协议、IGMP。

(2) 配置组播用户,包括接口 IP、组播 IP、IGMP。

(3) 配置组播源,包括接口 IP、组播 IP、电视节目。

(4) 验证 PIM 状态及流量走的路径。

eNSP 组网如图 10.42 所示。

其中,组播源和组播用户使用的设备如图 10.43 所示。

1. 配置 R1

依次配置接口 IP、OSPF、PIM-DM,如图 10.44 所示。

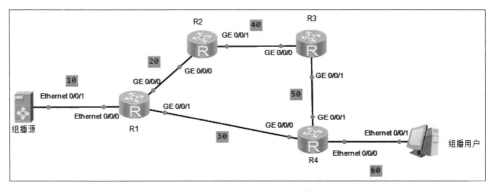

图 10.42　ENSP 实验拓扑

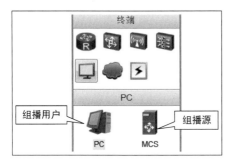

图 10.43　组播源与组播用户

```
[Huawei]interface e0/0/0
[Huawei-Ethernet0/0/0]ip add 10.0.0.2 24
[Huawei-Ethernet0/0/0]interface ge0/0/0
[Huawei-GigabitEthernet0/0/0]ip add 20.0.0.1 24
[Huawei-GigabitEthernet0/0/0]interface ge0/0/1
[Huawei-GigabitEthernet0/0/1]ip add 30.0.0.1 24
[Huawei-GigabitEthernet0/0/1]quit
[Huawei]ospf
[Huawei-ospf-1]area 0
[Huawei-ospf-1-area-0.0.0.0]network 10.0.0.0 0.0.0.255
[Huawei-ospf-1-area-0.0.0.0]network 20.0.0.0 0.0.0.255
[Huawei-ospf-1-area-0.0.0.0]network 30.0.0.0 0.0.0.255
[Huawei-ospf-1-area-0.0.0.0]quit
[Huawei-ospf-1]quit
[Huawei]multicast routing-enable
[Huawei]interface e0/0/0
[Huawei-Ethernet0/0/0]pim dm
[Huawei-Ethernet0/0/0]interface g0/0/0
[Huawei-GigabitEthernet0/0/0]pim dm
[Huawei-GigabitEthernet0/0/0]interface g0/0/1
[Huawei-GigabitEthernet0/0/1]pim dm
```

图 10.44　配置 R1 路由器

2. 配置 R2

依次配置接口 IP、OSPF、PIM-DM，如图 10.45 所示。

```
[Huawei]interface ge0/0/0
[Huawei-GigabitEthernet0/0/0]ip add 20.0.0.2 24
[Huawei-GigabitEthernet0/0/0]interface ge0/0/1
[Huawei-GigabitEthernet0/0/1]ip add 40.0.0.1 24
[Huawei-GigabitEthernet0/0/1]quit
[Huawei]ospf
[Huawei-ospf-1]area 0
[Huawei-ospf-1-area-0.0.0.0]network 20.0.0.0 0.0.0.255
[Huawei-ospf-1-area-0.0.0.0]network 40.0.0.0 0.0.0.255
[Huawei-ospf-1-area-0.0.0.0]quit
[Huawei-ospf-1]quit
[Huawei]multicast routing-enable
[Huawei]interface ge0/0/0
[Huawei-GigabitEthernet0/0/0]pim dm
[Huawei-GigabitEthernet0/0/0]interfac ge0/0/1
[Huawei-GigabitEthernet0/0/1]pim dm
```

图 10.45　配置 R2 路由器

3．配置 R3

依次配置接口 IP、OSPF、PIM-DM，如图 10.46 所示。

```
[Huawei]interface ge0/0/0
[Huawei-GigabitEthernet0/0/0]ip add 40.0.0.2 24
[Huawei-GigabitEthernet0/0/0]interface ge0/0/1
[Huawei-GigabitEthernet0/0/1]ip add 50.0.0.1 24
[Huawei-GigabitEthernet0/0/1]quit
[Huawei]ospf
[Huawei-ospf-1]area 0
[Huawei-ospf-1-area-0.0.0.0]network 40.0.0.0 0.0.0.255
[Huawei-ospf-1-area-0.0.0.0]network 50.0.0.0 0.0.0.255
[Huawei-ospf-1-area-0.0.0.0]quit
[Huawei-ospf-1]quit
[Huawei]multicast routing-enable
[Huawei]interface ge0/0/0
[Huawei-GigabitEthernet0/0/0]pim dm
[Huawei-GigabitEthernet0/0/0]interface g0/0/1
[Huawei-GigabitEthernet0/0/1]pim dm
```

图 10.46　配置 R3 路由器

4．配置 R4

依次配置接口 IP、OSPF、PIM-DM。因为 R4 连着组播用户，因此还需要配置 IGMP，如图 10.47 所示。

```
[Huawei]interface ge0/0/0
[Huawei-GigabitEthernet0/0/0]ip add 30.0.0.2 24
[Huawei-GigabitEthernet0/0/0]interface ge0/0/1
[Huawei-GigabitEthernet0/0/1]ip add 50.0.0.2 24
[Huawei-GigabitEthernet0/0/1]interface e0/0/0
[Huawei-Ethernet0/0/0]ip add 60.0.0.1 24
[Huawei-Ethernet0/0/0]quit
[Huawei]ospf
[Huawei-ospf-1]area 0
[Huawei-ospf-1-area-0.0.0.0]network 30.0.0.0 0.0.0.255
[Huawei-ospf-1-area-0.0.0.0]network 50.0.0.0 0.0.0.255
[Huawei-ospf-1-area-0.0.0.0]network 60.0.0.0 0.0.0.255
[Huawei-ospf-1-area-0.0.0.0]quit
[Huawei-ospf-1]quit
[Huawei]multicast routing-enable
[Huawei]interface ge0/0/0
[Huawei-GigabitEthernet0/0/0]pim dm
[Huawei-GigabitEthernet0/0/0]interface g0/0/1
[Huawei-GigabitEthernet0/0/1]pim dm
[Huawei-GigabitEthernet0/0/1]interface e0/0/0
[Huawei-Ethernet0/0/0]igmp enable
[Huawei-Ethernet0/0/0]igmp version 2
```

图 10.47　配置 R4 路由器

5．配置组播源

eNSP 模拟器使用组播功能时需要安装 VLC 播放器，可以在网上先下载并安装好，安装完之后还要在 eNSP 模拟器里面设置一下 VLC 软件的安装路径，如图 10.48 所示。

设置好 VLC 软件后，开始配置组播源，如图 10.49 所示，配置组播源的接口 IP 和网关、组播 IP(239.0.0.3)，然后选择一个流媒体节目，单击"运行"按钮后开始发送组播数据。

在组播源单击"运行"按钮时会弹出 VLC 播放界面，如图 10.50 所示。

图 10.48 设置 VLC 播放器路径

图 10.49 配置组播源

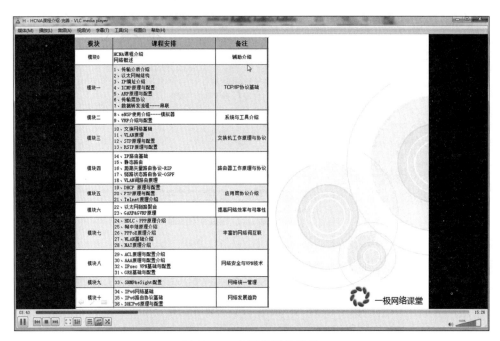

图 10.50　组播源播放界面

6. 配置组播用户

配置组播用户的基础 IP 和网关,另外还需要配置组播参数,包括组播源和组播 IP (239.0.0.3),然后单击"加入"按钮,如图 10.51 所示。

图 10.51　配置组播用户

组播用户单击"启动 VLC"按钮后开启 VLC 播放窗口,如图 10.52 所示,如果 VLC 能启动播放,则证明组播用户已经正常收到组播报文。

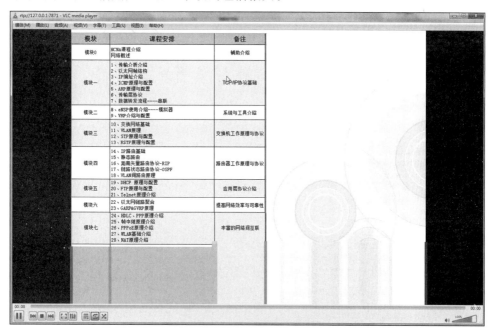

图 10.52 组播用户播放界面

7. 配置验证

在组播源单击"启动"按钮之后,组播数据开始在网络中传播,此时在 R1 的 GE0/0/1 口上抓包,如图 10.53 所示。可以看到组播报文,同时还有从 R1 发出的 State-Refresh 报文。

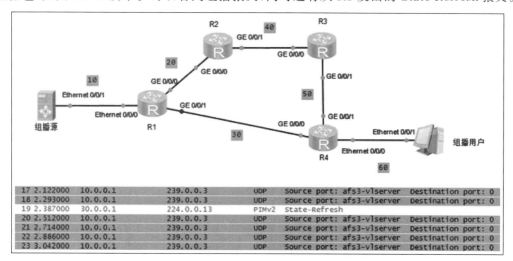

图 10.53 组播报文抓包

在 R4 上查看 PIM 相关状态,如图 10.54 所示,查看 PIM 邻居、查看 PIM 组播路由表项(发组播数据后才能看到)、查看 PIM 详细参数(只摘取了一部分参数)。

```
[Huawei]display pim neighbor
VPN-Instance: public net
Total Number of Neighbors = 2

Neighbor        Interface           Uptime    Expires   Dr-Priority  BFD-Session
30.0.0.1        GE0/0/0             01:26:12  00:01:20  1            N
50.0.0.1        GE0/0/1             01:26:05  00:01:33  1            N
[Huawei]display pim routing-table
VPN-Instance: public net
Total 0 (*, G) entry; 1 (S, G) entry

(10.0.0.1, 239.0.0.3)
    Protocol: pim-dm, Flag: ACT
    UpTime: 00:00:49
    Upstream interface: GigabitEthernet0/0/0
        Upstream neighbor: 30.0.0.1
        RPF prime neighbor: 30.0.0.1
    Downstream interface(s) information: None
[Huawei]display pim interface verbos
VPN-Instance: public net
Interface: GigabitEthernet0/0/0, 30.0.0.2
    PIM version: 2
    PIM mode: Dense
    PIM state: up
    PIM DR: 30.0.0.2 (local)
    PIM DR Priority (configured): 1
    PIM neighbor count: 1
    PIM hello interval: 30 s
    PIM LAN delay (negotiated): 500 ms
    PIM LAN delay (configured): 500 ms
```

图 10.54   查看 PIM 状态

10.3.3   PIM-SM 工作原理

PIM-SM 适用于组成员分布相对分散、范围较广、大规模的网络。

前面介绍了 PIM-DM,RPF 机制和 Assert 机制都是根据当前路由表进行最优选择,其组播报文转发路径也是路由最短路径。PIM-DM 协议生成的组播分发树是最短路径树,在一个组播网络中,可能存在多棵组播分发树(一个组播组对应一棵分发树)。

如果网络中存在两个组播源,两个组播用户,则也有两个组播分发树与此对应,如图 10.55 所示。

在组播用户密集、网络规模较小的情况下,使用"泛洪-剪枝"模式可以快速生成最短路径树,但是在组播用户稀疏,网络规模较大的情况下,"泛洪-剪枝"就不适用了,因为会浪费很多带宽和一些不必要的协议报文。

在用户稀疏、网络规模较大的情况下,可以设定一个特殊的路由器,由于组播用户、组播源知道这个特殊路由器的位置,所以都到这个路由器进行注册并转发流量,流量转发更精准。

这个特殊路由器被称为汇集点(Rendezvous Point,RP),是组播转发中心,组播源的数据先到达 RP,然后由 RP 交给组播用户,如图 10.56 所示。

所有组播组的报文从 RP 到组播用户这段路径是一样的,共享路径,因此也称为共享树
(Rendezvous Point Tree,RPT)。

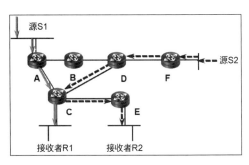

图 10.55 最短路径树   图 10.56 共享树

PIM-SM 使用的是共享树,协议的核心就是维护共享树。

PIM-SM 协议工作过程可以分为以下几个步骤:

(1)发现 RP 的位置。

(2)组播用户加入共享树。

(3)组播源注册。

(4)组播流量转发。

(5)组播树切换。

1. 发现 RP 位置

各个 PIM-SM 路由器需要先知道 RP 的位置(IP)。RP 的位置有以下两种方式可以
获得。

(1)静态方式:每个路由器手动指定 RP 的位置,可使用命令 static-rp rp-address。

(2)动态方式:指定几个候选 RP(Candidate-RP,C-RP),使优先级高的成为 RP。

动态方式需要用到引导路由器(Bootstrap Router,BSR)。BSR 收集全网的 RP 信息,
然后统一发布给各个路由器。

BSR 的工作过程如图 10.57 所示。

(1)BSR(RTG)每隔 60s 往 224.0.0.13(所有 PIM 路由器)发送 BSR 消息。

(2)C-RP(RTC、RTE)收到 BSR 消息后,得到 BSR 地址,然后以单播方式将自己的
C-RP 信息(IP 地址、优先级和它所能服务的组)发给 BSR。

(3)BSR 将收到的所有 C-RP 信息放到 RP set 中,通过 BSR 消息发给所有 PIM 路
由器。

(4)路由器(RTA、RTB……)收到 BSR 消息后,比较各个 RP 的优先级、IP 值,选出最
优 RP,每个路由器使用的算法一样,得到的 RP 也一样。

通过以上过程,所有 PIM 路由器可获得 RP 的位置信息。

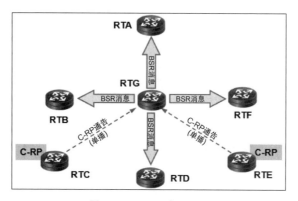

图 10.57　BSR 与 C-RP

2．组播用户加入共享树

组播用户加入共享树的过程如图 10.58 所示。

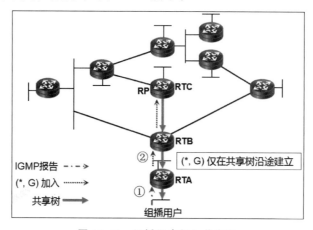

图 10.58　组播用户加入共享树

① 组播用户通过 IGMP 告诉 RTA 自己要加入的组播组（用 G 表示）。

② RTA 知道 RP 的位置，往 RP 发送指定组播组的 Join 消息。沿途路由器创建（﹡，G）组播表项，﹡ 表示任意组播源。

3．组播源注册

组播源的注册过程如图 10.59 所示。

① 组播源往 RTA 发送第 1 个组播报文。

② RTA 知道 RP 的位置，将第 1 个组播报文进行封装，以单播的形式发给 RP。

③ RP 将第 1 个组播报文解封装，然后将组播数据发给组播用户。

④ RP 往组播源发送（S,G）加入消息，沿途路由器创建（S,G）组播表项。

⑤ 从 RTA 到 RP 之间生成 SPT(Shortest Path Tree,最短路径树,也叫源路径树)，后续的组播报文直接走 SPT,RTA 不需要再封装。

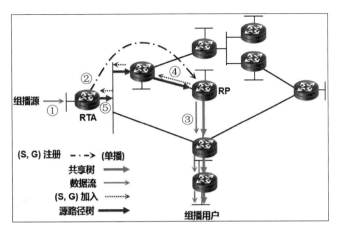

图 10.59 组播源注册

4. 组播流量转发

组播流量转发可以分为两段,如图 10.60 所示。

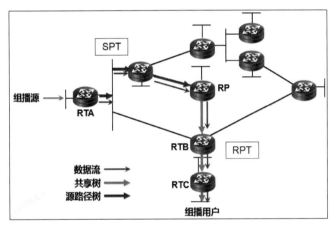

图 10.60 组播流量转发

(1) 组播源到 RP 这段走 SPT,是最短路径。

(2) RP 到组播用户这段走 RPT(共享树),也是最短路径。

但实际上"组播源-RP-组播用户"这条路径不是最优路径,最优路径应该是"组播源-RTA-RTB-RTC-组播用户"。

5. 组播树切换

组播流量先到达 RP 再交给组播用户,这样会带来两个问题,如图 10.60 所示。

(1) 组播报文转发路径可能不是最优路径。

(2) 所有组播报文都经过 RP 转发,RP 路由器可能产生流量瓶颈。

能不能绕开 RP,组播流量走最优路径呢? 答案是肯定的。

组播用户、组播源为什么都到 RP 进行注册? 其原因就是刚开始时组播用户不知道组播源是谁,以及具体 IP 是多少,组播源和组播用户之间没有精确路径。

但实际上 RTC 收到第 1 个组播数据报文之后就知道组播源的 IP 了,此时 RTC 可以自己往组播源发(S,G)加入消息,得到的路径就是最短路径。

路径切换过程如图 10.61 所示。

① RTC 收到第 1 个组播数据报文,获得组播源 IP,开始准备切换。

注意:在 eNSP 中,收到第 1 个报文后开始切换,但实际设备是在流量到达指定阈值时切换。

② RTC 往组播源发(S,G)加入消息,该消息按路由表转发,是最短路径,沿途路由器创建(S,G)组播表项。

③ 新的组播表项创建完成后,组播流量走新的路径,即"RTA-RTB-RTC"。

④ RTC 往 RP 发送剪枝消息,RP 也会往组播源发送剪枝消息(沿途所有路由器发送前判断是否有其他的组播用户,如果还有其他组播用户流量存在,则不往上发送剪枝)。

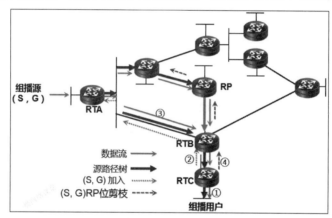

图 10.61 组播路径切换

切换后的组播路径如图 10.62 所示。

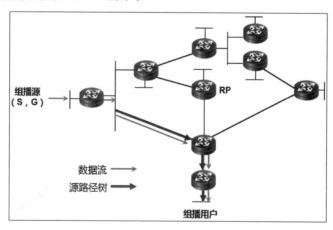

图 10.62 最短路径树

10.3.4 PIM-SM 配置与验证

实验拓扑如图 10.63 所示。

（1）阴影数字（10,20,30,…）表示网段前缀，如 10 表示 10.0.0.0/24 网段。

（2）R4 是 BSR，负责给全网通告 C-RP 的位置。因为 BSR 很重要，在实际应用中也会配置多台 C-BSR，然后竞选出主 BSR。本实验只配置一台 C-BSR。

（3）R2、R5 是 C-RP，R2 使用 GE0/0/2 接口 IP 作 C-RP 的 IP，R5 使用 GE0/0/0 接口 IP 作 C-RP 的 IP。

（4）路由器之间使用 OSPF 协议学习路由，R3 与组播用户间用 IGMPv2 协议。

（5）组播 IP 使用 239.0.0.3。

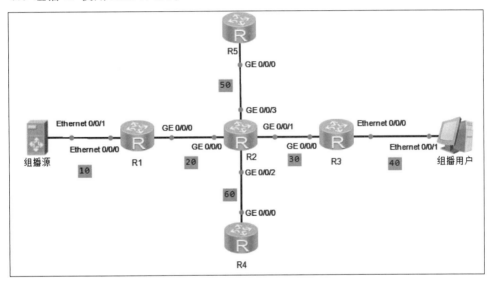

图 10.63 实验拓扑

R1 的配置如图 10.64 所示。

```
[Huawei]interface e0/0/0
[Huawei-Ethernet0/0/0]ip add 10.0.0.2 24
[Huawei-Ethernet0/0/0]interface ge0/0/0
[Huawei-GigabitEthernet0/0/0]ip add 20.0.0.1 24
[Huawei-GigabitEthernet0/0/0]quit
[Huawei]ospf
[Huawei-ospf-1]area 0
[Huawei-ospf-1-area-0.0.0.0]network 10.0.0.0 0.0.0.255
[Huawei-ospf-1-area-0.0.0.0]network 20.0.0.0 0.0.0.255
[Huawei-ospf-1-area-0.0.0.0]quit
[Huawei-ospf-1]quit
[Huawei]multicast routing-enable
[Huawei]interface e0/0/0
[Huawei-Ethernet0/0/0]pim sm
[Huawei-Ethernet0/0/0]interface ge0/0/0
[Huawei-GigabitEthernet0/0/0]pim sm
[Huawei-GigabitEthernet0/0/0]
```

图 10.64 R1 的配置

R2 的配置如图 10.65 所示,接口 GE0/0/2 作为 C-RP 的 IP 地址。

```
[Huawei]interface ge0/0/0
[Huawei-GigabitEthernet0/0/0]ip add 20.0.0.2 24
[Huawei-GigabitEthernet0/0/0]interface ge0/0/1
[Huawei-GigabitEthernet0/0/1]ip add 30.0.0.1 24
[Huawei-GigabitEthernet0/0/1]interface ge0/0/2
[Huawei-GigabitEthernet0/0/2]ip add 60.0.0.1 24
[Huawei-GigabitEthernet0/0/2]interface ge0/0/3
[Huawei-GigabitEthernet0/0/3]ip add 50.0.0.1 24
[Huawei-GigabitEthernet0/0/3]quit
[Huawei]ospf
[Huawei-ospf-1]area 0
[Huawei-ospf-1-area-0.0.0.0]network 20.0.0.0 0.0.0.255
[Huawei-ospf-1-area-0.0.0.0]network 30.0.0.0 0.0.0.255
[Huawei-ospf-1-area-0.0.0.0]network 50.0.0.0 0.0.0.255
[Huawei-ospf-1-area-0.0.0.0]network 60.0.0.0 0.0.0.255
[Huawei-ospf-1-area-0.0.0.0]quit
[Huawei-ospf-1]quit
[Huawei]multicast routing-enable
[Huawei]interface ge0/0/0
[Huawei-GigabitEthernet0/0/0]pim sm
[Huawei-GigabitEthernet0/0/0]interface ge0/0/1
[Huawei-GigabitEthernet0/0/1]pim sm
[Huawei-GigabitEthernet0/0/1]interface ge0/0/2
[Huawei-GigabitEthernet0/0/2]pim sm
[Huawei-GigabitEthernet0/0/2]interface ge0/0/3
[Huawei-GigabitEthernet0/0/3]pim sm
[Huawei-GigabitEthernet0/0/3]quit
[Huawei]pim
[Huawei-pim]c-rp ge0/0/2
```

图 10.65　R2 的配置

R3 的配置如图 10.66 所示。

```
[Huawei]interface ge0/0/0
[Huawei-GigabitEthernet0/0/0]ip add 30.0.0.2 24
[Huawei-GigabitEthernet0/0/0]interface e0/0/0
[Huawei-Ethernet0/0/0]ip add 40.0.0.1 24
[Huawei-Ethernet0/0/0]quit
[Huawei]ospf
[Huawei-ospf-1]area 0
[Huawei-ospf-1-area-0.0.0.0]network 30.0.0.0 0.0.0.255
[Huawei-ospf-1-area-0.0.0.0]network 40.0.0.0 0.0.0.255
[Huawei-ospf-1-area-0.0.0.0]quit
[Huawei-ospf-1]quit
[Huawei]multicast routing-enable
[Huawei]interface ge0/0/0
[Huawei-GigabitEthernet0/0/0]pim sm
[Huawei-GigabitEthernet0/0/0]interface e0/0/0
[Huawei-Ethernet0/0/0]igmp enable
[Huawei-Ethernet0/0/0]igmp version 2
```

图 10.66　R3 的配置

R4 的配置如图 10.67 所示,接口 GE0/0/0 作为 C-BSR 的 IP 地址。

R5 的配置如图 10.68 所示,接口 GE0/0/0 作为 C-RP 的 IP 地址。

组播源的配置如图 10.69 所示,单击"运行"按钮后开启 VLC 工具播放节目,发送组播数据。

组播用户的配置如图 10.70 所示,单击"加入"按钮,然后单击"启动 VLC"按钮开始播放节目。

```
[Huawei]interface ge0/0/0
[Huawei-GigabitEthernet0/0/0]ip add 60.0.0.2 24
[Huawei-GigabitEthernet0/0/0]quit
[Huawei]ospf
[Huawei-ospf-1]area 0
[Huawei-ospf-1-area-0.0.0.0]network 60.0.0.0 0.0.0.255
[Huawei-ospf-1-area-0.0.0.0]quit
[Huawei-ospf-1]quit
[Huawei]multicast routing-enable
[Huawei]interface ge0/0/0
[Huawei-GigabitEthernet0/0/0]pim sm
[Huawei-GigabitEthernet0/0/0]quit
[Huawei]pim
[Huawei-pim]c-bsr ge0/0/0
```

图 10.67 R4 的配置

```
[Huawei]interface ge0/0/0
[Huawei-GigabitEthernet0/0/0]ip add 50.0.0.2 24
[Huawei-GigabitEthernet0/0/0]quit
[Huawei]ospf
[Huawei-ospf-1]area 0
[Huawei-ospf-1-area-0.0.0.0]network 50.0.0.0 0.0.0.255
[Huawei-ospf-1-area-0.0.0.0]quit
[Huawei-ospf-1]quit
[Huawei]multicast routing-enable
[Huawei]interface ge0/0/0
[Huawei-GigabitEthernet0/0/0]pim sm
[Huawei-GigabitEthernet0/0/0]quit
[Huawei]pim
[Huawei-pim]c-rp ge0/0/0
```

图 10.68 R5 的配置

适配器配置

IP地址: 10 . 0 . 0 . 1
子网掩码: 255 . 255 . 255 . 0
网关: 10 . 0 . 0 . 2

基础配置   组播源

文件路径: D:\录制的视频\HCNA\WMV\2.通信网络概述.wmv   浏览…

配置

组播组IP地址: 239 . 0 . 0 . 3
组播组MAC地址: 00-00-00-00-00-00
源IP地址: 10 . 0 . 0 . 1
源MAC地址: 54-89-98-9A-59-4D

运行

图 10.69 组播源的配置

在 R3 上查看 BSR 和 RP 信息,如图 10.71 所示。BSR 是 60.0.0.2(R4),RP 有两个,优先级一样,即都是 0,但是 IP 不一样,IP 值大的会成为主 RP。

在 R3 上查看 PIM 路由表,如图 10.72 所示。

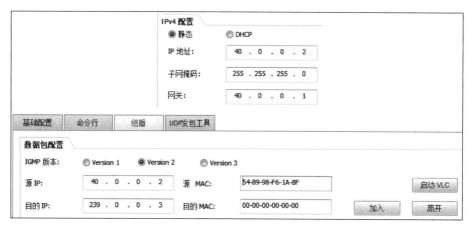

图 10.70　组播用户的配置

```
[Huawei]display pim bsr-info
VPN-Instance: public net
Elected AdminScoped BSR Count: 0
Elected BSR Address: 60.0.0.2
     Priority: 0
     Hash mask length: 30
     State: Accept Preferred
     Scope: Not scoped
     Uptime: 00:04:37
     Expires: 00:01:43
     C-RP Count: 2
[Huawei]display pim rp-info
VPN-Instance: public net
PIM-SM BSR RP Number:2
Group/MaskLen: 224.0.0.0/4
     RP: 50.0.0.2
     Priority: 0
     Uptime: 00:02:49
     Expires: 00:01:41
Group/MaskLen: 224.0.0.0/4
     RP: 60.0.0.1
     Priority: 0
     Uptime: 00:04:49
     Expires: 00:01:41
```

图 10.71　查看 BSR 与 RP

```
[Huawei]display pim routing-table
VPN-Instance: public net
Total 0 (*, G) entry; 1 (S, G) entry

(10.0.0.1, 239.0.0.3)
     RP: 50.0.0.2
     Protocol: pim-sm, Flag: ACT
     UpTime: 00:02:49
     Upstream interface: GigabitEthernet0/0/0
          Upstream neighbor: 30.0.0.1
          RPF prime neighbor: 30.0.0.1
     Downstream interface(s) information: None
```

图 10.72　查看 PIM 路由表

查看 PIM 接口详细信息,如图 10.73 所示,可以看到当前是 Sparse 模式(SM 模式)。

```
[Huawei]display pim interface verbos
VPN-Instance: public net
Interface: GigabitEthernet0/0/0, 30.0.0.2
     PIM version: 2
     PIM mode: Sparse
     PIM state: up
     PIM DR: 30.0.0.2 (local)
     PIM DR Priority (configured): 1
     PIM neighbor count: 1
     PIM hello interval: 30 s
     PIM LAN delay (negotiated): 500 ms
     PIM LAN delay (configured): 500 ms
     PIM hello override interval (negotiated): 2500 ms
     PIM hello override interval (configured): 2500 ms
     PIM Silent: disabled
     PIM neighbor tracking (negotiated): disabled
     PIM neighbor tracking (configured): disabled
```

图 10.73　查看 PIM 详细信息

10.4　小结

本章介绍了组播的工作背景,在数据重复的应用中可以节省带宽又可以精确转发到最终用户,此外还介绍了组播报文结构,以及组播 IP、组播 MAC 如何得来。

接着介绍了组播需要用到的协议,分为两种,一种是路由器与终端之间的协议 IGMP,有 3 个版本;另外一种是路由器与路由器之间的协议,即 PIM-DM 与 PIM-SM,介绍了各个协议的工作原理,还进行了实验演示、验证。

第 11 章

防火墙原理与配置

TCP/IP 协议栈分为 5 层，分别是物理层、链路层、网络层、传输层、应用层，各层都有标准的协议。这些协议可以保证业务报文被顺利转发，但是不能保证安全性，很多黑客利用协议漏洞进行攻击，使网络设备、终端不能正常收发报文，甚至崩溃。

黑客攻击的方式多种多样，有的是窃听机密信息，有的是针对网络设备进行攻击，有的是针对终端进行攻击。

不同的攻击有不同的应对措施，机密信息窃听问题可以用信息加密来解决，针对网络设备和终端进行的攻击，则需要用防火墙来识别并过滤那些带有攻击性的报文。

11.1 防火墙概述

外部网络安全性较低，会有木马、病毒、网络攻击等安全隐患，为了保护内部网络，通常在内部网络出口处布置防火墙(Firewall)，如图 11.1 所示。

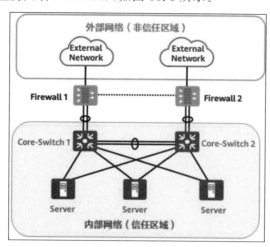

图 11.1 防火墙

防火墙有两种形态，一种是软件防火墙，另外一种是硬件防火墙。

软件防火墙一般装在终端上，例如 PC 上面安装的 360 软件就带有防火墙功能。软件防火墙通常与公有云、私有云上的服务器联合使用,实现终端的防火墙工作状态上报、病毒库同步更新等功能,如图 11.2 所示。

硬件防火墙的外观和路由器/交换机差不多,也有框式、盒式之分,如图 11.3 所示。

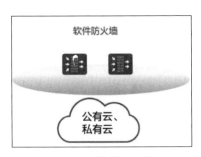

图 11.2　软件防火墙

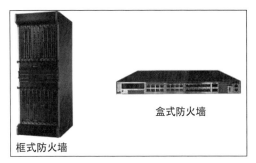

图 11.3　硬件防火墙

外观和接口方面,防火墙、路由器、交换机没有太大差别,但是在功能上三者各有侧重点,如图 11.4 所示。

交换机:接口较多,主要用于接入终端和汇聚内部流量,组建二/三层局域网。

路由器:主要工作于第三层(网络层),侧重于 OSPF、BGP 等路由协议,在路由查表和 IP 报文转发方面有较高性能。

防火墙:侧重于控制报文转发,防攻击、病毒、木马。需要对报文进行检查、识别,并采取对应的措施。此外,还支持 VPN、NAT、加密等功能。

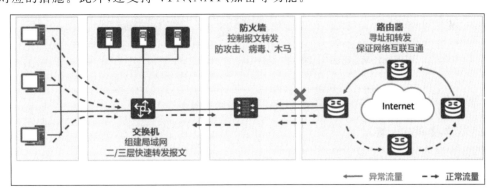

图 11.4　防火墙、路由器、交换机的区别

路由器和防火墙的功能并不是绝对的,一些高端的路由器具备防火墙的很多功能,例如攻击防范、NAT 功能、认证策略、状态检测等,而防火墙也具备路由器的功能,例如 OSPF、BGP 等协议也能支持。

虽然二者的功能可以互相兼顾,但是侧重点各自不同,在对性能方面要求不高的情况下可以替代,但是在对性能有较高要求的情况下,还得用对应的设备。

随着网络技术的发展,对防火墙的功能、性能方面的要求也越来越高,历史上出现了多种防火墙,如图 11.5 所示。

图 11.5 防火墙

1. 包过滤防火墙

包过滤基于五元组(源 IP、目的 IP、端口号、协议、动作)对每个数据包进行检测,识别指定特征的数据包,并根据安全策略转发或者丢弃。基本原理是使用 ACL 实施数据包的过滤。

包过滤防火墙的工作原理如图 11.6 所示,在防火墙上配置 ACL,办公区的用户可以访问 Internet,而研发区的用户不能访问 Internet。

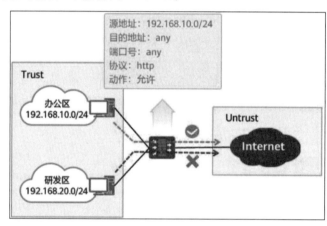

图 11.6 包过滤防火墙

2. 状态检测防火墙

包过滤防火墙存在弊端:

(1) 对每个报文进行头部解析,并匹配 ACL(里面有很多 Rule 规则),效率低下。

(2) 只对单个报文进行判断,不能发现报文的前后关联关系,例如 TCP 有 3 次握手,必须握手成功后才能通信,包过滤防火墙不能识别这 3 次握手和后面报文的前后关系。

状态检测防火墙可以弥补包过滤防火墙的缺陷,提高报文检测效率,还能识别报文的前后关系。

两台终端之间建立 TCP 链接,TCP 报文都带有序列号,状态检测防火墙可以识别里面的序列号,判断是否攻击性报文,如图 11.7 所示。握手成功后创建会话信息,首个报文还是根据 ACL 进行控制,后续报文则根据会话信息来判断报文是否可以通过,从而提高效率。

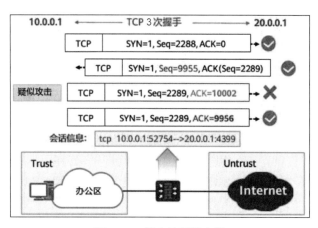

图 11.7 状态检测防火墙

3. 基于 ASIC 的防火墙

包过滤、状态检测防火墙的功能都是通过 CPU 实现的,将报文进行解析,找出源 IP、目标 IP、源端口等信息,然后匹配规则、会话表,理论上来讲都是一个软件实现过程。在带宽日益增大的情况下,报文的分析和匹配过程成为防火墙的性能瓶颈。

ASIC 防火墙使用专有芯片来处理报文,报文分析、检测等动作直接用硬件实现,大大提高了防火墙的性能。

4. UTM 防火墙

统一威胁管理(Unified Threat Management,UTM)防火墙将防护范围扩大到应用层。与普通防火墙的区别如表 11.1 所示,UTM 防火墙增加了很多应用层的防护。

表 11.1 UTM 与普通防火墙的区别

可以防御的攻击类型	防 火 墙	UTM
网络攻击	支持	支持
DoS 攻击,DDoS 攻击	支持	支持
病毒攻击	不支持	支持
垃圾邮件	不支持	支持
从内部过滤 URL	不支持	支持
网页过滤	不支持	支持

5. 多核-分布式架构防火墙

以前的防火墙运算中心在某个板卡上(主控板或者特定功能板),分布式防火墙则是将运算功能分布在多个板卡上,普通板卡也具备运算能力,减少中心板卡的运算任务,提高整机性能。

6. NGFW 防火墙

下一代防火墙(Next Generation Firewall,NGFW)除了有之前防火墙的功能外,还有以下功能:

（1）应用识别与应用控制。

（2）IPS(Intrusion Prevention System,入侵防御系统)与防火墙深度集成。

（3）利用防火墙以外的信息,增强管控。

IPS是防病毒软件和防火墙的一个补充,通过监视网络或网络设备的报文行为轨迹,发现异常流量,并采取相应措施(记录log、上报告警、通知防火墙拦截异常流量)。

NGFW防火墙还可以和其他系统联动,更高效地管控网络。

7. AI防火墙

AI防火墙的主要优势在于"智能",不再单纯依赖既定签名特征机械识别已经认识的威胁,而是通过大量样本和算法训练威胁检测模型,从而使防火墙可以自主检测高级未知威胁。AI防火墙需要提供专用硬件支撑智能检测算力,提升威胁检测性能。

本节内容介绍了防火墙的工作背景、功能,以及防火墙的不同形态,最后介绍了历史上出现的各种防火墙之间的差异点。

11.2　防火墙工作原理

11.2.1　安全区域

在实际应用中,不同网络的安全性是不一样:

（1）Internet属于公网,里面有潜在的病毒、木马等不安全的内容,是不可靠的网络。

（2）公司内部网络的用户是公司员工,较为安全。

（3）公司内部的服务器对安全需求又和普通员工不一样。

以上只是简单举例,现实中可能有更多不同类型的网络。

不同网络之间的流量需要采取不同策略。例如Internet的流量想要进入公司内部网络时,我们认为这种流量带有较大危险性,需要对流量进行严格审查(DDoS、病毒等),而从公司内部访问Internet的流量则认为较为安全,只要不访问违法地址就可以直接放行。

防火墙如何实现不同网络之间的流量控制呢?

首先防火墙将不同性质的网络划分为不同的安全区域(Security Zone),简称区域(Zone),不同区域赋予不同优先级,例如因特网安全性较低,是非受信区域(Untrust区域),优先级为5;公司内部网络是受信区域(Trust区域),优先级为85;公司服务器区域(DMZ)的优先级为50。

防火墙以接口来划分区域,每个接口对应一个区域,将某个接口定义为某个区域(优先级),那么该接口所连接的网络就属于该区域。

将GE1/0/1配置为Trust,连接到GE1/0/1的网络就属于Trust区域,如图11.8所示。

华为防火墙默认创建了4个区域,如表11.2所示,每个区域都对应一个优先级,值越大,优先级越高。Untrust一般用于Internet;DMZ用于服务器区域;Trust用于公司内部网络;Local优先级最高,指防火墙设备本身。例如,公司内部员工登录防火墙进行管理,流量的方向就是:Trust→Local。

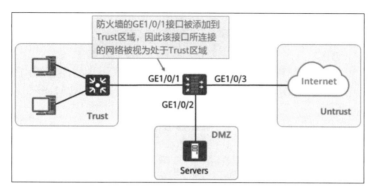

图 11.8 安全区域

表 11.2 默认区域

区 域 名 称	默认安全优先级
非受信区域(Untrust)	低安全级别区域,优先级为 5
非军事化区域(DMZ)	中等安全级别区域,优先级为 50
受信区域(Trust)	较高安全级别区域,优先级为 85
本地区域(Local)	设备本身,最高安全级别区域,优先级为 100

以上 4 个区域默认就有了,不能删除,而且优先级也不能修改,如果还需要更多的区域,则可以手动添加。例如需要对研发区与财务区的流量进行控制,则可以创建研发区域和财务区域,并赋予不同的优先级,注意各个区域的优先级的取值必须不一样。

在华为 USG2100 防火墙上,创建财务区,将优先级设置为 60,并将 GE0/0/1 接口绑定到该区域,配置命令如下:

```
[USG2100] firewall zone Finance
[USG2100 - zone - Finance] set priority 60
[USG2100 - zone - Finance] add interface GigabitEthernet 0/0/1
```

有了区域的概念后,就可以对流量进行分类,如图 11.9 所示。

流量①: Trust 区域的 PC 访问防火墙,该流量是 Trust→Local。

流量②: Trust 区域的 PC 访问 Internet,该流量是 Trust→Untrust。

华为防火墙上对流量的方向做了如下定义。

inbound(往内方向): 低优先级→高优先级。

outbound(往外方向): 高优先级→低优先级。

两个区域之间的优先级不能一样,否则无法区分方向。

不同区域之间的流量都可以分为 inbound 和 outbound 两个方向,如图 11.10 所示。

华为防火墙在默认情况下,区域之间的流量都是互相隔离的,需要使用命令配置放行之后才能互相访问。Trust 往 Untrust 方向(outbound),配置了一个 policy 1,该 policy 采取行动 permit 放行流量,配置命令如下:

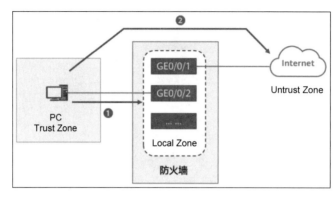

图 11.9　流量分类

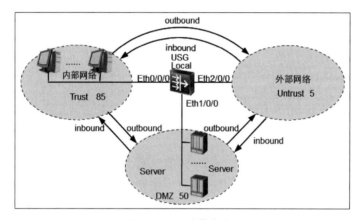

图 11.10　流量方向

```
< USG2100 > system - view
[USG2100]policy interzone trust untrust outbound
[USG2100 - policy - interzone - trust - untrust - outbound]policy 1
[USG2100 - policy - interzone - trust - untrust - outbound - 1]action permit
```

想要让 Untrust 区域的流量进入 Trust 区域,还得配置 inbound 放行的策略。

有了区域的概念,并定义了流量方向之后,防火墙就可以将指定流量采取策略进行精确控制。

11.2.2　会话表

为了提高效率,防火墙只对首包或者少量报文进行检测,然后确定一条连接的状态,后续报文直接根据所属连接的状态进行控制(丢弃、放行或者修改相关参数)。

一个防火墙上会同时存在很多连接,需要对这些连接进行统一记录,这个记录表就是会话表。会话表是用来记录 TCP、UDP、ICMP 等协议连接状态的表项,是防火墙转发报文的重要依据。

PC1 访问了 PC2 之后,防火墙上就会创建一个会话表,会话表里有源 IP、源端口、目标

IP、目标端口、协议等信息。后续的报文只要这 5 项是匹配的,就直接放行,不需要再对每个报文进行检查,如图 11.11 所示。

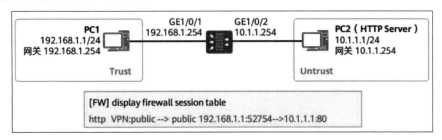

图 11.11　会话表

会话表有老化时间,如果长时间没有匹配,则会被删除,如果被匹配就会更新老化时间。

11.2.3　ASPF 与 Server-map

为了增加防火墙的安全性,除了会过滤指定 IP 之外,还会关闭不必要的端口号。对于使用固定端口号的协议不会有问题,例如,HTTP 使用的端口号固定为 80,FTP 使用的端口号是 20、21。

但是有些应用层协议使用多个端口,控制通道的端口号用固定值,数据通道的端口临时协商。例如,H.323、SIP、Netmeeting 等协议的数据通道使用的端口号是临时协商的。

如果这些协议的数据通道使用的端口号刚好被防火墙关闭了,则无法正常通信。

为了解决防火墙安全性与端口号不固定性的矛盾,ASPF(Application Specific Packet Filter,针对应用层的包过滤)就诞生了。

ASPF 可以自动检测报文的应用层信息,并相应地放开相应的访问规则、端口号。ASPF 生成的访问规则会放到 Server-map 里面。Server-map 可以理解为一个简化型的会话表。

防火墙为命中 Server-map 表的数据创建会话表,如图 11.12 所示,FTP 使用两个端口号,一个用于控制通道,另一个用于数据通道。

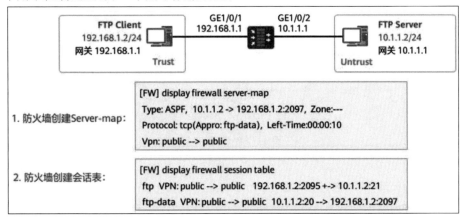

图 11.12　Server-map 与会话表

防火墙收到报文后,首先查会话表,看是否命中,如果没有命中,则查 Server-map 表,命中 Server-map 表的报文不受安全策略控制。例如,防火墙关闭了端口号 2029,但是对应用层消息分析后发现其数据通道要使用端口号 2029,防火墙为该应用程序打开 2029 端口号。

报文处理流程如图 11.13 所示。

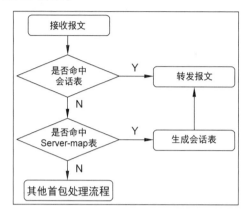

图 11.13　报文处理过程

11.3　防火墙配置

防火墙将网络隔离为 3 个安全区域：Trust、Untrust、OM,如图 11.14 所示,其中 OM 区域的优先级为 95。配置需求如下：

(1) 允许 Trust 区域 ping 防火墙。

(2) 允许 OM 区域 ping Untrust 区域。

(3) 其他区域之间的访问都被禁止。

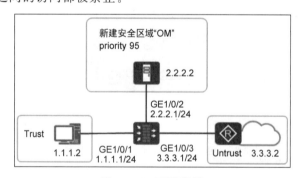

图 11.14　配置案例

实验步骤：

(1) 配置防火墙接口 IP。

(2) 配置防火墙安全区域。

(3) 配置防火墙安全策略。

（4）结果验证。

配置接口 IP，接口 GE1/0/1 使能了 ping 功能，配置命令如下：

```
[FW]interface GigabitEthernet 1/0/1
[FW－GigabitEthernet 1/0/1]ip address 1.1.1.1 24
[FW－GigabitEthernet 1/0/1]service－manage ping permit
[FW－GigabitEthernet 1/0/1]interface GigabitEthernet 1/0/2
[FW－GigabitEthernet 1/0/2]ip address 2.2.2.1 24
[FW－GigabitEthernet 1/0/2] interface GigabitEthernet 1/0/3
[FW－GigabitEthernet 1/0/3]ip address 3.3.3.1 24
```

创建安全区域，并将接口绑定到安全区域，配置命令如下：

```
//创建安全区域
[FW]firewall zone name OM
[FW－zone－OM]set priority 95
[FW－zone－OM]quit
//将接口添加到安全区域
[FW]firewall zone name trust
[FW－zone－trust]add interface GigabitEthernet1/0/1
[FW]firewall zone name OM
[FW－zone－OM]add interface GigabitEthernet1/0/2
[FW]firewall zone name untrust
[FW－zone－untrust]add interface GigabitEthernet1/0/3
```

创建安全策略，使 OM 区域可以 ping Untrust 区域，配置命令如下：

```
[FW]security－policy
[FW－policy－security－rule－R1]Source－zone OM
[FW－policy－security－rule－R1]destination－zone untrust
[FW－policy－security－rule－R1]service icmp
[FW－policy－security－rule－R1]action permit
```

Trust 区域 PC ping 防火墙接口 IP 1.1.1.1 之后，查询防火墙的会话表，如图 11.15 所示。

OM 区域的 PC ping Untrust 区域的 PC 之后，查询防火墙的会话表，如图 11.16 所示。

```
#查询防火墙会话表
[FW]display firewall session table
2020-03-11 10:31:21.010
Current Total Sessions : 4
icmp VPN: public --> public  1.1.1.2:14265 --> 1.1.1.1:2048
icmp VPN: public --> public  1.1.1.2:15289 --> 1.1.1.1:2048
icmp VPN: public --> public  1.1.1.2:14777 --> 1.1.1.1:2048
icmp VPN: public --> public  1.1.1.2:15033 --> 1.1.1.1:2048
```

图 11.15　查询防火墙会话表

```
#查询防火墙会话表
[FW]display firewall session table
2020-03-11 10:30:15.150
Current Total Sessions : 4
icmp VPN: public --> public  2.2.2.2:63928 --> 3.3.3.2:2048
icmp VPN: public --> public  2.2.2.2:63672 --> 3.3.3.2:2048
icmp VPN: public --> public  2.2.2.2:63416 --> 3.3.3.2:2048
icmp VPN: public --> public  2.2.2.2:62904 --> 3.3.3.2:2048
```

图 11.16　查询防火墙会话表

ICMP 属于网络层协议，没有端口号，但是防火墙在生成 ICMP 流量对应会话表时会添加临时端口号,以满足状态检测的规则。

默认情况下,防火墙各个区域互相隔离,不能互相访问,例如,Trust 区域在没有配置 permit 策略的情况下,不能访问 Untrust 区域,反之也是一样的。

11.4　小结

本章介绍了防火墙的应用背景、防火墙的发展历史,以及防火墙的基本工作原理,最后结合一个例子介绍了防火墙的基本配置。

第 12 章

VPN 概述

企业规模较大时,可能会有很多分支机构、合作单位和出差员工需要远程访问总部网络资源,如图 12.1 所示,如果直接使用 Internet 互相访问,则数据包很容易被黑客抓取、修改。

为了提高安全性,早期的银行和政府机构使用专线组建网络,如图 12.2 所示,可以提高数据安全性,但是也有很多缺点,如成本高、使用率低、部署不灵活等问题。

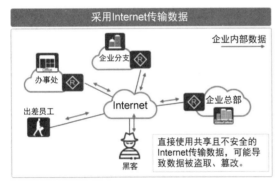

图 12.1 直接使用 Internet 互联

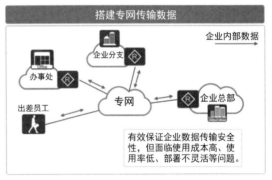

图 12.2 使用专线互联

能不能直接使用 Internet,又可以保证安全性呢?虚拟专用网络(Virtual Private Network,VPN)技术可以很好地满足这些需求。

VPN 在公网上搭建虚拟专用网络,如图 12.3 所示,企业分支和总部通过 Internet 连在一起,互相 IP 可达,然后使用 VPN 技术搭建一条安全的数据隧道。

企业总部和分支的出口处使用路由器作 VPN 网关,VPN 网关对原始报文进行封装。原始报文通常是带有私网 IP 头部的报文,封装动作通常会加上一个公网 IP 头部,以保证报文可以在 Internet 上送达对方 VPN 网关,此外还可以对报文进行加密,如图 12.4 所示。

实现 VPN 隧道的协议有很多种,常见的有因特网协议安全协议(Internet Protocol Security,IPSec)、通用路由封装协议(Generic Routing Encapsulation,GRE)、二层隧道协议(Layer 2 Tunneling Protocol,L2TP)、多协议标签交换协议(Multiprotocol Label Switching,MPLS)。

本章将介绍这几种 VPN 的应用场景及实现原理。

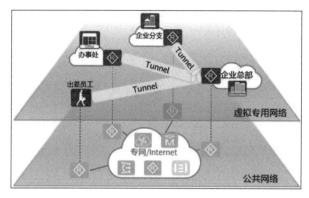

图 12.3　VPN 技术

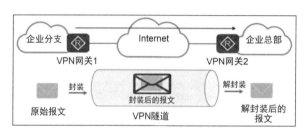

图 12.4　隧道技术

12.1　IPSec 概述

IPSec VPN 部署在企业出口设备之间,通过加密与验证等方式,实现数据来源验证、数据加密、数据完整性验证、防重放验证等功能。

(1) 数据来源验证:接收方验证发送方身份是否合法。

(2) 数据加密:发送方对数据进行加密,以密文的形式在 Internet 上传送,接收方收到数据后进行解密并转发。

(3) 数据完整性验证:接收方对接收的数据进行验证,判断报文是否被修改。

普通的 IP 报文也有 checksum 字段,用来验证报文是否在传输过程中出现错误,但是如果黑客修改了报文,并重新计算、填入 checksum,则接收方无法判断报文是否被修改。IPSec 使用指定的算法和密码进行 checksum 计算,此时黑客修改报文就无法计算得到正确值。

(4) 防重放验证:接收方避免收到重复的数据包,防止黑客捕获数据包并重复发送。

为了提高企业分支与总部间数据的安全性,企业出口设备之间建立一条 IPSec 隧道,对企业分支发往企业总部的明文数据进行加密,到达企业总部的 VPN 网关后,进行解密并发往企业总部里面的主机,实现数据的安全保护,如图 12.5 所示。

IPSec 协议体系包括以下 3 部分。

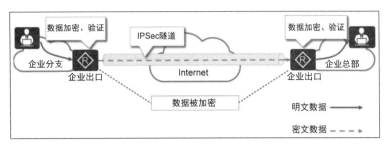

图 12.5 IPSec 工作原理

(1) AH：Authentication Header，头部认证。

(2) ESP：Encapsulating Security Payload，封装安全负载。

(3) IKE：Internet Key Exchange，Internet 密钥交换。

3 个协议可以独立工作，也可以互相配合工作。它们的关系如图 12.6 所示，AH 支持验证功能（支持的验证算法有 MD5、SHA1、SHA2、SHA3），但是没有加密功能；ESP 既支持验证又支持加密。AH、ESP 需要使用密钥，密钥可以通过 IKE 协议来获得。

图 12.6 IPSec 协议体系

AH、ESP 的密钥实际上可由以下两种方式来获得。

(1) 带外共享密码：在 IPSec 隧道两端的设备上手工配置静态密钥，双方通过电话、短信、邮件等方式保证密钥的一致性。这种方式扩展性、维护性差，对于安全性高的场景，当需要定期更换密钥时，维护很困难。

(2) 通过 IKE 获得密钥：IKE 建立在 Internet 安全联盟和密钥管理协议 ISAKMP 定义的框架上，采用 Diffie-Hellman 算法在不安全的网络上安全地分发密钥，动态实现密钥分发，扩展性、维护性比较好。

AH 与 ESP 保护的范围不一样，如图 12.7 所示，AH 保护整个 IP 报文，ESP 只保护数据，不保护 IP 头部。

AH 与 ESP 各有优点，为了提供加密功能，又能保护 IP 头部，可以采用 AH-ESP 方式。

IPSec 有两种工作模式，如图 12.8 所示。

(1) 传输模式：在 IP 头部后面添加 IPSec 头部，实现 IP 报文的加密、验证功能。

(2) 隧道模式：在原始 IP 报文的前面添加 IPSec 头部，然后外层再套一个公网 IP 头部。可以将带有私网 IP 头部的报文通过公网进行传递，实现分支与总部之间的互相访问，同时提供加密、验证功能。

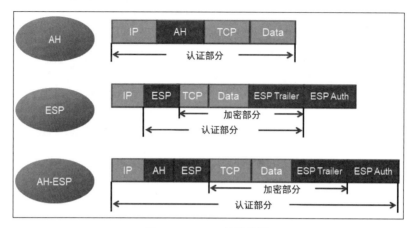

图 12.7　IPSec 保护范围

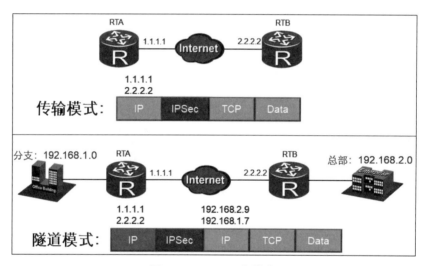

图 12.8　IPSec 工作模式

12.2　GRE 概述

GRE 可以封装 IP 报文,包括对 IP 头部和里面的数据部分一起进行封装,支持多种网络层协议,如 IPv4、IPv6、IPX 等。

可以将不同网络协议交错使用,企业里面的主机用 IPv6 的私网 IP,中间通过 Internet (IPv4)连在一起,如图 12.9 所示。

左边主机访问右边主机,当 IPv6 报文到达 VPN 网关(企业出口路由器)时,将 IPv6 头部和 Data 进行封装,添加一个 GRE 头部,然后在外面再添加一个 IPv4 头部,IP 地址使用公网 IP,确保封装后的报文可以到达对端 VPN 网关。

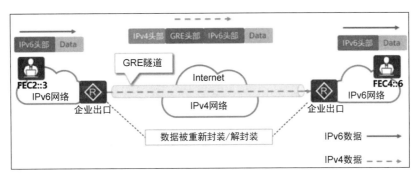

图 12.9　GRE 工作原理

对端 VPN 网关收到报文后,进行解封装,通过外层 IP 头部的 Protocol 值(47)发现里面是 GRE 协议,去掉外层 IP 头后再进行 GRE 解封装,最后还原成 IPv6 的原始报文,添加以太网头部后发往目标主机。

GRE 的优点是可以为异构网络(私网协议和公网协议可以不一样)提供 VPN,还可以封装组播报文,但是 GRE 不具备加密、验证功能,如果需要对报文进行保护,则可以配合其他 VPN 技术一起使用,例如 IPSec,如图 12.10 所示,GRE 封装的外面再封装一层 IPSec,以提供加密、验证功能。

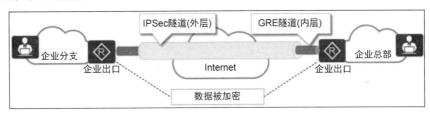

图 12.10　GRE over IPSec

12.3　L2TP 概述

IPSec 和 GRE VPN 隧道的两端使用固定 IP,适合企业分支与总部之间搭建 VPN。还有一种场景是出差的员工需要访问总部网络资源,其中一端的 IP 地址不固定,此时可以使用 L2TP VPN。

L2TP 是虚拟私有拨号网(Virtual Private Dial-up Network,VPDN)隧道协议的一种,它扩展了点到点协议 PPP 的应用。

L2TP 组网包括两部分,如图 12.11 所示。

(1) LAC:L2TP Access Concentrator(L2TP 访问集中器),可以是一台网络设备(如路由器),也可以是一台终端(如 PC)。

(2) LNS:L2TP Network Server(L2TP 网络服务器),位于企业总部。

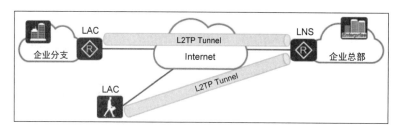

图 12.11　L2TP 应用场景

L2TP 有两种类型的报文，一种用于控制，另一种用于数据传输，如图 12.12 所示，L2TP 封装在 UDP 里面，其中数据报文还带有 PPP 头部结构，因此会有一个会话建立的过程。

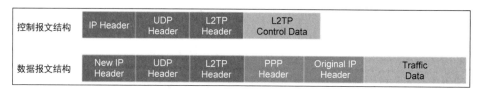

图 12.12　L2TP 报文格式

L2TP 工作过程如图 12.13 所示，由 LAC 发起连接请求，LNS 服务器响应。

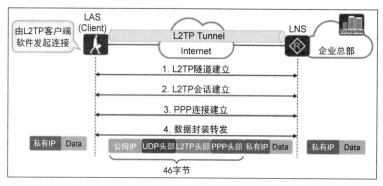

图 12.13　L2TP 工作过程

L2TP 有用户认证功能，但是没有数据加密功能，在安全性要求较高的场景，可以配合 IPSec 以提供更高的安全性，如图 12.14 所示，L2TP 外面再套一层 IPSec。

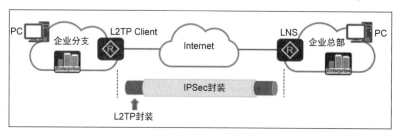

图 12.14　L2TP over IPSec

12.4　MPLS VPN 概述

多协议标签转换(Multi-Protocol Label Switching,MPLS)协议使用标签交换来转发报文,最初是为了提高 IP 报文转发效率而设计的,但是后来随着硬件性能的提升,路由查表已经不再是路由器/防火墙的转发瓶颈,现在 MPLS 主要应用于 VPN、流量工程、QoS 等场景。

MPLS VPN 网络结构由三部分组成,如图 12.15 所示。

(1) 企业网络边缘设备(Customer Edge,CE)由接口与运营商网络连接。可以是路由器或交换机,CE 不知道 VPN 的存在,也不用支持 MPLS。

(2) 运营商边缘路由器(Provider Edge,PE)是运营商网络的边缘设备,与 CE 直接相连。在 MPLS 网络中,对 VPN 的所有处理都发生在 PE 上。

(3) 运营商网络内部的路由器(Provider,P)不与 CE 直接相连。P 设备只需具备基本MPLS 转发能力,不知道 VPN 的存在。

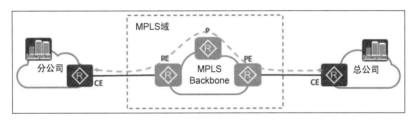

图 12.15　MPLS VPN

MPLS 域属于运营商的网络,企业网络不需要运行 MPLS。企业直接向运营商购买VPN 服务,运营商提供网络接口,分公司和总公司连入运营商提供的接口后,就像在同一个局域一样,可以使用私有 IP 直接通信。

12.5　各种 VPN 的应用对比

本章介绍了 4 种 VPN,分别是 IPSec、GRE、L2TP、MPLS VPN。这 4 种 VPN 有不同的使用场景。

如果对安全性要求不高,只需实现企业分支与总部的数据互联,则可以使用 GRE,GRE头部开销小,性能好,还可以解决异种网络(IPX、IPv4、IPv6 等)互联的问题。

如果对安全性要求比较高,在实现企业分支与总部的数据互联的同时提供加密与验证功能,则可以使用 IPSec。

如果有出差员工,VPN 的一端 IP 地址不固定,则可以使用 L2TP,由用户端发起请求接入,总部的 LNS 服务器响应。

GRE、IPSec、L2TP 这 3 种 VPN 可以实现数据的传递,但是不能实现分支和总部之间互相学习路由信息。在一些大型企业,当网络规模、路由信息较大时需要使用 MPLS VPN,实现分支与总部网络之间数据互联、路由学习的功能。

MPLS VPN 的功能更全面,但是成本也更高,需要向运营商购买 VPN 服务。

各种 VPN 的安全性如表 12.1 所示,IPSec 安全性最高,可以给其他 VPN 提供加密与验证功能。

表 12.1 VPN 安全性比较

VPN	用户身份认证	数据加密与验证
GRE	不支持	关键字验证、校验和验证
L2TP	基于 PPP 的身份认证	不支持
IPSec	支持	支持
MPLS	不支持	不支持

第 13 章

NAT 原理与配置

随着因特网和物联网的快速发展,对 IP 地址的需求急剧增加,IPv4 的地址很早就已经被分配完了。对此,人们提出使用 IPv6 技术,可以提供用不完的 IP 地址,但是现实网络中使用 IPv4 的网络设备和终端还是占绝大多数,而且还在不断增加。为了让 IPv4 可以继续工作,就必须用到 NAT 技术。

网络地址转换(Network Address Translation,NAT)是将 IP 数据报头中的 IP 地址转换为另一个 IP 地址的过程。

防火墙是公司网络出口设备,如图 13.1 所示,左边是公司内部网络,使用私网 IP,右边是 Internet,使用公网 IP。

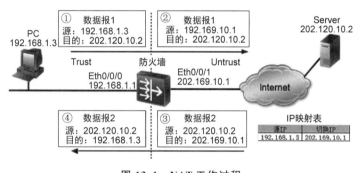

图 13.1　NAT 工作过程

PC 访问 Server 的过程如下:

① PC 访问服务器时,发出去的报文源 IP 是私网 IP 192.168.1.3,目标 IP 是公网 IP 202.120.10.2。

② 如果不对源 IP 进行修改,报文到达 Server 后,回程报文则无法正确返回,因为公网上没有 192.168.1.0/24 这样的路由条目。为了让回程报文正确返回,防火墙将源 IP 修改成自己的公网 IP 202.169.10.1,同时记录 192.168.1.3 与 202.169.10.1 的映射关系。

③ Server 返回的报文目标 IP 是 202.169.10.1,这是一个公网 IP,最终到达防火墙的 Eth0/0/1 接口。

④ 防火墙通过之前记录的映射关系,发现应该将报文的目标 IP 改成 192.168.1.3,因

此修改了目标 IP,然后转发给 PC。

以上是 NAT 的基本工作原理,实现了私网 IP 的 PC 访问公网 Server 的功能。一个私网 IP 需要对应一个公网 IP,如果有多个私网内部的 PC 需要访问外网,则该怎么办呢?

可以在防火墙接口上配置地址池,最多可以配置 4096 个公网地址,如图 13.2 所示。

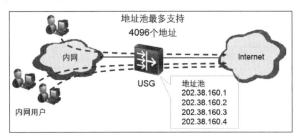

图 13.2　NAT 地址池

有了地址池之后,就可以对不同的私网 IP 分配不同公网 IP,实现多个私网 PC 同时访问公网的功能。但是这个方案还是需要用到很多公网 IP,现实中也很难申请到太多公网 IP。

能不能一个公网 IP 同时映射多个私网 IP 呢? 如果可以,则又应该如何实现的?

有两台使用私网 IP 的 PC,还有两台处于公网的服务器,如图 13.3 所示,总共会产生 4 条业务流。如果基于 IP 来映射,则防火墙最少需要两个公网 IP 才能使两台 PC 同时访问外网,但是仔细分析会发现这两台 PC 除了 IP 地址不一样之外,源端口号也不一样。

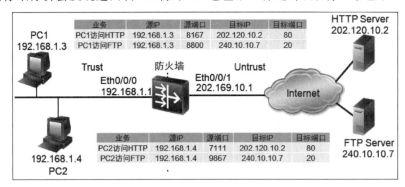

图 13.3　NAT 应用场景

可以根据 IP 地址和端口号的组合来对业务流进行区分,如图 13.4 所示,PC 访问服务器时,源端口随机生成,通常不一样,因此可以使用一个公网 IP,然后重新分配端口号来映射不同的业务流。当回程报文到达防火墙时,根据 IP + 端口号查映射表,找到对应的源 IP 和端口号,然后进行替换再转发。

这样就可以实现一个公网 IP 映射多个私网 IP 的功能,这个功能也称为端口地址转换(Port Address Translation,PAT)。与此相应,还有 NPAT(No-PAT),前面介绍的一个私网 IP 对应一个公网 IP,需要使用大量公网地址的方式就是 NPAT。

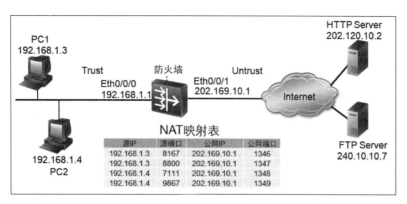

图 13.4 NAT 映射关系

不管是 PAT 方式还是 NPAT 方式,转换时都需要一个公网地址池,地址池里面的地址可以是一个或多个,下面的命令用于配置 4 个公网 IP 地址池:

```
[USG2100]nat address-group 1 202.38.160.1 202.38.160.4
```

PAT 方式的配置命令如下:

```
[USG2100]nat-policy interzone untrust trust outbound
[USG2100-nat-policy-interzone-trust-untrust-inbound]policy 1
[USG2100-nat-policy-interzone-trust-untrust-inbound-1]action source-nat
[USG2100-nat-policy-interzone-trust-untrust-inbound-1]address-group 1
```

NPAT 方式的配置命令如下:

```
[USG2100]nat-policy interzone untrust trust outbound
[USG2100-nat-policy-interzone-trust-untrust-inbound]policy 1
[USG2100-nat-policy-interzone-trust-untrust-inbound-1]action source-nat
[USG2100-nat-policy-interzone-trust-untrust-inbound-1]address-group 1 no-pat
```

NAT 的应用大部分是私网 PC 访问公网资源,但是也有从外网访问企业内部资源的,例如,企业的网站服务器、邮件服务器、FTP 服务器等。

公司内部有网站服务器(192.168.3.3)和 FTP 服务器(192.168.4.4),如图 13.5 所示。处于 Internet 的用户访问公司内部服务器时,直接访问防火墙的公网接口 202.110.1.241,不同业务报文带有不同的目标端口号,HTTP 的目标端口号固定为 80,FTP 的端口号固定为 21。

防火墙根据目标端口号再将报文分别转给 HTTP 服务器和 FTP 服务器。

这种 NAT 也称为服务器 NAT,防火墙上的公网 IP、端口号和内部私网 IP、端口号映射关系需要提前配置好,配置命令如下:

```
[USG2100]nat server protocol tcp global 202.110.1.241 http inside 192.168.3.3 http
[USG2100]nat server protocol tcp global 202.110.1.241 ftp inside 192.168.4.4 ftp
```

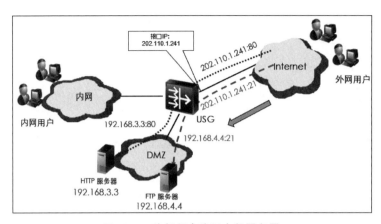

图 13.5　外部用户访问内部服务器

服务器 NAT 和普通 NAT 的区别如下：

（1）服务器 NAT 将报文的目标 IP、目标端口号进行切换，而普通 NAT 是将源 IP、源端口号进行切换。

（2）服务器 NAT 需要提前在防火墙上配置好映射关系，而普通 NAT 则是防火墙自动分配报文的源端口号，动态映射。

本章介绍了 NAT 的应用背景和实现原理，以及相关配置。

第 14 章

BFD 原理与配置

当网络链路、设备出现故障时需要被尽快检测到,并采取相应措施,以保证业务的可用性,如图 14.1 所示,R1、R2 路由器中间有两个交换机,当交换机之间的链路发生故障时,R1、R2 之间并不能检测到链路故障,只能在 3 个 Hello 周期之后检测到邻居故障,然后删除对应的路由条目。

在检测到邻居故障之前的几十秒时间内网络中还会存在已经失效的路由条目,导致业务中断,而且中断时间很长,会严重影响业务。

在有些情况下,网络甚至不能检测到故障并自动恢复,如图 14.2 所示,R1 上配置了静态路由,此时 R1、R2 之间没有任何检测机制,当 SW1 与 R2 之间的链路发生故障时,R1 感知不到,所有报文还会继续往 SW1 发送,然后被丢弃,出现路由黑洞。

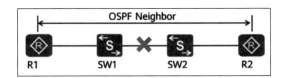

图 14.1 链路故障

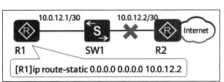

图 14.2 静态路由

以上这类问题该如何解决?怎样才能及时检测并自动恢复业务呢?

双向转发检测(Bidirectional Forwarding Detection,BFD)正是为了解决这类问题而被设计出来的一种技术,它提供了一个通用的、标准化的、介质和协议无关的快速故障检测机制,恢复时间是毫秒级。

BFD 可以和很多协议绑定使用,提供快速的检测机制,如图 14.3 所示。

图 14.3 BFD 应用范围

14.1　BFD 工作原理

BFD 是一个简单的 Hello 协议,和路由协议的邻居检测相似,周期性将报文发送给邻居,如果没有及时收到邻居报文就可以判断邻居出现故障。不同的是,路由协议通常每隔 10s 发送一个 Hello,而 BFD 报文发送间隔极短,可以是每 10ms 发送一个,如图 14.4 所示。

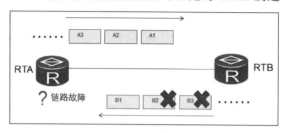

图 14.4　BFD 工作原理

BFD 的工作过程可以分为 3 步,如图 14.5 所示。

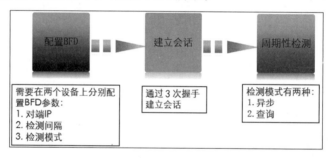

图 14.5　BFD 工作过程

（1）配置 BFD：BFD 不能自动发现邻居,需要手动配置邻居 IP 和相关参数。

（2）建立会话：两个设备配置完成后,就开始尝试建立会话,与 TCP 类似,需要经过 3 次握手。

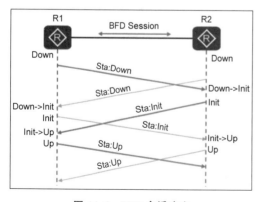

图 14.6　BFD 会话建立

（3）周期性检测：会话建立完成后,开始周期性检测邻居是否正常工作。

BFD 会话建立过程如图 14.6 所示,BFD 报文里面有个 State 字段,此字段用于标识当前状态,通过这个字段实现 3 次握手。

（1）最开始是 Down 状态,将 State＝Down 发送给对方。

（2）收到对方 State ＝ Down 报文后,本地 Down 转换为 Init,然后将 State ＝ Init 发送给对方。

（3）收到对方 State ＝ Init 报文后,本地 Init 转换为 Up,然后将 State ＝ Up 发送给对方。

（4）收到对方 State ＝ Up 报文后,会话建立完成。

不管处于哪个阶段都有一个定时器,如果长时间没有收到对方的 BFD 握手报文,就会返回 Down 状态。

会话建立完成后就开始 BFD 检测,BFD 检测有两种工作模式。

（1）异步模式,如图 14.7 所示,双方周期性地发送 BFD 报文,如果没有及时收到对方的报文就可以判断对方故障。

（2）查询模式,如图 14.8 所示,双方不需要周期性地发送 BFD 报文,只有在需要验证连接性时才发送。连续发送多个 BFD 控制报文,对方进行回应,如果在规定时间内没有收到回应报文就可以判断对方发生故障。

图 14.7　BFD 异步模式

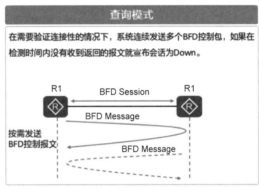

图 14.8　BFD 查询模式

在实际应用中,异步模式使用较多,双方周期性地发送 BFD 报文,以便及时检测链路故障,并通告给 BFD 所绑定的协议。除了这两种模式外,BFD 还有一种回声模式。

在两台直接相连的设备中,其中一台支持 BFD 功能（R1）,另外一台设备不支持 BFD 功能（R2）。为了快速检测这两台设备之间的状态,可以在 R1 上创建回声功能的 BFD 会话,R1 发起回声请求（发出特殊的 BFD 报文,IP 头中的源和目的 IP 都是本端设备的 IP 地址,BFD 协议报文中的 My Discriminator 和 Your Discriminator 相同）,R2 收到后直接环回,如图 14.9 所示。

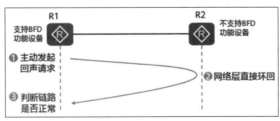

图 14.9　BFD 回声功能

BFD 报文封装在 UDP 中,报文格式如图 14.10 所示。

0		7								23		31
Vers	Diag		Sta	P	F	C	A	D	R	Detect Mult	Length	
My Discriminator												
Your Discriminator												
Desired Min TX Interval												
Required Min RX Interval												
Required Min Echo RX Interval												
Auth Type			Auth Len				Authentication Data...					

图 14.10　BFD 报文格式

Vers:协议版本号,填 1。

Diag:本地会话最后一次 Up 状态转换到其他状态的原因,用于故障诊断。取值含义如表 14.1 所示。

表 14.1　Diag 字段含义

取　值	含　　义	取　值	含　　义
0	正常	5	链路故障
1	超时	6	关联链路故障
2	回声功能失败	7	控制方故障
3	邻居会话断开	8	调换关联链路故障
4	转发平面重置	9~31	预留未用

Sta:BFD 当前状态,0 表示 AdminDown,1 表示 Down,2 表示 Init,3 表示 Up。

Poll(P):1 表示发送方请求进行连接确认,或者参数改变的确认;0 表示发送方不请求确认。

Final(F):1 表示发送方响应一个接收到 P 置 1 的 BFD 控制报文,0 表示不响应。

Control Plane Independent(C):1 表示发送方的 BFD 不在控制平面传输,而是在转发平面传输;0 表示 BFD 报文在控制平面传输。

Authentication Present(A):是否使用认证,1 表示使用认证;0 表示不使用认证。与后面的 Auth Type、Auth Len 参数配合使用。

Demand(D):1 表示发送方希望使用查询模式;0 表示发送方不能使用查询模式。

Reserved(R):保留位,置 0。

Detect Mult:检测时间倍数,即多少个周期没有收到对方报文后判断对方故障。

Length:BFD 控制报文的长度,单位为字节。

My Discriminator:发送方产生的唯一非 0 值,用来区分不同的 BFD 会话。

Your Discriminator:如果没收到就填 0。

Desired Min TX Interval:发送方发送 BFD 的最小时间间隔,单位为毫秒。

Required Min RX Interval：发送方能支持接收的最小时间间隔，单位为毫秒。

Required Min Echo RX Interval：发送方能支持接收两个 BFD 回声报文的间隔，单位为毫秒，如果置为 0，则表示不支持接收 BFD 回声报文。

Auth Type：BFD 控制报文使用的认证类型。

Auth Len：认证字段的长度，包括 Type＋Len＋Data。

Auth Data：认证密码。

BFD 会话检测时长由 TX(Desired Min TX Interval)、RX(Required Min RX Interval)、DM(Detect Mult)这 3 个参数决定。

本地 BFD 最小发送时间间隔(LT) = MAX｛本地 TX,对端 RX｝

本地 BFD 最小接收时间间隔(LR) = MAX｛对端 TX,本地 RX｝

BFD 报文的发送和接收间隔由 BFD 协商决定，要考虑两边设备的能力，取最大值。

异步模式下：

本地 BFD 检测时间（判断故障所需的时间）= LR× 对端配置的 DM(检测次数)

查询模式下：

本地 BFD 检测时间（判断故障所需的时间）= LR× 本地配置的 DM(检测次数)

R1、R2 的参数如图 14.11 所示，协商后的 BFD 参数计算如下：

R1 本地 TX＝MAX｛100,50｝ = 100ms

R1 本地 RX＝MAX｛200,150｝ = 200ms

R2 本地 TX＝MAX｛150,200｝ = 200ms

R2 本地 RX＝MAX｛50,100｝ = 100ms

图 14.11　参数协商

异步模式下：

R1 的故障检测时间＝200×4＝800ms

R2 的故障检测时间＝100×3＝300ms

查询模式下：

R1 的故障检测时间＝200×3＝600ms

R2 的故障检测时间＝100×4＝400ms

默认情况下，BFD 的发送间隔和接收间隔都是 1000ms，检测次数为 3 次。也就是说，默认情况下,BFD需要3s时间才能检测到故障。为了让BFD更快检测到故障,通常需要修改发送和接收的时间间隔。

BFD通常使用单跳模式,如图14.12所示,两个直连路由器之间使用BFD会话,两个接口处于同一个网段。单跳模式时UDP端号是3784。

有些情况下还需要使用多跳BFD,如图14.13所示,RTA与RTC之间还有其他路由器,BFD两端的接口使用的IP处于不同网段。多跳模式时UDP的端口号是4784。

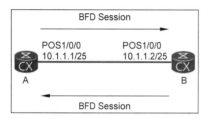

图 14.12 单跳 BFD

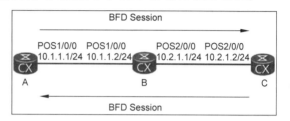

图 14.13 多跳 BFD

14.2 BFD 应用与配置

有 R1、R2、R3、R4 总共 4 个路由器,R1 上有环回口 1.1.1.1,R4 上有环回口 4.4.4.4,如图 14.14 所示。

1.1.1.1 与 4.4.4.4 之间有 2 条路径,配置静态路由,使 R1→R2→R4 是主路径,下面路径 R1→R3→R4 是备份路径,当主路径链路出现故障时,静态路由自动切换到下面那条备份路径,保持 1.1.1.1 和 4.4.4.4 可以继续互相 ping 通。

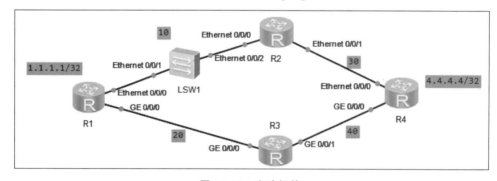

图 14.14 实验拓扑

R1 与 R2 之间有一个交换机,交换机无须做任何配置,直接透传 IP 报文。

当 LSW1 与 R2 之间的链路出现故障时,R1 无法感知故障并切换静态路由;同理,R4 也无法感知这条路径的故障,因此也无法进行切换。

本实验的目的就是要实现 R1、R4 都能感知到 LSW1 与 R2 之间的链路故障,并同时切换报文转发路径,这样才能保证 1.1.1.1 与 4.4.4.4 可以 ping 成功。

实验过程如下：

（1）先配置 R1、R4 主备静态路由，当 LSW1→R2 链路故障时，观察 R1、R4 路由是否发生变化。

（2）在 R1 与 R2 之间配置单跳 BFD，并在 R1 上与静态路由进行绑定，当链路发生故障时观察 R1 上路由的变化。

（3）在 R1 与 R4 之间配置多跳 BFD，并在 R4 上与静态路由进行绑定，当链路发生故障时观察 R4 的路由变化。

配置 R1 各个接口 IP，并配置去往 4.4.4.4 的两条静态路由，第 1 条路径（R1→R2→R4）采用默认优先级（60），第 2 条路径（R1→R3→R4）将优先级修改为 100。查看路由表发现当前生效的是第 1 条路径，下一跳是 10.0.0.2，如图 14.15 所示。

```
[Huawei]interface loopback 0
[Huawei-LoopBack0]ip add 1.1.1.1 32
[Huawei-LoopBack0]interface e0/0/0
[Huawei-Ethernet0/0/0]ip add 10.0.0.1 24
[Huawei-Ethernet0/0/0]interface ge0/0/0
[Huawei-GigabitEthernet0/0/0]ip add 20.0.0.1 24
[Huawei-GigabitEthernet0/0/0]quit
[Huawei]ip route-static 4.4.4.4 32 10.0.0.2
[Huawei]ip route-static 4.4.4.4 32 20.0.0.2 preference 100
[Huawei]display ip routing-table
Route Flags: R - relay, D - download to fib
------------------------------------------------------------------
Routing Tables: Public
        Destinations : 8        Routes : 8

Destination/Mask    Proto    Pre   Cost     Flags NextHop         Interface

       1.1.1.1/32   Direct   0     0          D   127.0.0.1       LoopBack0
       4.4.4.4/32   Static   60    0          RD  10.0.0.2        Ethernet0/0/0
      10.0.0.0/24   Direct   0     0          D   10.0.0.1        Ethernet0/0/0
      10.0.0.1/32   Direct   0     0          D   127.0.0.1       Ethernet0/0/0
      20.0.0.0/24   Direct   0     0          D   20.0.0.1        GigabitEthernet0/0/0
      20.0.0.1/32   Direct   0     0          D   127.0.0.1       GigabitEthernet0/0/0
```

图 14.15　配置 R1

配置 R2 的接口 IP，并配置来回两个方向的静态路由，确保两个方向的 ping 报文可以正常转发，如图 14.16 所示。

配置 R3 的接口 IP，并配置来回两个方向的静态路由，确保两个方向的 ping 报文可以正常转发，如图 14.17 所示。

```
[Huawei]interface e0/0/0
[Huawei-Ethernet0/0/0]ip add 10.0.0.2 24
[Huawei-Ethernet0/0/0]interface e0/0/1
[Huawei-Ethernet0/0/1]ip add 30.0.0.1 24
[Huawei-Ethernet0/0/1]quit
[Huawei]ip route-static 4.4.4.4 32 30.0.0.2
[Huawei]ip route-static 1.1.1.1 32 10.0.0.1
```

图 14.16　配置 R2

```
[Huawei]interface ge0/0/0
[Huawei-GigabitEthernet0/0/0]ip add 20.0.0.2 24
[Huawei-GigabitEthernet0/0/0]interface ge0/0/1
[Huawei-GigabitEthernet0/0/1]ip add 40.0.0.1 24
[Huawei-GigabitEthernet0/0/1]quit
[Huawei]ip route-static 4.4.4.4 32 40.0.0.2
[Huawei]ip route-static 1.1.1.1 32 20.0.0.1
```

图 14.17　配置 R3

配置 R4 各个接口 IP，并配置去往 1.1.1.1 的两条静态路由。和 R1 类似，R1→R2→R4 这条路径的优先级默认为 60，R1→R3→R4 这条路径的优先级为 100，如图 14.18 所示，因此默认情况下，ping 报文的来回两个方向都走 R1→R2→R4 这条路径。

```
[Huawei]interface e0/0/0
[Huawei-Ethernet0/0/0]ip add 30.0.0.2 24
[Huawei-Ethernet0/0/0]interface g0/0/0
[Huawei-GigabitEthernet0/0/0]ip add 40.0.0.2 24
[Huawei-GigabitEthernet0/0/0]interface loopback 0
[Huawei-LoopBack0]ip add 4.4.4.4 32
[Huawei-LoopBack0]quit
[Huawei]ip route-static 1.1.1.1 32 30.0.0.1
[Huawei]ip route-static 1.1.1.1 32 40.0.0.1 preference 100
```

图 14.18　配置 R4

在 R1→R2→R4 路径上任意一点进行抓包,然后在 R1 上使用命令 ping -a 1.1.1.1 4.
4.4.4(-a 参数指定了 ping 报文的源 IP,不指定默认使用接口 IP 10.0.0.1,但是 R2 上没有
配置这个路由,回程报文将不能被正常转发),ping 成功,如图 14.19 所示。

```
<Huawei>ping -a 1.1.1.1 4.4.4.4
  PING 4.4.4.4: 56  data bytes, press CTRL_C to break
    Reply from 4.4.4.4: bytes=56 Sequence=1 ttl=254 time=110 ms
    Reply from 4.4.4.4: bytes=56 Sequence=2 ttl=254 time=90 ms
    Reply from 4.4.4.4: bytes=56 Sequence=3 ttl=254 time=100 ms
    Reply from 4.4.4.4: bytes=56 Sequence=4 ttl=254 time=80 ms
    Reply from 4.4.4.4: bytes=56 Sequence=5 ttl=254 time=60 ms
```

图 14.19　ping 测试

将 LSW1→R2 链路删除,模拟链路故障,如图 14.20 所示。

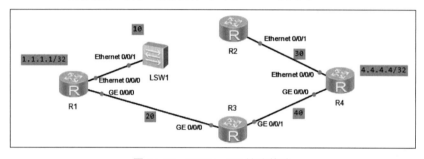

图 14.20　LSW1→R2 链路故障

查询 R1 和 R4 的路由表,如图 14.21 所示,R1、R4 路由表没有任何变化,还是走 R1→
R2→R4 这条路径。

```
[R1]display ip routing-table
Route Flags: R - relay, D - download to fib
------------------------------------------------------------
Routing Tables: Public
        Destinations : 8       Routes : 8

Destination/Mask    Proto   Pre  Cost      Flags NextHop          Interface

        1.1.1.1/32  Direct  0    0          D    127.0.0.1        LoopBack0
        4.4.4.4/32  Static  60   0          RD   10.0.0.2         Ethernet0/0/0

[R4]display ip routing-table
Route Flags: R - relay, D - download to fib
------------------------------------------------------------
Routing Tables: Public
        Destinations : 8       Routes : 8

Destination/Mask    Proto   Pre  Cost      Flags NextHop          Interface

        1.1.1.1/32  Static  60   0          RD   30.0.0.1         Ethernet0/0/0
        4.4.4.4/32  Direct  0    0          D    127.0.0.1        LoopBack0
```

图 14.21　R1、R4 路由表

此时从 R1 上 ping R4 失败,如图 14.22 所示。

```
[R1]ping -a 1.1.1.1 4.4.4.4
  PING 4.4.4.4: 56  data bytes, press CTRL_C to break
    Request time out
    Request time out
    Request time out
    Request time out
    Request time out

  --- 4.4.4.4 ping statistics ---
    5 packet(s) transmitted
    0 packet(s) received
    100.00% packet loss
```

图 14.22 ping 测试

为了让 R1 上的静态路由能感知到链路状态的变化,在 R1、R2 之间配置 BFD,并与静态路由绑定,如图 14.23 所示,创建一个名字为 test 的 BFD 会话,并与静态路由绑定,当 BFD 会话失败时,会告知静态路由,相应地,这条静态路由就会转换为失效状态,备份静态路由开始工作。

```
[R1]bfd
[R1-bfd]bfd test bind peer-ip 10.0.0.2 interface e0/0/0
[R1-bfd-session-test]discriminator local 1
[R1-bfd-session-test]discriminator remote 2
[R1-bfd-session-test]commit
[R1-bfd-session-test]quit
[R1]ip route-static 4.4.4.4 32 10.0.0.2 track bfd-session test
Info: Succeeded in modifying route.
[R2]bfd
[R2-bfd]bfd test bind peer-ip 10.0.0.1 interface e0/0/0
[R2-bfd-session-test]discriminator local 2
[R2-bfd-session-test]discriminator remote 1
[R2-bfd-session-test]commit
[R2-bfd-session-test]quit
```

图 14.23 配置 R1→R2 的 BFD

恢复 LSW1→R2 之间的链路,在 R1 上查看 BFD 会话情况,如图 14.24 所示。可以看到 BFD 会话建立成功,属于 One Hop(单跳)BFD,Up 状态,并可以看到 BFD 的所有参数。

```
[R1]display bfd session all verbose
--------------------------------------------------------------------------
Session MIndex : 256      (One Hop) State : Up        Name : test
--------------------------------------------------------------------------
  Local Discriminator    : 1            Remote Discriminator    : 2
  Session Detect Mode    : Asynchronous Mode Without Echo Function
  BFD Bind Type          : Interface(Ethernet0/0/0)
  Bind Session Type      : Static
  Bind Peer IP Address   : 10.0.0.2
  NextHop Ip Address     : 10.0.0.2
  Bind Interface         : Ethernet0/0/0
  FSM Board Id           : 0            TOS-EXP                 : 7
  Min Tx Interval (ms)   : 1000         Min Rx Interval (ms)    : 1000
  Actual Tx Interval (ms): 1000         Actual Rx Interval (ms) : 1000
  Local Detect Multi     : 3            Detect Interval (ms)    : 3000
  Echo Passive           : Disable      Acl Number              : -
  Destination Port       : 3784         TTL                     : 255
  Proc Interface Status  : Disable      Process PST             : Disable
  WTR Interval (ms)      : -            Local Demand Mode       : Disable
  Active Multi           : 3
  Last Local Diagnostic  : No Diagnostic
  Bind Application       : No Application Bind
  Session TX TmrID       : 1034         Session Detect TmrID    : 1035
  Session Init TmrID     : -            Session WTR TmrID       : -
  Session Echo Tx TmrID  : -
  PDT Index              : FSM-0 | RCV-0 | IF-0 | TOKEN-0
  Session Description    : -
--------------------------------------------------------------------------
```

图 14.24 R1 上查看 BFD 会话

此时再将 LSW1→R2 这条链路删掉，会看到 R1 上的路由切换到了备份路由，如图 14.25 所示，去往 4.4.4.4 的下一跳变成 20.0.0.2，优先级是 100。

```
[R1]display ip routing-table
Route Flags: R - relay, D - download to fib
------------------------------------------------------------------
Routing Tables: Public
         Destinations : 8        Routes : 8

Destination/Mask    Proto   Pre  Cost       Flags NextHop          Interface

     1.1.1.1/32     Direct  0    0          D     127.0.0.1        LoopBack0
     4.4.4.4/32     Static  100  0          RD    20.0.0.2         GigabitEthernet0/0/0
```

图 14.25　静态路由切换

查看 R4 的路由表状态，如图 14.26 所示，R4 路由表没有变化，ping 的回程报文还是走 R1→R2→R4 路径，此时 LSW1→R2 之间的链路已经发生故障，回程报文丢失，ping 还是会失败。

```
[R4]display ip routing-table
Route Flags: R - relay, D - download to fib
------------------------------------------------------------------
Routing Tables: Public
         Destinations : 8        Routes : 8

Destination/Mask    Proto   Pre  Cost       Flags NextHop          Interface

     1.1.1.1/32     Static  60   0          RD    30.0.0.1         Ethernet0/0/0
     4.4.4.4/32     Direct  0    0          D     127.0.0.1        LoopBack0
```

图 14.26　查看 R4 的路由表

为了让 R4 也能感知到链路故障，此时必须配多跳 BFD，在 R1、R4 之间配置 BFD，并在 R4 上与静态路由进行绑定。

多跳 BFD 使用接口 IP 作为会话的两端，因此还需要在 R1、R4 上添加双方接口 IP 的静态路由，先保证 IP 可达，这样才可以建立 BFD 会话，如图 14.27 所示。

如图 14.28 所示，在 R1、R4 上配置名字为 test-remote 的 BFD 会话。

```
[R1]bfd test-remote bind peer-ip 30.0.0.2
[R1-bfd-session-test-remote]discriminator local 10
[R1-bfd-session-test-remote]discriminator remote 20
[R1-bfd-session-test-remote]commit
[R1-bfd-session-test-remote]quit
[R4]bfd
[R4-bfd]quit
[R4]bfd test-remote bind peer-ip 10.0.0.1
[R4-bfd-session-test-remote]discriminator local 20
[R4-bfd-session-test-remote]discriminator remote 10
[R4-bfd-session-test-remote]commit
[R4-bfd-session-test-remote]quit
```

图 14.28　配置多跳 BFD

```
[R1]ip route-static 30.0.0.0 24 10.0.0.2
[R4]ip route-static 10.0.0.0 24 30.0.0.1
```

图 14.27　多跳 BFD 的静态路由

恢复 LSW1→LR2 的链路，在 R4 上查看 BFD 会话状态，如图 14.29 所示，这是一个 Multi Hop(多跳)BFD，状态 Up。

在 R4 上将 BFD 与静态路由进行绑定，如图 14.30 所示。

删除 LSW1→R2 的链路，然后观察 R4 的路由表变化，如图 14.31 所示。

```
[R4]display bfd session all verbose
--------------------------------------------------------------------------------
Session MIndex : 256       (Multi Hop) State : Up        Name : test-remote
--------------------------------------------------------------------------------
  Local Discriminator    : 20          Remote Discriminator   : 10
  Session Detect Mode    : Asynchronous Mode Without Echo Function
  BFD Bind Type          : Peer IP Address
  Bind Session Type      : Static
  Bind Peer IP Address   : 10.0.0.1
  Bind Interface         : -
  Track Interface        : -
  FSM Board Id           : 0           TOS-EXP                : 7
  Min Tx Interval (ms)   : 1000        Min Rx Interval (ms)   : 1000
```

图 14.29　查看 BFD 状态

```
[R4]ip route-static 1.1.1.1 32 30.0.0.1 track bfd-session test-remote
Info: Succeeded in modifying route.
```

图 14.30　将 BFD 绑定到静态路由

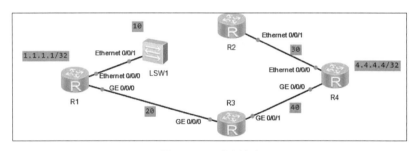

图 14.31　删除链路

发现 R4 的路由表中去往 1.1.1.1 的路由优先级变成了 100,下一跳是 40.0.0.1,完成了备份路由切换,如图 14.32 所示。

```
[R4]display ip routing-table
Route Flags: R - relay, D - download to fib
--------------------------------------------------------------------------------
Routing Tables: Public
        Destinations : 9       Routes : 9

Destination/Mask   Proto   Pre  Cost    Flags NextHop         Interface

       1.1.1.1/32  Static  100  0         RD  40.0.0.1        GigabitEthernet0/0/0
       4.4.4.4/32  Direct  0    0          D  127.0.0.1       LoopBack0
```

图 14.32　静态路由切换

此时在 R1→R3→R4 这条路径上的任意点抓包,然后从 R1 ping R4,如图 14.33 所示,可以看出 ping 成功。

```
[R1]ping -a 1.1.1.1 4.4.4.4
  PING 4.4.4.4: 56  data bytes, press CTRL_C to break
    Reply from 4.4.4.4: bytes=56 Sequence=1 ttl=254 time=50 ms
    Reply from 4.4.4.4: bytes=56 Sequence=2 ttl=254 time=40 ms
    Reply from 4.4.4.4: bytes=56 Sequence=3 ttl=254 time=70 ms
    Reply from 4.4.4.4: bytes=56 Sequence=4 ttl=254 time=50 ms
    Reply from 4.4.4.4: bytes=56 Sequence=5 ttl=254 time=50 ms

  --- 4.4.4.4 ping statistics ---
    5 packet(s) transmitted
    5 packet(s) received
    0.00% packet loss
    round-trip min/avg/max = 40/52/70 ms
```

图 14.33　ping 成功

抓包可以看到 ping 两个方向的报文,如图 14.34 所示。

1 0.000000	1.1.1.1	4.4.4.4	ICMP	Echo (ping) request	(id=0xdbab, seq(be/le)=256/1, ttl=255)	
2 0.047000	4.4.4.4	1.1.1.1	ICMP	Echo (ping) reply	(id=0xdbab, seq(be/le)=256/1, ttl=254)	
3 0.515000	1.1.1.1	4.4.4.4	ICMP	Echo (ping) request	(id=0xdbab, seq(be/le)=512/2, ttl=255)	
4 0.562000	4.4.4.4	1.1.1.1	ICMP	Echo (ping) reply	(id=0xdbab, seq(be/le)=512/2, ttl=254)	
5 1.047000	1.1.1.1	4.4.4.4	ICMP	Echo (ping) request	(id=0xdbab, seq(be/le)=768/3, ttl=255)	
6 1.094000	4.4.4.4	1.1.1.1	ICMP	Echo (ping) reply	(id=0xdbab, seq(be/le)=768/3, ttl=254)	
7 1.562000	1.1.1.1	4.4.4.4	ICMP	Echo (ping) request	(id=0xdbab, seq(be/le)=1024/4, ttl=255)	
8 1.594000	4.4.4.4	1.1.1.1	ICMP	Echo (ping) reply	(id=0xdbab, seq(be/le)=1024/4, ttl=254)	
9 2.078000	1.1.1.1	4.4.4.4	ICMP	Echo (ping) request	(id=0xdbab, seq(be/le)=1280/5, ttl=255)	
10 2.125000	4.4.4.4	1.1.1.1	ICMP	Echo (ping) reply	(id=0xdbab, seq(be/le)=1280/5, ttl=254)	

图 14.34　抓包分析

此时再恢复 LSW1→R2 的链路,业务是否会切换回去? 可以自己做实验验证一下。

为了更全面地演示,本实验中配置了一个单跳 BFD 和一个多跳 BFD,实际上只需配置一个多跳 BFD 就可以了,R1、R4 上面都用这个 BFD 会话进行绑定就可以实现静态路由的切换。

14.3　小结

本章介绍了 BFD 的应用场景,BFD 可以快速检测故障并通知相应的协议尽快恢复业务。接着介绍了 BFD 的工作过程,配置完成后需要经过 3 次握手建立会话,然后开始周期性检测。BFD 工作模式有异步模式、查询模式和回声模式,其中异步模式用得最多。

然后又详细介绍了 BFD 协议的结构和检测时间的计算机制,最后结合一个实例具体介绍了 BFD 的配置和实现过程。

进　阶　篇

第 15 章

IGP 进阶特性

前面 Core 部分有专门章节详细介绍了 IGP 的工作原理和相关配置,实际应用中在特定场景下还有一些特殊配置。本章将介绍一些特定场景下的进阶特性。

IGP 指的是内部网关协议,主要有 OSPF、IS-IS、RIP,现在 RIP 基本不用,同时 OSPF、IS-IS 协议很相似,因此本章主要介绍 OSPF 的几个进阶特性。

这些进阶特性包括以下几方面:
(1)加速网络收敛技术。
(2)缺省路由。
(3)数据库超限。
(4)转发地址。

15.1 加速网络收敛技术

OSPF、IS-IS 的工作原理类似,都是先泛洪网络状态,然后统一存放在 LSDB 中,最后在 LSDB 的基础上进行计算得到路由表。

网络的每次变化都会引起 LSDB 更新,然后重新计算路由表,在 LSDB 规模比较大时,如果网络的某条链路接触不良,则会导致 LSDB 一直刷新,然后所有路由器不停计算路由表,这样便会消耗大量的路由器资源。

为了解决这个问题,OSPF 引入了部分路由计算 (Partial Route Calculation,PRC)和智能定时器功能。

1. PRC

PRC 工作原理是当网络上的路由发生变化时,只对发生变化的路由进行重新计算,计算时不计算节点路径,而是根据 SPF 算法算出来的最短路径树来更新路由。

R5 新增一个环回口,如图 15.1 所示,全网泛洪新增 LSA,R1 在计算去往这个新增叶子网段时会在原有的路径上直接在 R5 添加一个叶节点,而不是重新计算一遍

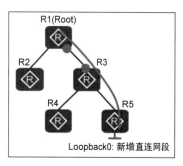

图 15.1　新增叶节点

LSDB。

在华为设备上,默认开启了 RPC 功能。

2. 智能定时器

智能定时器用来抑制 LSA 产生的速度。在网络稳定的状态下,路由器很少会产生新的 LSA,但是如果链路出现异常(如接触不良),就会频繁产生新的 LSA。

为了减少异常情况对网络的影响,可以使用智能定时器进行抑制。智能定时器的配置如下:

```
[huawei-ospf-1]lsa-originate-interval { 0 | { intelligent-timer max-interval start-interval hold-interval }}
```

粗体部分是命令字:

lsa-originate-interval 用于设置 LSA 产生的间隔;

intelligent-timer 用于设置智能定时器参数。

缺省情况下,发送 LSA 智能定时器的配置参数如下。

max-interval:最长间隔时间,默认值为 5000ms,取值范围为 1~120 000ms。

start-interval:初始间隔时间,默认值为 500ms,取值范围为 0~60 000ms。

hold-interval:基数间隔时间,默认值为 1000ms,取值范围为 1~60 000ms。

智能定时器工作过程如下:

(1) 第 1 次产生 LSA,500ms(start-interval)后发出去。

(2) 第 n 次(n≥2)更新 LSA 的时间间隔是 hold-interval$\times 2^{n-1}$,如第 2 次产生 LSA 时,$1000 \times 2^{2-1} = 2000$ms,2000ms 后才能发出去,第 3 次是 4000ms。

(3) 第 4 次是 8000ms,超过了最长间隔时间 5000ms(max-interval),此时保持 5000ms 的间隔。第 5、第 6 次都是 5000ms,也就是说超过最长间隔时,连续使用最长间隔 3 次。

(4) 保持 3 次最长间隔后,返回步骤(1)重新开始。

这样可以保证最初的 LSA 得到及时发送,后面不正常的 LSA 刷新被抑制。

也可以使用命令修改智能定时器,例如将初始间隔改成 100ms,基数间隔保持 1000ms,最长间隔改成 10 000ms,使用的命令如下:

```
[huawei-ospf-1]lsa-originate-interval intelligent-timer 10000 100 1000
```

如果网络很稳定,不需要定时器,则可以将之关闭,使用的命令如下:

```
[huawei-ospf-1]lsa-originate-interval 0
```

还可以设置 LSA 的接收间隔时间,避免被其他异常的路由器影响,配置命令和工作原理与发送 LSA 的定时器类似:

```
[huawei-ospf-1]lsa-arrival-interval {interval | { intelligent-timer max-interval start-interval hold-interval }}
```

interval：取值 0～10000，单位为毫秒。

缺省情况下，接收 LSA 智能定时器的配置参数如下。

max-interval：最长间隔时间，默认值为 1000ms，取值范围为 1～120 000ms。

start-interval：初始间隔时间，默认值为 500ms，取值范围为 0～60 000ms。

hold-interval：基数间隔时间，默认值为 500ms，取值范围为 1～60 000ms。

除了抑制 LSA 发送和接收频率之外，还可以设置 LSDB 的计算频率，用的也是智能定时器，配置命令如下：

```
[huawei-ospf-1]spf-schedule interval{interval| {intelligent-timer max-interval start-interval hold-interval }}
```

使用智能定时器从多个维度抑制网络振荡对路由器的影响：

PRC 可以减少路由计算量，从而加快了网络收敛速度。智能定时器可以减少路由计算频率，减少不必要的资源消耗。下面再介绍两个加速网络收敛的技术：FRR、BFD 联动。

3. 快速重路由

S 与 R1 路由器之间存在两条路径，如图 15.2 所示，分别是 S→R1、S→N→R1，因为 S→R1 这条路径的 Cost 更小，因此 OSPF 选中这条路径转发去往路由器 D 的流量。

假如 S→R1 路径上链路出现故障，则 S 路由器需要重新计算 LSDB，得到新的路由表才能指导流量走 S→N→R1 这条路径，计算过程会产生一定的延时。

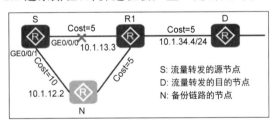

图 15.2　路径备份

能不能在链路故障后快速切换路径呢？答案是肯定的，快速重路由（Fast Reroute，FRR）技术就是为了实现这一功能。

开启 FRR 功能后，当前路由器就会提前计算好备份路由，当主路由不可用时，快速切换到备份路由。使用以下命令使能路由器的 FRR 功能：

```
[huawei-ospf-1]frr
[huawei-ospf-1-frr]loop-free-alternate
```

在 S 路由器上查询去往 10.1.34.4 的路由信息，如图 15.3 所示，可以看到备份路由。

4. OSPF 与 BFD 联动

两台 OSPF 路由器如果直连，在中间没有任何其他设备的情况下，链路故障则会被快速检测到，并发出 LSA 更新路由，但是如果路由器之间有其他设备，此时链路故障就无法被直接检测到，只能用 Hello 机制来发现故障。

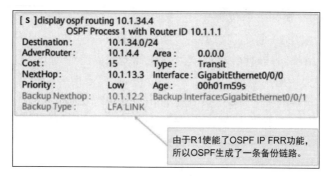

图 15.3 备份路由

R1、R2 之间有交换机 SW1、SW2,如图 15.4 所示,R1、R2 无法感知到交换机之间的链路故障,只能等 Hello 报文超时才会发现邻居发生故障。在 Hello 报文 10s 发一次的情况下,路由器 40s 后才会发现 OSPF 邻居发生故障。

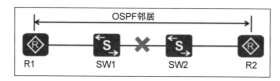

图 15.4 非直连 OSPF 邻居

为了加速网络收敛,可以将 OSPF 和 BFD 进行联动,如图 15.5 所示,先在全局模式下使能 BFD,然后在 OSPF 模式下使能 BFD,并配置 BFD 参数。此外,还可以到接口模式下针对某个接口配置 BFD 参数。

```
[Huawei]bfd
[Huawei-bfd]quit
[Huawei]ospf
[Huawei-ospf-1]bfd all-interface enable
[Huawei-ospf-1]bfd all-interface ?
  detect-multiplier  Specify the detect multiplier
  enable             Enable BFD
  frr-binding        Configure BFD binding link status for Auto FRR
  min-rx-interval    Specify the minimum receive interval
  min-tx-interval    Specify the minimum transmit interval

[Huawei-ospf-1]bfd all-interface min-rx-interval 100 min-tx-interval 100 detect-
multiplier 3 frr-binding
[Huawei-ospf-1]quit
[Huawei]interface ge0/0/0
[Huawei-GigabitEthernet0/0/0]ospf bfd enable
[Huawei-GigabitEthernet0/0/0]ospf bfd ?
  block              Disable BFD on this interface
  detect-multiplier  Specify the detect multiplier
  enable             Enable BFD
  frr-binding        Configure BFD binding link status for Auto FRR
  min-rx-interval    Specify the minimum receive interval
  min-tx-interval    Specify the minimum transmit interval

[Huawei-GigabitEthernet0/0/0]ospf bfd
```

图 15.5 OSPF 与 BFD 联动

frr-binding 参数可以将 OSPF BFD 和 FRR 进行绑定,BFD 探测到链路故障后,不仅会触发 LSA 更新,还会触发 FRR,以便及时切换路径。

FRR、BFD 联动技术可以有效地加快网络收敛速度。

15.2 缺省路由

OSPF 可以支持大规模的网络,同时还可以引入外部路由,因此 OSPF 路由器的路由表可能会非常庞大。为了减小路由表的规模,可以通过设置缺省路由,提高路由器的工作效率。

OSPF 通常在以下两种情况会产生缺省路由,如表 15.1 所示。

(1)区域边界路由器(ABR)发布 Type3 LSA,生成缺省路由。

(2)AS 边界路由器(ASBR)发布 Type5 或 Type7 LSA,生成缺省路由。

表 15.1 缺省路由

区域类型	产生条件	发布方式	产生 LSA 类型	泛洪范围
普通区域	配置 default-route-advertise	ASBR 发布	Type5 LSA	普通区域
Stub 与 Totally Stub 区域	自动产生	ABR 发布	Type3 LSA	Stub 区域
NSSA 区域	配置 nssa[default-route-advertise]	ASBR 发布	Type7 LSA	NSSA 区域
Total NSSA 区域	自动产生	ABR 发布	Type3 LSA	NSSA 区域

默认情况下,Stub 区域的 ABR 会自动通过 Type3 LSA 产生缺省路由。其他 OSPF 路由器不会产生缺省路由,即使它本身有缺省路由也不会往外发布。必须手动配置 default-route-advertise 命令后,才会产生一个 Type5 LSA,并通告到所有 OSPF 区域。

ASBR 上可以通过 import-route 引入外部路由,但是不能引入外部的缺省路由,如果需要通告缺省路由,则必须使用 default-route-advertise 命令,手动将缺省路由发布到各个 OSPF 区域。配置命令如图 15.6 所示。

```
[Huawei-ospf-1]default-route-advertise ?
  always                        Always advertise default route
  cost                          OSPF default cost
  permit-calculate-other        Always permit the local router to calculate the
                                default routes advertised by other routers
  route-policy                  Route policy
  summary                       Distribute a default route
  type                          Set OSPF metric type for the default routes
  <cr>
```

图 15.6 配置缺省路由

always:当前路由器直接发布缺省路由,不管自己是否有缺省路由。如果不带这个参数,则当前路由器在自己有缺省路由时才会发布缺省路由。

permit-calculate-other:当前路由仍然计算来自其他设备的缺省路由。

route-policy:发布缺省路由时应用路由策略。

type:外部路由类型,1 表示第一类外部路由;2 表示第二类外部路由。

一个路由器上可能存在以下 3 种默认路由:

（1）手动配置的缺省路由。

（2）Type3 生成的缺省路由。

（3）Type5 或 Type7 生成的缺省路由。

此时路由器应该选用哪一条作缺省路由呢？根据路由优先级，OSPF 的优先级（10）大于静态路由优先级（60），同时 Type3 产生的缺省路由的优先级高于 Type5 或 Type7 产生的缺省路由，因此 Type3 产生的缺省路由的优先级最高，手动配置的优先级最低。

15.3　数据库超限

当 OSPF 网络规模过于庞大时，对于一些性能较低的路由器，可以设置 Stub/NSSA 区域，减少路由条目的数量，但是如果当前路由器就是 ASBR，就算处于 NSSA 区域中，还有可能路由条目过多。

为了避免路由条目过多，导致路由器负担过重，可以强制设置 LSDB 的 LSA 条目的数量，如图 15.7 所示，设置 LSDB 的数量限制，最小 1 条，最大 100 万条。

```
[Huawei-ospf-1]lsdb-overflow-limit ?
  INTEGER<1-1000000>  Overflow limit value
```

图 15.7　配置 LSDB 条目数量

设置了 LSDB 上限之后，如果 LSDB 条目超过了上限值，就会进入过载状态，如图 15.8 所示，进入 Overflow 状态时，删除自己产生的非缺省外部路由，并启动 5s 定时器。当处于 Overflow 状态时，不再接收外部非缺省路由，5s 定时器超时后再看是否超过上限，如果没有超过，则退出 Overflow 状态。

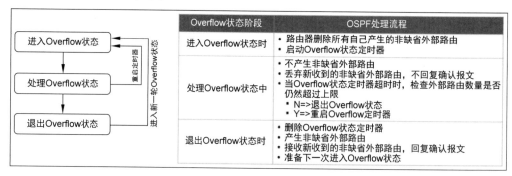

图 15.8　过载处理过程

15.4　转发地址

Type5 AS-External-LSA 和 Type7 NSSA LSA 中有一个转发地址（Forwarding Address，FA）字段，如图 15.9 所示，这个字段是做什么用的呢？

图 15.9　FA 字段

通常情况下,FA 的值是 0.0.0.0,去往 AS 外部的数据包发给 ASBR 就完成任务了,但是有一种场景,FA 值不为 0.0.0.0 。

R2、R3、R4 运行 OSPF,R1、R2、R3 通过交换机连在一起,处在同一个网段,但是 R1 不运行 OSPF,如图 15.10 所示。

此时 R2 配置了去往 10.1.1.1 的静态路由,并引入 OSPF,R3、R4 通过 R2 学习到 10.1.1.1,因此 R4 当有报文去往 10.1.1.1 时,走的路径是 R4→R3→R2→R1,实际上最优路径应该是 R4→R3→R1,报文走的是次优路径。

为了解决次优路径的问题,R2 在发出的 Type5 LSA 中,将 FA 的值填为自己到达目标地址(10.1.1.1)的下一跳:10.1.123.1。

R3 收到该 LSA 后,发现 FA 值非 0,是 10.1.123.1,与自己的 GE0/0/1 接口(10.1.123.3)处于同一个网段,因此在转发业务报文时,直接将报文交给 10.1.123.1。新的路径如图 15.11所示。

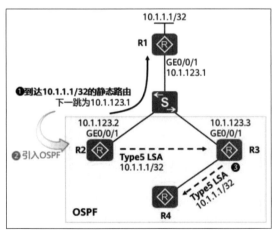

图 15.10　次优路径

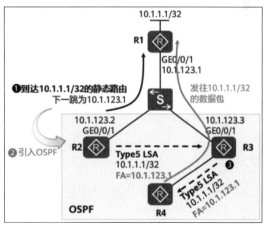

图 15.11　最优路径

FA 值通常置 0.0.0.0,只有满足以下条件时才会填入非 0 值:

(1) ASBR 在外部路由的出接口上激活了 OSPF。

（2）该接口没有被配置为 silent-interface。

（3）该接口的 OSPF 网络类型为 Broadcast 或 NBMA。

（4）该接口的 IP 地址在 OSPF 配置的 Network 命令指定的网段范围内。

15.5 小结

本章介绍了 OSPF 在特殊场景中需要配置的一些特性，包括 PRC、智能定时器、FRR、BFD 联动、缺省路由、LSDB 数据库超限、FA 参数。

这些进阶特性的主要目的是加快网络收敛速度、减少路由器的消耗、提高路由器的工作性能、提高转发效率。

在实际应用中可能还会用到其他的一些特性，具体的说明可以参考华为路由器产品手册。

第 16 章

BGP 进阶特性

大型网络中通常需要部署 BGP,相比于 IGP,BGP 拥有更灵活的路由控制能力。每条 BGP 路由都可以携带多个属性,可以针对属性进行路由筛选、路由属性修改等动作,实现精准的路由控制。

本章将介绍几个常用的 BGP 进阶特性,包括 AS_Path Filter、Community Filter、出口路由过滤(Outbound Route Filtering,ORF)、BGP 安全性。

16.1 正则表达式

AS_Path Filter 与 Community Filter 都需要用到正则表达式,正则表达式是按照一定的模板来匹配字符串的公式,由普通字符和特殊字符组成。

普通字符:大小写字母、数字、标点符号及一些特殊符号,如()、@、♯等。

特殊字符:位于普通字符之前或之后,用来匹配复杂的字符串。

常用的正则表达式中的特殊字符的含义如表 16.1 所示。

表 16.1　特殊字符的含义

特殊字符		含　　义	举　　例
类型 1	.	匹配任意单个的字符,包括空格	0.0 匹配 0x0、020、……
	^	匹配一个字符串的开始	^10 匹配 10.1.1.1,不匹配 20.1.1.1
	$	匹配一个字符串的结束	1$ 匹配 10.1.1.1,不匹配 10.1.1.2
	|	逻辑或	100|200 匹配 100 或者 200
	\	转义字符,将特殊字符转换为普通字符	\ $ 匹配 $
类型 2	*	匹配前面的子正则表达式 0 次或多次	10 * 匹配、1、10、100、…… (10) * 匹配空、10、1010、101010、……
	+	匹配前面的子正则表达式 1 次或多次	10＋匹配 10、100、1000、…… (10)＋匹配 10、1010、101010、……
	?	匹配前面的子正则表达式 0 次或 1 次	10? 匹配 1 或 10 (10)? 匹配空或 10

续表

特殊字符		含义	举例
类型3	［xyz］	匹配正则表达式中包含的任意一个字符	［123］匹配 255 中的 2
	［^xyz］	匹配正则表达式中未包含的字符	［^123］匹配 123 之外的任何字符
	［a-z］	匹配正则表达式指定范围的任意字符	［0-9］匹配 0～9 的所有数字
	［^a-z］	匹配正则表达式指定范围外的任意字符	［^0-9］匹配所有非数字字符

自己练习一下,如图 16.1 所示的表达式匹配什么样的字符串。

类型1	类型2	类型3
^a.$	abc*d	[abcd]
^100_	abc+d	[a-c 1-2]$
^100$	abc?d	[^act]$
100$\|400$	a(bc)?d	[123].[7-9]
^\(65000\)$		

图 16.1 练习

答案如下。

类型 1。

^a. $:匹配一个以字符 a 开始,以任意单一字符结束的字符串,如 a0、a!、ax 等。

^100_:匹配以 100 为起始的字符串,如 100、100 200、100 300 400 等。

^100 $:只匹配 100。

100 $|400 $:匹配以 100 或 400 结束的字符串,如 100、1400、300 400 等。

^\(65000\) $:只匹配(65000)。

类型 2。

abc * d:匹配 c 字符 0 次或多次,如 abd、abcd、abccd、abcccd 等。

abc＋d:匹配 c 字符 1 次或多次,如 abcd、abccd、abcccd 等。

abc? d:匹配 c 字符 0 次或 1 次,如 abd、abcd。

a(bc)? d:匹配 bc 字符串 0 次或 1 次,如 ad、abcd。

类型 3。

［abcd］:匹配 abcd 中任意一个字符,即 a、b、c、d 中的任意字符都能匹配,如 ax、abc0 等。

［a-c 1-2］$:匹配以字符 a、b、c、1、2 结束的字符串,如 a、a1、62、xb、7ac 等。

［^act］$:匹配不以字符 a、c、t 结束的字符串,如 ax、b!、d 等。

［123］.［7-9］:匹配如 17、2x9、348 等。

16.2　AS_Path Filter

假设有 4 个路由器处于不同 AS 中,R2 给 R3 通告路由时,希望只通告本 AS 产生的路由,过滤从 AS101 产生的路由,如图 16.2 所示。

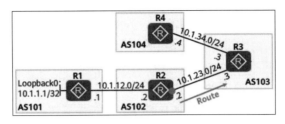

图 16.2 路由过滤

先配置一个过滤器,如图 16.3 所示,拒绝 AS Path 以 101 结尾的,放行其他的。

将过滤器应用于 R2 发给 R3 方向上,如图 16.4 所示。

```
[R2] ip as-path-filter 1 deny _101$
[R2] ip as-path-filter 1 permit .*
```

```
[R2] bgp 102
[R2-bgp] peer 10.1.23.3 as-number 103
[R2-bgp] ipv4-family unicast
[R2-bgp-af-ipv4] peer 10.1.23.3 as-path-filter 1 export
```

图 16.3 配置路由过滤器 　　　　 图 16.4 绑定过滤器

也可以用以下方式绑定,如图 16.5 所示,先创建一个路由策略,在策略中指定过滤器,然后将路由策略绑定到 EBGP 邻居。

配置了之后,可以通过以下命令查看过滤器的生效情况,如图 16.6 所示。

```
[R2] route-policy AS_Path permit node 10
[R2-route-policy] if-match as-path-filter 1
[R2-route-policy] quit
[R2] bgp 102
[R2-bgp] peer 10.1.23.3 as-number 103
[R2-bgp] ipv4-family unicast
[R2-bgp-af-ipv4] peer 10.1.23.3 route-policy AS_Path export
```

图 16.5 绑定路由策略

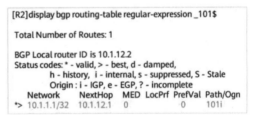

图 16.6 查看结果

16.3　Community Filter

团体属性值总共 32 位,有些团体属性值是公认的,如表 16.2 所示,通常以十进制整数格式表示团体号。

表 16.2　公认团体属性

团体属性名称	团体属性号	说　　明
Internet	0(0x00000000)	可以向任何 BGP 对等体发送。默认情况下,所有路由属性都属于 Internet 团体
No_Advertise	4294967042(0xFFFFFF02)	不能发送给任何 BGP 对等体
No_Export	4294967041(0xFFFFFF01)	不能发送给其他 AS 的对等体
No_Export_Subconfed	4294967043(0xFFFFFF03)	不能发送给其他 AS 对等体,包括联盟内其他子 AS 也不能发送

有些团体属性是自定义的,一般采用 AA：NN 格式,AA 通常是 AS 编号,NN 是自定义值。

在有些场景下使用团体属性进行路由控制会更加方便,团体属性过滤器有以下两种类型。

(1) 基本 Community Filter：匹配团体号或公认团体属性。

(2) 高级 Community Filter：使用正则表达式匹配团体号。

基本团体过滤器举例 1：

```
Ip community-filter 1 permit 100: 1 200: 1 300: 1
```

团体号必须是 100：1 200：1 300：1 才能通过。

基本团体过滤器举例 2：

```
Ip community-filter 1 permit 100: 1
Ip community-filter 1 permit 200: 1 300: 1
```

团体号 100：1 或者 200：1 300：1 能通过,两组团体号是或的关系。

高级团体过滤器举例：

```
Ip community-filter 100 permit ^10
```

携带以 10 开头团体号的可以通过。

举一个 Community Filter 的例子,R1、R2、R3 处于不同 AS,R1 有两个环回口,如图 16.7 所示。

(1) R1 将两个环回口路由信息通过 BGP 通告给 R2,通告时给 10.1.1.1 这条路由添加一个团体号 100：1。

(2) R2 收到路由信息后,又将这两条路由条目通告给 R3,通告时,在 10.1.1.1 这个条目后面再添加一个团体号 no-export。

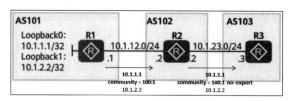

图 16.7　应用举例

配置 ip-prefix 筛选出 10.1.1.1 这条路由,配置 route-policy,节点 10 给 10.1.1.1 路由添加一个团体号 101：1,节点 20 放行 10.1.2.2,如图 16.8 所示。

配置 R1 的 BGP 邻居,在 export 方向上绑定 route-policy,并在 BGP 中宣告两个环回口的路由信息。同时还要添加一条命令 peer 10.1.12.2 advertise-community,如果不配这条命令,则默认情况下不向 BGP 邻居发送团体属性,如图 16.9 所示。

```
[R1] ip ip-prefix 1 permit 10.1.1.1 32
[R1] route-policy Community permit node 10
[R1-route-policy] if-match ip-prefix 1
[R1-route-policy] apply community 101:1
[R1-route-policy] quit
[R1] route-policy Community permit node 20
[R1-route-policy] quit
```

图 16.8　配置 R1

```
[R1] bgp 101
[R1-bgp] peer 10.1.12.2 as-number 102
[R1-bgp] peer 10.1.12.2 route-policy Community export
[R1-bgp] peer 10.1.12.2 advertise-community
[R1-bgp] network 10.1.1.1 32
[R1-bgp] network 10.1.2.2 32
```

图 16.9　配置 R1 的 BGP 参数

与 R1 类似,先用 ip-prefix 筛选出 10.1.1.1 这条路由,然后配置 route-policy,使用参数 additive 就可以在原来的基础上添加一个团体属性,添加后的团体属性变成 101：1 no-export,如图 16.10 所示。

最后配置 R2 与 R1、R3 的 BGP 邻居关系,在 R3 邻居的 export 方向绑定 route-policy。

R3 的配置如图 16.11 所示,只需简单配置 BGP 邻居。查看 10.1.1.1 的具体信息时可以发现其团体号是 101：1,no-export。

```
[R2] ip ip-prefix 1 permit 10.1.1.1 32
[R2] route-policy Community permit node 10
[R2-route-policy] if-match ip-prefix 1
[R2-route-policy] apply community no-expert additive
[R2-route-policy] quit
[R2] route-policy Community permit node 20
[R2-route-policy] quit
[R2] bgp 102
[R2-bgp] peer 10.1.12.1 as-number 101
[R2-bgp] peer 10.1.23.3 as-number 102
[R2-bgp] peer 10.1.23.3 advertise-community
[R2-bgp] peer 10.1.23.3 route-policy Community export
```

图 16.10　配置 R2

```
[R3] bgp 103
[R3-bgp] peer 10.1.23.2 as-number 102
[R3-bgp] quit

[R3] display bgp routing-table 10.1.1.1
BGP local router ID : 10.1.23.3
Local AS number : 103
Paths:　1 available, 1 best, 1 select
BGP routing table entry information of 10.1.1.1/32:
From: 10.1.23.2 (10.1.12.2)
Route Duration: 00h00m21s
Direct Out-interface: GigabitEthernet0/0/2
Original nexthop: 10.1.23.2
Qos information : 0x0
Community:<101:1>, no-export
```

图 16.11　配置 R3

16.4　ORF 特性

R1 发布了两条路由给 R2,但是 R2 只要 10.1.1.1 这条路由,不需要 10.1.2.2 这条路由,此时 R2 可以在入口处作路由过滤,如图 16.12 所示。

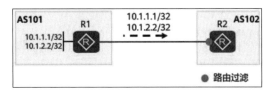

图 16.12　路由过滤

实际上 R1 没有必要将 10.1.2.2 这条路由发给 R2,当路由条目很多时,R1 将不必要的条目发给 R2 会浪费一定的带宽和路由器资源。

ORF(Outbound Route Filter,出口路由过滤器)功能可以将路由过滤点放到 R1 上,如图 16.13 所示,经过过滤后 R1 只发一个条目给 R2。

与普通路由过滤不同的是,ORF 的发起者是 R2,由 R2 告诉 R1 如何过滤路由,然后 R1 将过滤后的路由发给 R2。

R1 有 3 个路由条目,但是 R2 只要一个路由条目,如图 16.14 所示。

图 16.13 ORF 功能

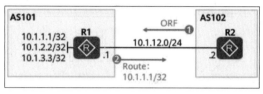

图 16.14 举例

R2 配置 BGP 邻居时,使用 ip-prefix 筛选自己想要的路由条目,然后通过 ORF 将 ip-prefix 发给邻居,如图 16.15 所示。

R1 配置邻居时,接收从 ORF 发过来的参数,如图 16.16 所示。

```
[R2] ip ip-prefix 1 permit 10.1.1.1 32
[R2] bgp 102
[R2-bgp] peer 10.1.12.1 as-number 101
[R2-bgp] peer 10.1.12.1 ip-prefix 1 import
[R2-bgp] peer 10.1.12.1 capability-advertise orf ip-prefix send
```

图 16.15 R2 的配置

```
[R1] bgp 101
[R1-bgp] peer 10.1.12.2 as-number 102
[R1-bgp] peer 10.1.12.2 capability-advertise orf ip-prefix receive
[R1-bgp] network 10.1.1.1 32
[R1-bgp] network 10.1.2.2 32
[R1-bgp] network 10.1.3.3 32
```

图 16.16 R1 的配置

在 R1 查看收到的 ORF 参数,如图 16.17 所示。

```
[R1]display bgp peer 10.1.12.2 orf ip-prefix
Total number of ip-prefix received: 1
Index   Action   Prefix      MaskLen MinLen MaxLen
10      Permit   10.1.1.1    32
```

图 16.17 查看 ORF 参数

R2 上查看从邻居收到的路由条目,发现只收到了一个条目,如图 16.18 所示。

```
[R2]display bgp routing-table peer 10.1.12.1 received-routes

BGP Local router ID is 10.1.12.2
Status codes: * - valid, > - best, d - damped,
              h - history, i - internal, s - suppressed, S - Stale
              Origin : i - IGP, e - EGP, ? - incomplete

Total Number of Routes: 1
   Network      NextHop     MED    LocPrf   PrefVal  Path/Ogn
*> 10.1.1.1/32  10.1.12.1   0               0        101i
```

图 16.18 查看收到的路由条目

16.5 BGP 安全性

正常情况下,BGP 需要手动配置邻居 IP 等参数才能和对端建立邻居关系,如图 16.19 所示,R1 与正常路由器建立邻居关系,此时非法路由器连入网络,通过抓包获取了链路上

TCP链接和BGP相关参数,并干扰正常路由器,使之断开与R1的连接,然后使用相同的参数与R1建立BGP连接,并发布非法路由(不可达路由),导致网络业务中断。

图 16.19　BGP 攻击

为了避免这种类型的网络攻击,可以使用 BGP 认证提高安全性。BGP 认证有两种:MD5 认证和 Keychain 认证。MD5 认证只能为 TCP 链接设置认证密码,而 Keychain 认证除了可以为 TCP 链接设置认证密码外,还可以对 BGP 报文进行认证。

使用 BGP 认证后,非法路由器在没有认证密码的情况下,无法和 R1 建立 TCP 链接,也就无法建立 BGP 邻居关系并发布非法路由。

BGP 认证的配置如图 16.20 所示,password 是 MD5 方式,使用一个密码就可以了。Keychain 方式需要提前配置好密码串。MD5 方式和 Keychain 方式不能同时配置,只能二选一。

```
[Huawei-bgp]peer 12.0.0.2 as 200
[Huawei-bgp]peer 12.0.0.2 password cipher huawei123
[Huawei]keychain ?
  STRING<1-47>  Keychain name
[Huawei-bgp]peer 12.0.0.2 keychain ?
  STRING<1-47>  Keychain name
```

图 16.20　BGP 认证

BGP 还有一种安全保护机制,那就是检查 TTL 值,也称为 GTSM(Generalized TTL Security Mechanism,通用 TTL 安全机制)。通过检测 IP 报文头中的 TTL 值是否在一个预先定义好的特定范围内,对不符合范围内 TTL 的报文进行丢弃,增强系统的安全性。

R1 与 R2 直连,互相收到对方报文的 TTL 值应该是 255,此时有攻击者通过 R1 将攻击报文发送到 R2,当 R2 收到报文时检查 TTL 值,由于此值小于 255,所以直接丢弃,如图 16.21 所示。

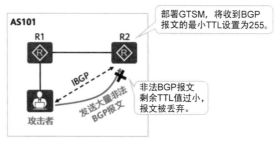

图 16.21　GTSM 机制

配置方法如图 16.22 所示，valid-ttl-hops 指的是有效 TTL 跳数，参数 1 指 1 跳，也就是说收到对方的 TTL 值应该是 255。

| [R1-bgp] peer 10.1.2.2 valid-ttl-hops 1 |
| [R2-bgp] peer 10.1.1.1 valid-ttl-hops 1 |

图 16.22   GTSM 配置

16.6   小结

本章介绍了 AS_Path Filter、Community Filter、ORF、BGP 安全性的实现原理，以及配置方式，提供了更好地控制路由、提高 BGP 工作效率和安全性的方法。

第 17 章

IPv6 路由原理

随着网络技术的发展,IPv6 的应用越来越普及,除了给设备配置 IPv6 的地址之外,中间的网络设备还要能基于 IPv6 的地址进行路由,这样才能保证网络的可达性。

本章将介绍 IPv6 的路由技术,包括静态路由和动态路由协议。常用的动态路由协议有 OSPF、IS-IS、BGP,IPv6 对应的动态路由协议是 OSPFv3、IS-IS(IPv6)和 BGP4+。

17.1 IPv6 地址介绍

介绍具体路由协议之前,先介绍 IPv6 的地址结构与地址分类。

IPv6 地址长度为 128 位,每 16 位划分为一段,总共 8 段,每段由 4 个十六进制数表示,用冒号隔开。

由于 IPv6 地址长度为 128 位,书写时不方便,而且地址中往往会包含多个 0,所以可以将地址进行压缩,如图 17.1 所示,压缩规则如下:

(1) 每 16 位组中的前导 0 可以省略。

(2) 地址中包含的连续两个或多个均为 0 的组,可以用双冒号":"代替。需要注意的是,在一个 IPv6 地址中只能使用一次双冒号":",否则设备将压缩后的地址恢复成 128 位时,无法确定每段中 0 的个数。

图 17.1　IPv6 地址压缩

IPv6 地址分类如表 17.1 所示,总体来讲和 IPv4 地址有点类似,也有公网 IP、私网 IP、组播 IP 之分。不同点就是 IPv6 的地址更多,分类更细一些。

表 17.1　IPv6 地址分类

地 址 类 型	用　　　途
2000::/3	全球单播地址
2001::/16	用于 Internet 公网 IP,类似于 201.100.12.2
2002::/16	IPv4 过渡到 IPv6 场景下使用
2001:0DB8::/32	保留地址,没有分配出去,可以当作私网 IP 使用

续表

地 址 类 型	用　　　途
FE08::/10	本地链路地址,接口使能 IPv6 后就会自动产生,本网段有效,不能用于网段间路由
FEC0::/10	本地站点地址,也就是私网地址,类似于 192.168.0.1
FF00::/8	组播地址,类似于 224.0.0.5
::/128	未指定地址,类似于 0.0.0.0,用于默认路由
::1/128	环回地址,类似于 127.0.0.1

一个路由器接口可以配置多个 IPv6 地址,如图 17.2 所示,给 GE1/0/0 配置了 3 个 2001 开头的 IP,又配置了一个本地链路地址(该地址如果不配置,就会自动生成一个)。

图 17.2　配置接口 IP

17.2　IPv6 静态路由

IPv6 的静态路由配置命令格式与 IPv4 的类似:

ipv6 route - static 目标网段 掩码 下一跳 优先级

R1、R2 各自有一个接口 IP 和环回口 IP,配置静态路由,使各自可以 ping 通对方的环回口 IP,如图 17.3 所示。

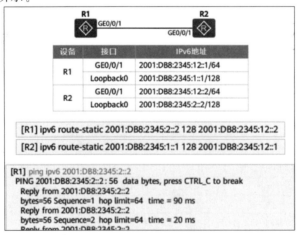

图 17.3　IPv6 静态路由配置

也可以通过设置优先级,实现两条静态路由负载分担或者路由备份。

17.3 OSPFv3 实现原理

OSPFv3 基于 IPv6,与 OSPFv2 互不兼容,如图 17.4 所示。

但是 OSPFv3 的工作机制没有太大改变,基本和 OSPFv2 保持一致:

(1) 区域划分、路由器类型、路由器优先级、度量值。

(2) 支持的网络类型:Broadcast、NBMA、P2P、P2MP。

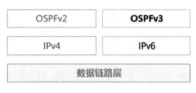

图 17.4 OSPFv2 与 OSPFv3

(3) 协议号:IP 头部里面的协议号 89。

(4) 报文类型:Hello、DD、LSR、LSU、LSAck。

(5) 组播地址:DR(FF02::6),其他(FF02::5)。

(6) 邻居关系建立及状态转换过程。

(7) DR、BDR 选举机制。

OSPFv3 的工作过程和 OSPFv2 类似,先建立邻居关系、通告链路状态,然后计算最短路径树,最后生成路由表,如图 17.5 所示。

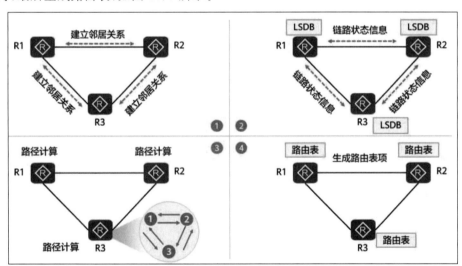

图 17.5 OSPFv3 工作过程

OSPFv3 与 OSPFv2 的区别主要有以下几个。

1. Router ID

OSPFv2 的 Router ID 如果没有配置,则会自动使用接口 IP 作为 Router ID,但是 OSPFv3 的 Router ID 必须手动配置,如果不配置,则 OSPFv3 无法运行。

OSPFv3 的 Router ID 格式是 IPv4 的地址格式,4 字节长度,必须保证每个路由器的 ID 值不一样,用来标识路由器,与 IPv6 地址无关,如图 17.6 所示。

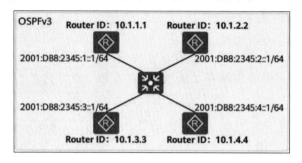

图 17.6 OSPFv3 的 Router ID

2. 本地链路地址的使用

OSPFv3 使用本地链路地址 FE80::/10 作为协议报文的源地址和路由下一跳,如建立邻居关系、同步 LSA 都是用本地链路地址。因为本地链路地址只在本链路有效,因此 OSPFv3 的协议报文不能泛洪到其他链路。

本地链路地址作为路由的下一跳,如图 17.7 所示。

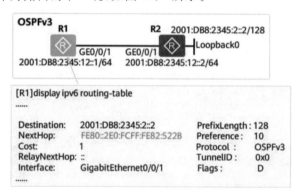

图 17.7 本地链路地址

IPv6 使用本地链路地址来发现邻居和自动配置,不能发送以本地链路地址为目标地址的 IPv6 报文。

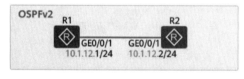

图 17.8 OSPF 建立邻居关系

3. 邻居关系的建立

OSPFv2 中,两个路由器建立邻居关系的前提是接口 IP 处于同一个网段。R1、R2 的接口 IP 是同一个网段,如果是不同网段,就不能建立邻居关系,如图 17.8 所示。

但是在 OSPFv3 中,一个接口可以配置多个不同网段的 IP,即使 IP 地址不同也可以通信。R1、R2 接口使用不同网段的地址也可以建立邻居关系,只需在同一条链路,使用本地链路地址建立邻居关系,如图 17.9 所示。

4. 链路支持多实例

一个物理接口可以和多个 OSPFv3 实例绑定，不同的实例使用 Instant ID 进行区分，OSPFv3 报文中会携带 Instant ID 字段，只接收属于本实例的报文。

R7、R8 之间的链路上存在两个 OSPFv3 实例，两个实例独立发送 Hello 报文建立邻居关系，如图 17.10 所示。

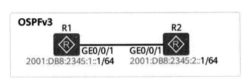

图 17.9　OSPF 建立邻居关系

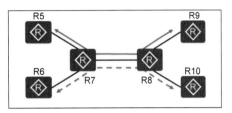

图 17.10　OSPFv3 多实例

OSPFv3 头部中多了 Instant ID 字段（本链路有效），去掉认证功能，认证功能可以放在 IPv6 头部实现，如图 17.11 所示。

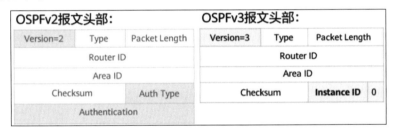

图 17.11　协议头部格式

5. Hello 报文的区别

二者的差异点是 OSPFv3 没有 Network Mask（因为一个接口可以配置多个 IP，掩码也不一样），该字段换成 Interface ID，标识发送该 Hello 报文的接口 ID。

Options 字段扩展到 24 位，与 OSPFv2 相比，增加了 R 位、V6 位，如图 17.12 所示。

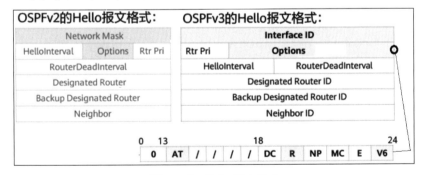

图 17.12　Hello 报文格式

（1）AT：是否支持 OSPFv3 认证，如果置 1，则报文后面增加认证尾部。

（2）DC：是否具有支持按需电路的能力。

（3）R：始发路由器始发的是有效路由器，如果置 0，则相关路由信息不参与路由计算。

（4）NP：是否是 NSSA 区域。

（5）MC：是否支持转发组播数据报文。

（6）E：是否支持外部路由。

（7）V6：是否参与 IPv6 路由计算。

6．LSA 头部的区别

OSPFv3 去掉了 Options 字段，扩展了 LS Type 字段，如图 17.13 所示。

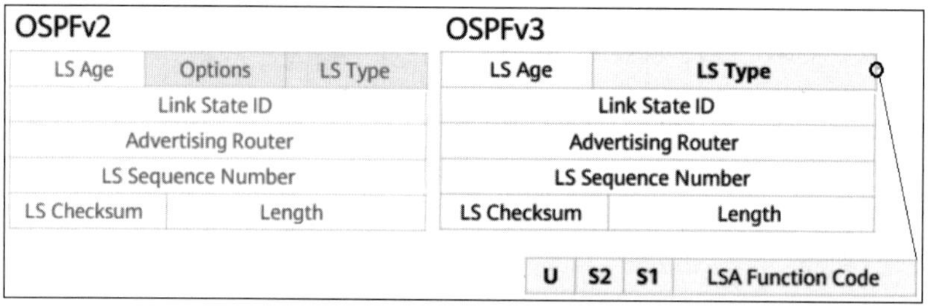

图 17.13　LSA 头部格式

（1）U：标识对未知 LSA Function Code 的处理方式。

0：把此 LSA 泛洪到本地链路上。

1：放入 LSAB，并泛洪出去，当作正常 LSA 处理。

（2）S2/S1：LSA 泛洪的范围。

S2 S1 = 0 0：始发链路上泛洪。

S2 S1 = 0 1：区域内泛洪。

S2 S1 = 1 0：AS 内泛洪。

S2 S1 = 1 1：预留。

（3）LSA Function Code：标识 LSA 类型，OSPFv3 多了 2 类 LSA。

1　0x2001　　Router-LSA

2　0x2002　　Network-LSA

3　0x2003　　Inter-Area-Prefix-LSA

4　0x2004　　Inter-Area-Router-LSA

5　0x4005　　AS-External-LSA

6　0x2006　　Group-membership-LSA

7　0x2007　　Type-7-LSA

8　0x0008　　Link-LSA

9　0x2009　　Intra-Area-Prefix-LSA

OSPFv3 的 LSA 类型如图 17.14 所示。

OSPFv2的LSA		OSPFv3的LSA	
类型	名称	类型	名称
1	Router-LSA（路由器LSA）	0x2001	Router-LSA（路由器LSA）
2	Network-LSA（网络LSA）	0x2002	Network-LSA（网络LSA）
3	Network-Summary-LSA（网络汇总LSA）	0x2003	Inter-Area-Prefix-LSA（区域间前缀LSA）
4	ASBR-Summary-LSA（ASBR汇总LSA）	0x2004	Inter-Area-Router LSA（区域间路由器LSA）
5	AS-External-LSA（AS外部LSA）	0x4005	AS-External-LSA（AS外部LSA）
7	NSSA LSA（非完全末梢区域LSA）	0x2007	NSSA LSA（非完全末梢区域LSA）
		0x0008	Link-LSA（链路LSA）
		0x2009	Intra-Area-Prefix-LSA（区域内前缀LSA）

图 17.14　LSA 类型

1 和 2 类名称一样,但是不描述地址/网络信息,只描述拓扑。3 和 4 类名称有差异,但是功能类似。5 和 7 类名称一样,功能也一样。8 和 9 类新增 LSA。

默认情况下,U 位置 0。除了 5、8 类 LSA,其他的 S2 S1 值默认都是 0 1,即区域内泛洪。

OSPFv3 比 OSPFv2 多了 2 类 LSA,下面介绍各个 LSA 的具体结构。

1. Type1 LSA

Type1 LSA 也称为 Router LSA,Router LSA 中没有网段信息,只有链路类型、开销、接口等信息,用来描述网络拓扑,如图 17.15 所示。

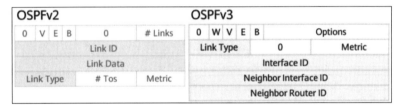

图 17.15　Type1 LSA

(1) W:值为 1 时,表示该路由器支持组播路由。

(2) V:值为 1 时,表示产生该 LSA 的路由器是虚连接的一端。

(3) E:值为 1 时,表示产生该 LSA 的路由器是 ASBR。

(4) B:值为 1 时,表示产生该 LSA 的路由器是 ABR。

(5) Options:3 字节,可选项,其中有 DC、R、NP、MC、E、V6 位,含义和 Hello 报文里面的 Options 一样。

(6) Link Type:1 字节,链路类型。

1:点到点链路。

2:连接到一个网络(Transit Network)。

3:保留。

4:虚链路。

2. Type2 LSA

Type2 LSA 也称为 Network LSA，OSPFv3 的 Network LSA 中没有掩码信息，只有路由器列表信息，用于描述本链路状态，Options 的内容与前面的一样，如图 17.16 所示。

3. Type3 LSA

Type3 LSA 也称 Inter-Area-Prefix-LSA，Type3 LSA 名字与 OSPFv2 不大一样，但是功能差不多，都由 ABR 产生，用来描述区域间网段信息，如图 17.17 所示。

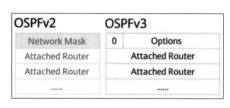

图 17.16　Type2 LSA

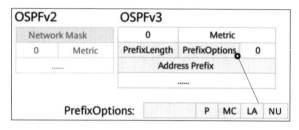

图 17.17　Type3 LSA

（1）PrefixLength：1 字节，前缀的长度。

（2）PrefixOptions：1 字节，描述前缀的特性。

P：1 位，传播位。如果一个 NSSA 区域的前缀需要被 ABR 传播出去，则置 1，ABR 重新通告。

MC：1 位，组播位。置 1 表示该前缀应该包含在 IPv6 组播路由计算中。

LA：1 位，本地地址位。置 1 表示该前缀就是发出此 LSA 路由器接口的 IPv6 地址。

NU：1 位，非单播位。置 1 表示该前缀不会包括在 IPv6 单播路由计算中。

（3）Address Prefix：变长，IPv6 地址前缀。

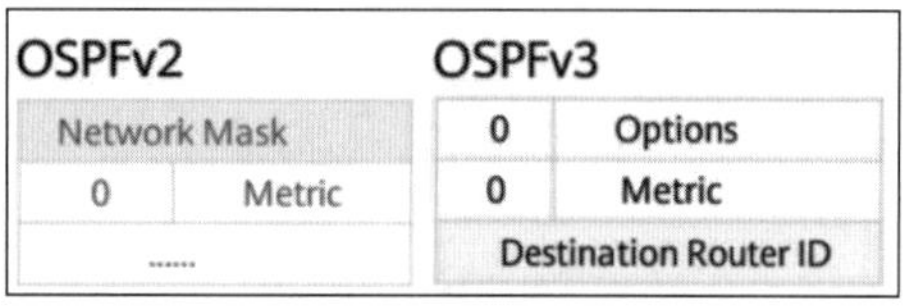

4. Type4 LSA

Type4 LSA 也称为 Inter-Area-Router-LSA，功能与 OSPFv2 的类似，由 ABR 产生，描述到 ASBR 的路由，如图 17.18 所示，Options 字段描述的是目的路由器的相关能力。Metric 指到目的路由器的开销。

图 17.18　Type4 LSA

5. Type5 LSA

Type5 LSA 也称为 AS-External-LSA，由 ASBR 产生，描述到 AS 外部的一个路由，通告到所有区域（除 Stub、NSSA 区域外），其结构如图 17.19 所示。

（1）E：1 位，外部路由的 Metric 类型。

0：表示 1 类外部路由，Metric 值会随着路由传递而增长。

1：表示 2 类外部路由，Metric 值在传递中保持不变。

（2）F：1 位，置 1 表示 Forwarding Address 值存在。

（3）T：1 位，置 1 表示后面的 External Route Tag 可选字段存在。

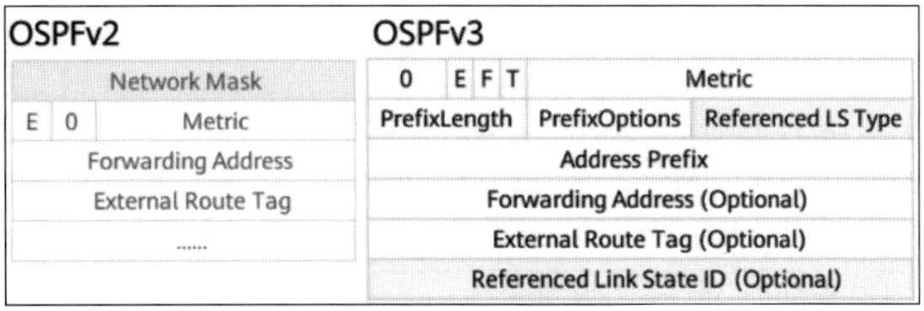

OSPFv2				OSPFv3					
Network Mask				0	E	F	T	Metric	
E	0	Metric		PrefixLength		PrefixOptions		Referenced LS Type	
Forwarding Address				Address Prefix					
External Route Tag				Forwarding Address (Optional)					
......				External Route Tag (Optional)					
				Referenced Link State ID (Optional)					

图 17.19　Type5 LSA

（4）PrefixLength、PrefixOptions 含义和前面的一样。

（5）Referenced LS Type：引用链路状态类型，表示这个 LSA 是否需要参考其他 LSA。

0：不参考。

1：参考 Router-LSA。

2：参考 Network-LSA。

（6）Address Prefix：所要通告的外部路由。

（7）Forwarding Address：与 F 位配合使用，F 置 1 时有效。

（8）External Route Tag：4 字节，外部路由标记，在引入外部路由时可以进行标记，方便后续路由控制。

（9）Referenced Link State ID：与 Referenced LS Type 配合使用，不为 0 时有意义。

6. 新增 Type8 LSA

Type8 LSA 也称为 Link-LSA，每个设备都会产生一个 Link-LSA，仅在始发链路内泛洪，功能如下：

（1）通告本接口的本地链路地址。

（2）通告本接口的 IPv6 前缀列表。

（3）通告 Network-LSA 中设置的 Options 值。

Type8 LSA 格式如图 17.20 所示。

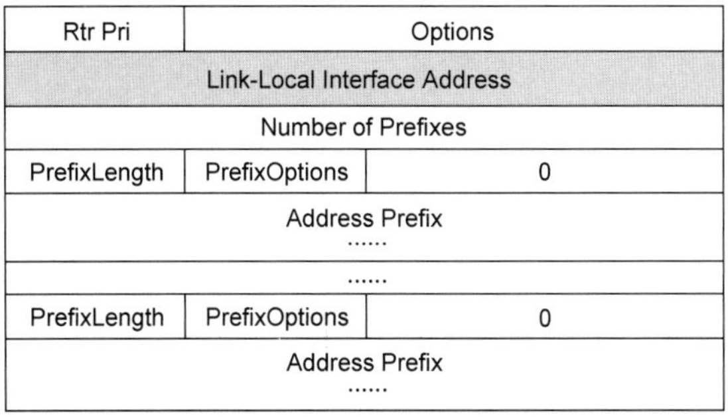

Rtr Pri	Options	
Link-Local Interface Address		
Number of Prefixes		
PrefixLength	PrefixOptions	0
Address Prefix		
......		
PrefixLength	PrefixOptions	0
Address Prefix		

图 17.20　Type8 LSA

（1）Rtr Pri：1 字节，该路由器在该链路上的优先级。

（2）Options：3 字节，提供给 Network-LSA 的 Options。

（3）Number of Prefixes：4字节，该LSA中携带的IPv6地址的前缀个数。

7. 新增Type9 LSA

Type9 LSA也称为Intra-Area-Prefix-LSA，在OSPFv2中，可以通过Type1和Type2来描述拓扑和网段信息，而OSPFv3的Type1、Type2只描述拓扑，没有描述网段，因此添加了Type9，用来描述网段信息。Type9 LSA只在所属区域内传播，需要依赖拓扑信息才能实现路由计算。Type9 LSA有以下两种类型：

（1）每台设备均产生描述与Type1 LSA相关联的IPv6地址前缀的Type9 LSA。

（2）DR会产生描述与Type2 LSA相关联的IPv6地址前缀的Type9 LSA。

Type9 LSA格式如图17.21所示。

Number of Prefixes		Referenced LS Type	
Referenced Link State ID			
Referenced Advertising Router			
PrefixLength	PrefixOptions	Metric	
Address Prefix			
......			
......			

图17.21　Type9 LSA

（1）Number of Prefixes：4字节，携带的IPv6前缀的个数。

（2）Referenced LS Type：4字节，参考的LSA类型，1表示Type1，2表示Type2。

（3）Referenced Link State ID：4字节。参考Type1 LSA时，置0；参考Type2 LSA时，置为该链路DR的Interface ID。

（4）Referenced Advertising Router：4字节。参考Type1 LSA时，置该路由器ID，参考Type2 LSA时，置为该链路DR的Router ID。

17.4　OSPFv3配置

本节用一个例子演示OSPFv3的配置方法，并验证前面介绍的各种LSA信息。

有R1、R2、R3、R4总共4个路由器，Area0、Area1、Area2共3个区域。R2、R3是ABR。各路由器ID与各接口IP地址如图17.22所示，各网段左边接口地址为.1，右边为.2。

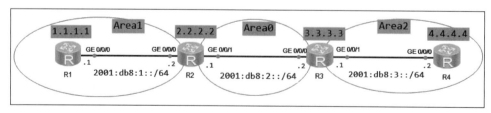

图17.22　OSPFv3实验

R1 的配置如图 17.23 所示。

```
[Huawei]sysname R1
[R1]ipv6
[R1]interfac  ge0/0/0
[R1-GigabitEthernet0/0/0]ipv6 enable
[R1-GigabitEthernet0/0/0]ipv6 address 2001:db8:1::1 64
[R1-GigabitEthernet0/0/0]quit
[R1]ospfv3 1
[R1-ospfv3-1]router-id 1.1.1.1
[R1-ospfv3-1]quit
[R1]interface ge0/0/0
[R1-GigabitEthernet0/0/0]ospfv3 1 area 1
[R1-GigabitEthernet0/0/0]
```

图 17.23 配置 R1

R2 的配置如图 17.24 所示。

```
[Huawei]sysname R2
[R2]ipv6
[R2]interface ge0/0/0
[R2-GigabitEthernet0/0/0]ipv6 enable
[R2-GigabitEthernet0/0/0]ipv6 address 2001:db8:1::2 64
[R2-GigabitEthernet0/0/0]interface ge0/0/1
[R2-GigabitEthernet0/0/1]ipv6 enable
[R2-GigabitEthernet0/0/1]ipv6 address 2001:db8:2::1 64
[R2-GigabitEthernet0/0/1]quit
[R2]ospfv3 1
[R2-ospfv3-1]router-id 2.2.2.2
[R2-ospfv3-1]quit
[R2]interface ge0/0/0
[R2-GigabitEthernet0/0/0]ospfv3 1 area 1
[R2-GigabitEthernet0/0/0]interface ge0/0/1
[R2-GigabitEthernet0/0/1]ospfv3 1 area 0
```

图 17.24 配置 R2

R3 的配置如图 17.25 所示。

```
[Huawei]sysname R3
[R3]ipv6
[R3]interface ge0/0/0
[R3-GigabitEthernet0/0/0]ipv6 enable
[R3-GigabitEthernet0/0/0]ipv6 address 2001:db8:2::2 64
[R3-GigabitEthernet0/0/0]interface ge0/0/1
[R3-GigabitEthernet0/0/1]ipv6 enable
[R3-GigabitEthernet0/0/1]ipv6 address 2001:db8:3::1 64
[R3-GigabitEthernet0/0/1]quit
[R3]ospfv3 1
[R3-ospfv3-1]router-id 3.3.3.3
[R3-ospfv3-1]quit
[R3]interface ge0/0/0
[R3-GigabitEthernet0/0/0]ospfv3 1 area 0
[R3-GigabitEthernet0/0/0]interface ge0/0/1
[R3-GigabitEthernet0/0/1]ospfv3 1 area 2
```

图 17.25 配置 R3

R4 的配置如图 17.26 所示。

从 R1 ping R4 的接口地址 2001：db8：3：：2，如图 17.27 所示，ping 成功，说明全网已经学习到相关路由。

查看 R1 的 OSPFv3 邻居，如图 17.28 所示，R1 是 DR。

```
[Huawei]sysname R4
[R4]ipv6
[R4]interface ge0/0/0
[R4-GigabitEthernet0/0/0]ipv6 enable
[R4-GigabitEthernet0/0/0]ipv6 address 2001:db8:3::2 64
[R4-GigabitEthernet0/0/0]quit
[R4]ospfv3 1
[R4-ospfv3-1]router-id 4.4.4.4
[R4-ospfv3-1]quit
[R4]interface ge0/0/0
[R4-GigabitEthernet0/0/0]ospfv3 1 area 2
[R4-GigabitEthernet0/0/0]
```

图 17.26　配置 R4

```
[R1]ping ipv6 2001:db8:3::2
  PING 2001:db8:3::2 : 56  data bytes, press CTRL_C to break
    Reply from 2001:DB8:3::2
    bytes=56 Sequence=1 hop limit=62  time = 20 ms
    Reply from 2001:DB8:3::2
    bytes=56 Sequence=2 hop limit=62  time = 30 ms
    Reply from 2001:DB8:3::2
    bytes=56 Sequence=3 hop limit=62  time = 30 ms
    Reply from 2001:DB8:3::2
    bytes=56 Sequence=4 hop limit=62  time = 30 ms
    Reply from 2001:DB8:3::2
    bytes=56 Sequence=5 hop limit=62  time = 30 ms

  --- 2001:db8:3::2 ping statistics ---
  5 packet(s) transmitted
  5 packet(s) received
  0.00% packet loss
  round-trip min/avg/max = 20/28/30 ms
```

图 17.27　从 R1 ping R4

```
[R1]display ospfv3 peer
OSPFv3 Process (1)
OSPFv3 Area (0.0.0.1)
Neighbor ID     Pri  State           Dead Time Interface          Instance ID
2.2.2.2           1  Full/DR         00:00:38  GE0/0/0                       0
```

图 17.28　查看 R1 邻居

查看 R1 的路由关系,如图 17.29 所示。

```
[R1]display ospfv3 routing

Codes : E2 - Type 2 External, E1 - Type 1 External, IA - Inter-Area,
        N - NSSA, U - Uninstalled

OSPFv3 Process (1)
    Destination     Metric     Next-hop
    2001:DB8:1::/64      1 directly connected, GigabitEthernet0/0/0
 IA 2001:DB8:2::/64      2 via FE80::2E0:FCFF:FE2B:53B5, GigabitEthernet0/0/0
 IA 2001:DB8:3::/64      3 via FE80::2E0:FCFF:FE2B:53B5, GigabitEthernet0/0/0
```

图 17.29　R1 的路由关系

查看 R1 的路由表,如图 17.30 所示,其中有两个通过 OSPFv3 学习来的路由(第 4、第 5 条),其他都是直连路由。

注意:下一跳是本地链路 IP。

查看 R1 的 LSDB,如图 17.31 所示,其中有 5 种 LSA,分别是 Type1、Type2、Type3、Type8、Type9。因为没有 ASBR,所以没有 Type4、Type5。

```
[R1]display ipv6 routing-table
Routing Table : Public
     Destinations : 6    Routes : 6

 Destination  : ::1                          PrefixLength : 128
 NextHop      : ::1                          Preference   : 0
 Cost         : 0                            Protocol     : Direct
 RelayNextHop : ::                           TunnelID     : 0x0
 Interface    : InLoopBack0                  Flags        : D

 Destination  : 2001:DB8:1::                 PrefixLength : 64
 NextHop      : 2001:DB8:1::1                Preference   : 0
 Cost         : 0                            Protocol     : Direct
 RelayNextHop : ::                           TunnelID     : 0x0
 Interface    : GigabitEthernet0/0/0         Flags        : D

 Destination  : 2001:DB8:1::1               PrefixLength : 128
 NextHop      : ::1                          Preference   : 0
 Cost         : 0                            Protocol     : Direct
 RelayNextHop : ::                           TunnelID     : 0x0
 Interface    : GigabitEthernet0/0/0         Flags        : D

 Destination  : 2001:DB8:2::                 PrefixLength : 64
 NextHop      : FE80::2E0:FCFF:FE2B:53B5     Preference   : 10
 Cost         : 2                            Protocol     : OSPFv3
 RelayNextHop : ::                           TunnelID     : 0x0
 Interface    : GigabitEthernet0/0/0         Flags        : D

 Destination  : 2001:DB8:3::                 PrefixLength : 64
 NextHop      : FE80::2E0:FCFF:FE2B:53B5     Preference   : 10
 Cost         : 3                            Protocol     : OSPFv3
 RelayNextHop : ::                           TunnelID     : 0x0
 Interface    : GigabitEthernet0/0/0         Flags        : D

 Destination  : FE80::                       PrefixLength : 10
 NextHop      : ::                           Preference   : 0
 Cost         : 0                            Protocol     : Direct
 RelayNextHop : ::                           TunnelID     : 0x0
 Interface    : NULL0                        Flags        : D
```

图 17.30   R1 路由表

```
[R1]display ospfv3 lsdb

* indicates STALE LSA

            OSPFv3 Router with ID (1.1.1.1) (Process 1)
┌────────┐       Link-LSA (Interface GigabitEthernet0/0/0)
│ Type 1 │
└────────┘
Link State ID   Origin Router   Age    Seq#         CkSum   Prefix
0.0.0.3         1.1.1.1         1060   0x8000000c 0xa434     1
0.0.0.3         2.2.2.2         0931   0x8000000d 0x74e2     1

┌────────┐       Router-LSA (Area 0.0.0.1)
│ Type 2 │
└────────┘
Link State ID   Origin Router   Age    Seq#         CkSum   Link
0.0.0.0         1.1.1.1         0991   0x80000010 0x2fce     1
0.0.0.0         2.2.2.2         0891   0x80000010 0x14e4     1

┌────────┐       Network-LSA (Area 0.0.0.1)
│ Type 3 │
└────────┘
Link State ID   Origin Router   Age    Seq#         CkSum
0.0.0.3         2.2.2.2         0892   0x8000000c 0x36d0

┌────────┐       Inter-Area-Prefix-LSA (Area 0.0.0.1)
│ Type 8 │
└────────┘
Link State ID   Origin Router   Age    Seq#         CkSum
0.0.0.1         2.2.2.2         0328   0x8000000c 0x7484
0.0.0.2         2.2.2.2         0266   0x8000000c 0x8075

┌────────┐       Intra-Area-Prefix-LSA (Area 0.0.0.1)
│ Type 9 │
└────────┘
Link State ID   Origin Router   Age    Seq#         CkSum   Prefix  Reference
0.0.0.1         2.2.2.2         0890   0x8000000e 0x8a32      1     Network-LSA
```

图 17.31   查看 R1 的 LSDB

可以使用命令查看具体的 LSA 信息,如图 17.32 所示,使用不同参数查看不同类型的 LSA。

```
[R1]display ospfv3 lsdb ?
  area               Area parameters
  external           External Link State Advertisements
  grace              Grace Link State Advertisements
  inter-prefix       Inter-area Prefix Link State Advertisements
  inter-router       Inter-area Router Link State Advertisements
  intra-prefix       Intra-area Prefix Link State Advertisements
  link               Link-Local Link State Advertisements
  network            Network Link State Advertisements
  nssa               NSSA Link State Advertisements
  originate-router   Specify Advertising Router
  router             Router Link State Advertisements
  self-originate     Self-Originated LSAs
  statistics         Statistics of the LSDB
  |                  Matching output
  <cr>               Please press ENTER to execute command
```

图 17.32　查看具体 LSA

假如想查看 Type 2:Network LSA,其格式如图 17.16 所示,里面是本链路路由器列表。

使用命令查看 Network LSA,这是由当前链路 DR(R1)发出来的,其中总共有两个路由器:1.1.1.1 和 2.2.2.2,如图 17.33 所示。

```
[R1]display ospfv3 lsdb network

            OSPFv3 Router with ID (1.1.1.1) (Process 1)

            Network-LSA (Area 0.0.0.1)

  LS Age: 1315
  LS Type: Network-LSA
  Link State ID: 0.0.0.3
  Originating Router: 2.2.2.2
  LS Seq Number: 0x80000017
  Retransmit Count: 0
  Checksum: 0x20DB
  Length: 32
  Options: 0x000013 (-|R|-|-|E|V6)
    Attached Router: 2.2.2.2
    Attached Router: 1.1.1.1
```

图 17.33　Network LSA 具体信息

其他类型的 LSA 可以自己尝试用命令查看,与前面介绍的协议格式进行检验,这里不一一列举。

OSPFv3 与 OSPFv2 的工作原理差不多,首先通过各种 LSA 收集路由计算所需要的信息,然后根据 LSDB 生成最短路径树,最后根据最短路径树得到路由表。

17.5　IS-IS(IPv6)概述

IS-IS 协议使用 TLV 结构,扩展性比 OSPF 好。为了支持 IPv6,IS-IS 协议新增了两个 TLV 和一个网络层协议标识符(Network Layer Protocol Identifier,NLPID)。

第 1 个新增的 TLV 如图 17.34 所示，用来装载 IPv6 地址，该 TLV 会在 Hello 报文和 LSP 报文中出现。

图 17.34　232 号 TLV 结构

（1）Type：1 字节，取值 232，表示该 TLV 的类型。

（2）Length：1 字节，单位是字节，表示里面 IPv6 地址的长度，如果其中只有一个 IPv6 的地址，则长度是 128 位，128/8 = 16 字节，因此 Length 填 16。如果里面有 3 个 IPv6 地址，则 Length 填 48，以此类推。

（3）Interface Address：IPv6 地址，每个地址为 128 位。图 17.35 中显示的是 IP 地址的排放顺序，但不是严格的长度示意图，不可误解为 interface address 2 比 interface address 1 长 2 字节。

在两个 IS-IS 路由器中间抓包，查看 Hello 报文中的内容，其中有一个 IPv6 interface address 字段，长度为 16 字节，这个就是 TLV 232 结构，如图 17.35 所示。见最底下二进制字符串，232 用十六进制表示是 e8，长度 16 字节用十六进制表示是 10，后面紧跟着就是本地链路 IPv6 地址。

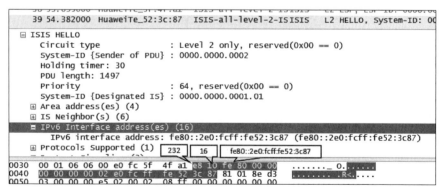

图 17.35　Hello 报文中的 TLV 232

查看 LSP 报文中的内容，其中有 3 个 IPv6 interface address 字段，长度为 48 字节，用十六进制表示是 30，如图 17.36 所示。见图中最底下二进制字符串，以 e8 30 开头，后面紧跟着 3 个 IPv6 地址。

第 2 个新增 TLV 如图 17.37 所示，用来标识 IPv6 可达性，出现在 LSP 中。

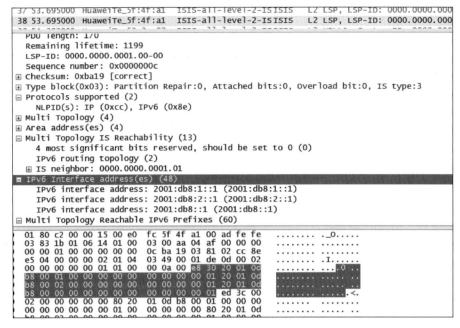

图 17.36 LSP 报文中的 TLV232

图 17.37 236 号新增 TLV

(1) Type：8 位，TLV 类型，取值 236(0xEC)。

(2) Length：8 位，Value 的长度。

(3) Metric：32 位。

(4) U：1 位，标识这个前缀是否是从高 Level 通告下来的。

(5) X：1 位，标识这个前缀是否是从其他路由协议引入的。

(6) S：1 位，Sub-TLV Present，子 TLV 标识位（可选）。

(7) R：5 位，保留。

(8) Prefix：IPv6 地址前缀。

(9) Sub-TLV Length：8 位，子 TLV 的长度，若 S 位置 1，则表示这个字段有意义。

(10) Sub-TLV：子 TLV。

为了支持 IPv6 路由的处理和计算，在 129 号 TLV 中新增一个 NLPID，如图 17.38 所示。

Type=129	Length	NLPID	NLPID
......			

图 17.38　NLPID

（1）Type：取值 129（0x81）。

（2）Length：8 位，Value 的长度。

（3）NLPID：8 位，网络层协议标识符，如果支持 IPv4，则取值 204（0xCC）；如果支持 IPv6，则取值 142（0x8E）。

Hello 报文和 LSP 报文中都存在这个 TLV 结构，如图 17.39 所示。

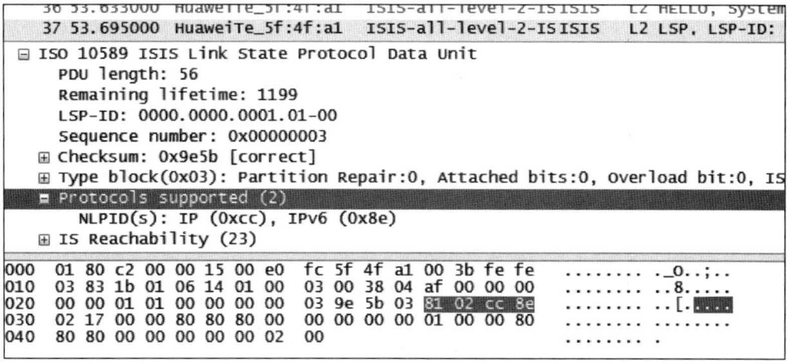

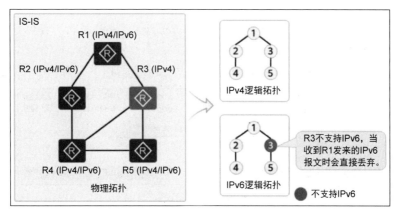

图 17.39　NLPID 举例

OSPFv3 与 OSPFv2 完全不兼容，但是 IS-IS 不一样，普通 IS-IS 与 IPv6 IS-IS 可以兼容工作，只需在普通 IS-IS 中添加相应的 TLV 就可以实现，因此也带来一些问题。

默认情况下，IS-IS 的 IPv4 和 IPv6 网络使用同一个拓扑，网络中只有一条最短路径树，如图 17.40 所示，如果其中一个路由器（R3）不支持 IPv6，则 IPv6 IS-IS 应如何计算生成树？

图 17.40　拓扑问题

为了解决这个问题，IS-IS 定义了新的 TLV，使网络中可以存在多个不同的拓扑，分别计算生成树，如图 17.41 所示。

Type=229	Length	O	A	R	MT ID
......					

图 17.41 229 号 TLV

（1）Type：8 位，取值 229(0xE5)，表示支持多拓扑。

（2）O：1 位，Overload，超载位。

（3）A：1 位，附着位

（4）MT ID：12 位，标识接口属于哪个拓扑。

IPv4 和 IPv6 各自使用不同的拓扑计算路由，如图 17.42 所示。

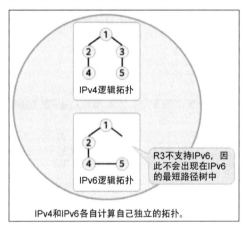

图 17.42 2 个拓扑

17.6 IS-IS（IPv6）配置

有 R1、R2 路由器，各自有两个环回地址 Loopback0、Loopback1。具体地址和路由器 ID 规划如图 17.43 所示。

实验目的：通过配置，R1、R2 可以学习到对方的环回地址，并且可以 ping 通。

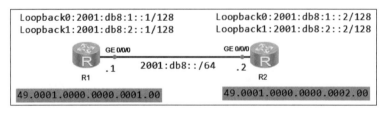

图 17.43 实验拓扑

R1、R2 的配置如图 17.44 所示，先在全局使能 IPv6，然后启动 IS-IS 进程，将 R1、R2 都配置为 Level-2、设置路由器 ID、使能 IPv6 IS-IS，然后给接口配置 IP，并使能 IS-IS。

在 R1 上查看路由学习情况，如图 17.45 所示，成功学习到 R2 的两个环回口 IP。

```
[Huawei]sysname R1
[R1]ipv6
[R1]isis 1
[R1-isis-1]is-level level-2
[R1-isis-1]network-entity 49.0001.0000.0000.0001.00
[R1-isis-1]ipv6 enable topology ipv6
[R1-isis-1]quit
[R1]interface loopback0
[R1-LoopBack0]ipv6 enable
[R1-LoopBack0]ipv6 address 2001:db8:1::1 128
[R1-LoopBack0]isis enable 1
[R1-LoopBack0]isis ipv6 enable 1
[R1-LoopBack0]interface loopback1
[R1-LoopBack1]ipv6 enable
[R1-LoopBack1]ipv6 address 2001:db8:2::1 128
[R1-LoopBack1]isis enable 1
[R1-LoopBack1]isis ipv6 enable 1
[R1-LoopBack1]interface ge0/0/0
[R1-GigabitEthernet0/0/0]ipv6 enable
[R1-GigabitEthernet0/0/0]ipv6 address 2001:db8::1 64
[R1-GigabitEthernet0/0/0]isis enable 1
[R1-GigabitEthernet0/0/0]isis ipv6 enable 1
[Huawei]sysname R2
[R2]ipv6
[R2]isis 1
[R2-isis-1]is-level level-2
[R2-isis-1]network-entity 49.0001.0000.0000.0002.00
[R2-isis-1]ipv6 enable topology ipv6
[R2-isis-1]quit
[R2]interface loopback0
[R2-LoopBack0]ipv6 enable
[R2-LoopBack0]ipv6 address 2001:db8:1::2 128
[R2-LoopBack0]isis enable 1
[R2-LoopBack0]isis ipv6 enable 1
[R2-LoopBack0]interface loopback1
[R2-LoopBack1]ipv6 enable
[R2-LoopBack1]ipv6 address 2001:db8:2::2 128
[R2-LoopBack1]isis enable 1
[R2-LoopBack1]isis ipv6 enable 1
[R2-LoopBack1]interface ge0/0/0
[R2-GigabitEthernet0/0/0]ipv6 enable
[R2-GigabitEthernet0/0/0]ipv6 address 2001:db8::2 64
[R2-GigabitEthernet0/0/0]isis enable 1
[R2-GigabitEthernet0/0/0]isis ipv6 enable 1
```

图 17.44　实验配置

```
[R1]display ipv6 routing-table protocol isis
Public Routing Table : ISIS
Summary Count : 2

ISIS Routing Table's Status : < Active >
Summary Count : 2

 Destination  : 2001:DB8:1::2              PrefixLength : 128
 NextHop      : FE80::2E0:FCFF:FE52:3C87   Preference   : 15
 Cost         : 10                         Protocol     : ISIS-L2
 RelayNextHop : ::                         TunnelID     : 0x0
 Interface    : GigabitEthernet0/0/0       Flags        : D

 Destination  : 2001:DB8:2::2              PrefixLength : 128
 NextHop      : FE80::2E0:FCFF:FE52:3C87   Preference   : 15
 Cost         : 10                         Protocol     : ISIS-L2
 RelayNextHop : ::                         TunnelID     : 0x0
 Interface    : GigabitEthernet0/0/0       Flags        : D

ISIS Routing Table's Status : < Inactive >
Summary Count : 0
```

图 17.45　查看 R1 路由学习

在 R1 上 ping R2 的其中一个环回地址,如图 17.46 所示,成功实现 ping 命令。

```
[R1]ping ipv6 2001:db8:2::2
 PING 2001:db8:2::2 : 56  data bytes, press CTRL_C to break
  Reply from 2001:DB8:2::2
  bytes=56 Sequence=1 hop limit=64  time = 100 ms
  Reply from 2001:DB8:2::2
  bytes=56 Sequence=2 hop limit=64  time = 1 ms
  Reply from 2001:DB8:2::2
  bytes=56 Sequence=3 hop limit=64  time = 10 ms
  Reply from 2001:DB8:2::2
  bytes=56 Sequence=4 hop limit=64  time = 10 ms
  Reply from 2001:DB8:2::2
  bytes=56 Sequence=5 hop limit=64  time = 10 ms

 --- 2001:db8:2::2 ping statistics ---
  5 packet(s) transmitted
  5 packet(s) received
  0.00% packet loss
  round-trip min/avg/max = 1/26/100 ms
```

图 17.46　检查路由可达性

IS-IS 协议使用 TLV 结构,扩展性比较好,只需新增几个 TLV 结构,并且将 IPv6 的地址和相关信息包括进去,IS-IS 协议就可以支持 IPv6 路由的计算。计算过程和 OSPF 类似,也是先将各种链路状态信息放到 LSDB 数据库中,然后计算最短生成树,最后计算路由。

17.7　BGP4＋原理与配置

传统的 BGP4 只能管理 IPv4 单播路由信息,为了支持 IPv6、组播、VPN 等协议,需要对 BGP 进行扩展。BGP 多协议扩展(MultiProtocol BGP,MP-BGP)提供了对多种网络层协议的支持,BGP 原有的报文机制和路由机制保持不变。

MP-BGP 采用地址族来区分不同的网络层协议,支持的地址族如下:

(1) IPv4 单播地址族。

(2) IPv4 组播地址族。

(3) IPv6 单播地址族。

(4) VPNv4 地址族。

(5) VPNv6 地址族。

其中,IPv4 单播地址族就是传统的 BGP,也称为 BGP4,IPv6 单播地址族称为 BGP4＋。传统 BGP4 与 BGP4＋使用独立的路由表,路由信息互相隔离。

与 IS-IS 类似,MP-BGP 也使用 TLV 结构实现协议的扩展。在 Update 报文中,为了支持 IPv6,新增了两个 TLV 类型,如图 17.47 所示。

(1) MP_REACH_NLRI:多协议可达 NLRI(Network Layer Reachable Information),用于新增 IPv6 路由。

(2) MP_UNREACH_NLRI:多协议不可达 NLRI,用于撤销不可达路由。

如果 Type Code 取值 14,则后面跟着的 NLRI 就是 MP_REACH_NLRI,其格式如图 17.48 所示。

图 17.47　Update 报文

（1）Address Family Identifier：地址族标识，IPv6 时取值 2。

（2）Subsequent Address Family Identifier：子地址族标识，单播取值 1，组播取值 2。

（3）Length of Next Hop Network Address：下一跳的地址长度。

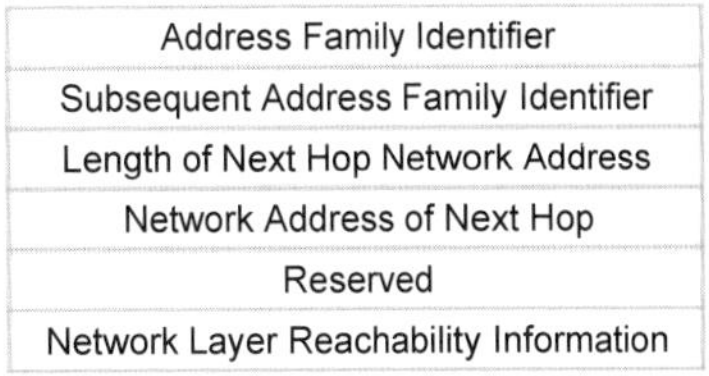

| Address Family Identifier |
| Subsequent Address Family Identifier |
| Length of Next Hop Network Address |
| Network Address of Next Hop |
| Reserved |
| Network Layer Reachability Information |

图 17.48　MP_REACH_NLRI

取值 16：下一跳的地址为全球单播地址。

取值 32：下一跳的地址有两个，一个是全球单播地址，另一个是链路本地地址。

（4）Network Address of Next Hop：下一跳的网络地址。

（5）Reserved：保留，置 0。

（6）Network Layer Reachability Information：路由前缀。

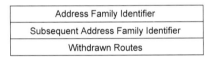

图 17.49　MP_UNREACH_NLRI

如果 Type Code 取值 15，则后面跟着的 NLRI 就是 MP_UNREACH_NLRI，其格式如图 17.49 所示。

（1）Address Family Identifier：地址族标识，IPv6 时取值 2。

（2）Subsequent Address Family Identifier：子地址族标识，单播取值 1，组播取值 2。

（3）Withdrawn Routes：要撤销的路由。

R1、R2 接口 IP 如图 17.50 所示，R1、R2 配置 BGP4＋，使二者之间建立 BGP 邻居关系。

R1、R2 的关键配置如图 17.51 所示。

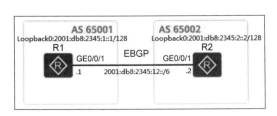

图 17.50　实验拓扑

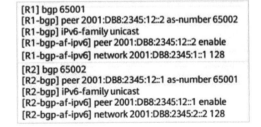

图 17.51　BGP4＋配置

如图 17.52 所示,查看路由表和邻居状态。

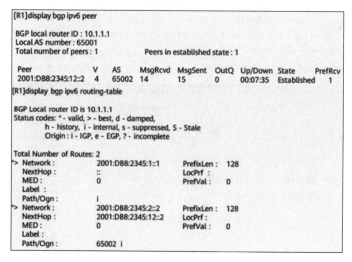

```
[R1]display bgp ipv6 peer

BGP local router ID : 10.1.1.1
Local AS number : 65001
Total number of peers : 1          Peers in established state : 1

Peer                V    AS    MsgRcvd  MsgSent  OutQ  Up/Down   State        PrefRcv
2001:DB8:2345:12::2  4  65002  14       15       0     00:07:35  Established  1
[R1]display bgp ipv6 routing-table

BGP Local router ID is 10.1.1.1
Status codes: * - valid, > - best, d - damped,
              h - history, i - internal, s - suppressed, S - Stale
              Origin : i - IGP, e - EGP, ? - incomplete

Total Number of Routes: 2
*> Network :            2001:DB8:2345:1::1       PrefixLen :  128
   NextHop :            ::                       LocPrf :
   MED :                0                        PrefVal :    0
   Label :
   Path/Ogn :           i
*> Network :            2001:DB8:2345:2::2       PrefixLen :  128
   NextHop :            2001:DB8:2345:12::2      LocPrf :
   MED :                0                        PrefVal :    0
   Label :
   Path/Ogn :           65002 i
```

图 17.52   查看实验结果

17.8   小结

本章介绍了 IPv6 路由的实现原理,包括静态路由、OSPFv3,IS-IS(IPv6)、BGP4+,其中 OSPFv3 的变动最大,与之前的 OSPFv2 完全不能互相兼容,而 IS-IS、BGP 则使用 TLV 结构,具有很好的扩展性和兼容性。

IPv6 的路由协议实现原理和 IPv4 没有太大差异,实现机制、使用的报文类型、工作过程、路由计算原理基本一样。

第18章

VLAN 进阶技术

VLAN 技术可以隔离广播域,是二层网络中经常用的技术。在有些特定场景下,还可以使用 VLAN 的进阶技术实现特定的功能。

本章将介绍 VLAN 聚合、多用复合(Multiplex,MUX)VLAN 和双层 VLAN(802.1Q in 802.1Q,QinQ)这 3 种进阶技术的实现原理和配置方法。

18.1 VLAN 聚合

默认情况下,VLAN 之间的广播域互相隔离,一个 VLAN 使用一个网段,VLAN 间通信使用 VLANIF 网关进行转发,如图 18.1 所示。

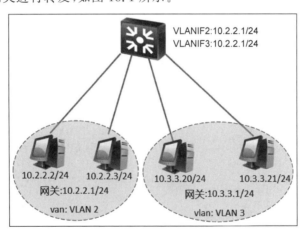

图 18.1 传统 VLAN 应用

在实际应用中,每个 VLAN 中的主机数量不会太多,会造成 IP 地址浪费。为了避免 IP 地址浪费问题,可以将多个 VLAN 进行聚合,聚合后的多个 VLAN 使用同一个网段的 IP 地址,同时又能保持 VLAN 之间广播域隔离。

VLAN 聚合原理如图 18.2 所示,只需给 Super VLAN 配置网关地址,所有 Sub VLAN 使用同网段地址。

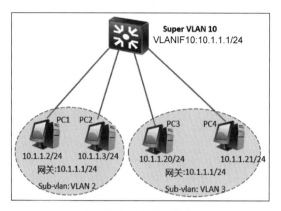

图 18.2　VLAN 聚合

使用 VLAN 聚合之后,PC1 和 PC3 使用相同网段,但是处于不同 Sub VLAN,广播域隔离,如何互相通信呢? 以 PC1 ping PC3 为例,通信过程如下:

(1) PC1 发现 PC3 和自己处于同一个网段,因此直接发送 ARP 请求 PC3 的 MAC 地址。

(2) 默认情况下这个 ARP(广播报文)无法被 PC3 收到,为了使 PC3 能收到这个 ARP 报文,VLANIF 10(Super VLAN)接口使能 ARP 代理。

(3) VLANIF 10 收到这个 ARP 请求后,首先检查自己的 ARP 表,如果 VLANIF 10 已经有 PC3 的 IP-MAC 映射关系,则可直接发送 ARP 回应给 PC1。

(4) 如果 VLANIF 10 没有对应表项,则向所有 Sub-VLAN 转发 ARP 请求,并将 ARP 回应转发给 PC1。

(5) PC1 得到 PC3 的 MAC 之后,就可以直接 ping 对方。

1. 举例验证

实验组网如图 18.3 所示,VLAN 10 是 Super VLAN,VLAN 2、VLAN 3 是 Sub-VLAN,交换机接口是 Access 接口。

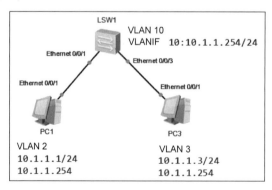

图 18.3　VLAN 聚合实验

2．实验步骤

（1）配置交换机 VLAN，以及 IP 地址。在不使能 ARP 代理的情况下测试 PC1 ping PC3。

（2）VLANIF 10 开启 ARP 代理后，在 PC3 接口 E0/0/1 开启抓包，PC1 ping PC3，然后查看抓包情况，以及 PC 与交换机的 MAC 地址学习情况。

（3）PC1 删除 ARP 表项，再 ping PC3，然后检查抓包情况，会发现虽然 PC1 发出了 ARP 报文，但是 PC3 却没有收到 ARP，因为 VLANIF 已经有 ARP 表项，直接回应给 PC1。

PC1、PC3 的配置如图 18.4 所示。

图 18.4　PC 的配置

在交换机上创建 VLAN，并配置接口 VLAN，以及 VLANIF 10 的接口 IP，再将 vlan 10 配置为 aggregate-vlan（Super-VLAN），将 vlan 2、vlan 3 配置为 access-vlan（Sub-VLAN），如图 18.5 所示。

此时 PC1 ping PC3 失败，如图 18.6 所示。

```
[Huawei]vlan batch 10 2 3
Info: This operation may take a few seconds.
[Huawei]interface e0/0/1
[Huawei-Ethernet0/0/1]port link-type access
[Huawei-Ethernet0/0/1]port default vlan 2
[Huawei-Ethernet0/0/1]interface e0/0/3
[Huawei-Ethernet0/0/3]port link-type access
[Huawei-Ethernet0/0/3]port default vlan 3
[Huawei-Ethernet0/0/3]quit
[Huawei]interface vlanif 10
[Huawei-Vlanif10]ip add 10.1.1.254 24
[Huawei-Vlanif10]quit
[Huawei]vlan 10
[Huawei-vlan10]aggregate-vlan
[Huawei-vlan10]access-vlan 2 to 3
[Huawei-vlan10]quit
```

图 18.5　交换机的配置

```
PC>ping 10.1.1.3

Ping 10.1.1.3: 32 data bytes, Press Ctrl_C to break
From 10.1.1.1: Destination host unreachable
From 10.1.1.1: Destination host unreachable
From 10.1.1.1: Destination host unreachable
From 10.1.1.1: Destination host unreachable
From 10.1.1.1: Destination host unreachable
```

图 18.6　ping 测试

在交换机添加 ARP 代理配置，如图 18.7 所示。

```
[Huawei]interface vlanif 10
[Huawei-Vlanif10]arp-proxy inter-sub-vlan-proxy enable
```

图 18.7　配置 ARP 代理

在 PC3 的 E0/0/1 接口开启抓包，然后 PC1 ping PC3，如图 18.8 所示，显示 ping 成功，抓包后可看到 ARP 报文和 ping 报文。这个 ARP 请求是 VLANIF 代理发出的，见箭头所指的 IP。

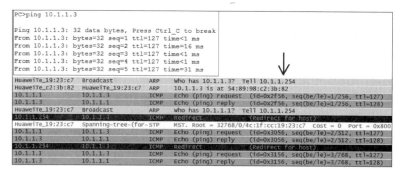

图 18.8　ping 测试和抓包

在 PC1 上将 PC3 的 ARP 表项删除,再 ping PC3,PC1 又发出 ARP 请求,但是交换机已经有 PC3 的 ARP 表项,可以直接回应 PC1 的 ARP,不需要再将 ARP 请求发给 PC3,因此在 PC3 接口上抓包看不到 ARP 报文,如图 18.9 所示。

查看 PC 上的 ARP 表项的命令为 arp -a。

删除 PC 上指定 IP 的 ARP 表项的命令为 arp -d IP 地址。

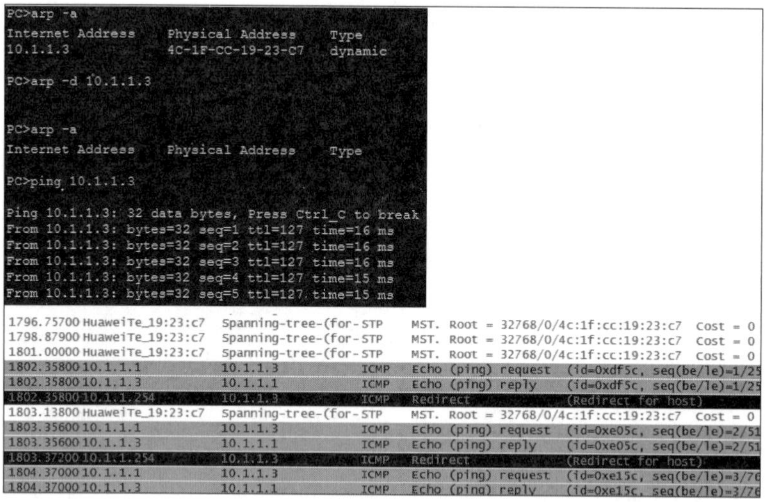

图 18.9　ping 测试和抓包

Super-VLAN 是一个逻辑 VLAN,不能与物理接口绑定,因此对外界来讲是不可见的,当与其他 VLAN 之间通信时,报文携带的还是 Sub-VLAN。

18.2　MUX VLAN

在大型企业中,网络会被分成多个区域,例如研发区、生产区、财务区、访客区等。不同区域内部成员之间的关系不一样,有些区域内部成员可以互相访问,有些区域内的成员需要彼此隔离,又有一些资源可以让所有区域内的成员都可以访问,例如公司网站服务器。

部门 A、B 和访客区内的成员都可以访问服务器,但是访客区的成员 PC5、PC6 互相隔离,也不能访问部门 A、B。部门 A、B 之间互相隔离,但是部门内部成员可以互相访问,如图 18.10 所示。

使用传统 VLAN 再配合访问控制策略可以实现以上功能,不过实现起来比较复杂,增加了维护量。此时可以使用 MUX VLAN 轻松实现。

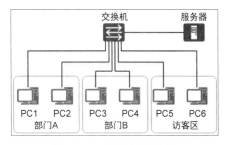

图 18.10　公司网络结构

MUX VLAN 分主 VLAN 和从 VLAN,主 VLAN 也叫 Principal VLAN,从 VLAN 也叫 Subordinate VLAN,从 VLAN 又分 Separate VLAN(隔离型)和 Group VLAN(互通型),如图 18.11 所示。

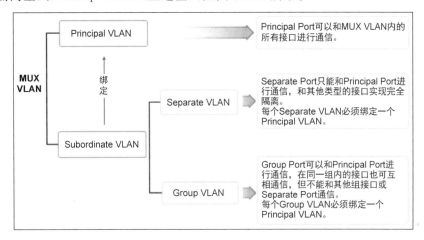

图 18.11　MUX VLAN 结构

MUX VLAN 的具体功能如图 18.12 所示。

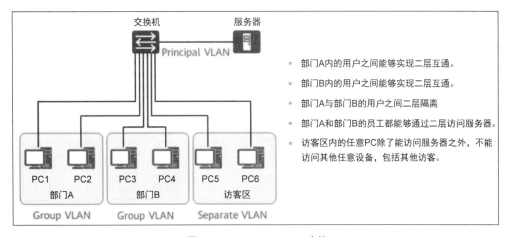

图 18.12　MUX VLAN 功能

VLAN 30 是主 VLAN,VLAN 10 是互通型从 VLAN,VLAN 20 是隔离型从 VLAN,如图 18.13 所示。

(1) PC1、PC2 处于 VLAN 10 区域。

(2) PC3、PC4 处于 VLAN 20 区域。

(3) PC5 处于 VLAN 30 区域。

(4) 5 台 PC 使用同网段的 IP。交换机接口都是 Access 口。

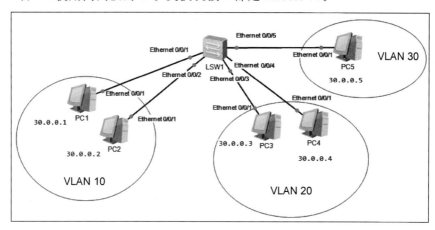

图 18.13　MUX VLAN 验证

各个 PC 设置如图 18.14 所示,配置同网段 IP,不需要配置网关。

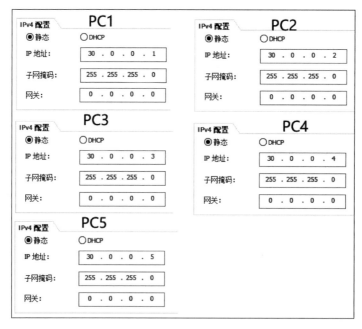

图 18.14　设置 PC

交换机的配置如图18.15所示,先创建 VLAN 10、VLAN 20、VLAN 30,将 VLAN 30 设置为 MUX 主 VLAN,将 VLAN 10 设置为互通型子 VLAN,将 VLAN 20 设置为隔离型子 VLAN。

接着将交换机接口设置为 Access 口,并配置对应的 VLAN,使能 MUXVLAN。

PC1 可以 ping PC2、PC5,但是不能 ping PC3,如图18.16所示。

```
[Huawei]vlan batch 10 20 30
Info: This operation may take a few seconds.
[Huawei]vlan 30
[Huawei-vlan30]mux-vlan
[Huawei-vlan30]subordinate group 10
[Huawei-vlan30]subordinate separate 20
[Huawei-vlan30]quit
[Huawei]interface e0/0/1
[Huawei-Ethernet0/0/1]port link-type access
[Huawei-Ethernet0/0/1]port default vlan 10
[Huawei-Ethernet0/0/1]port mux-vlan enable
[Huawei-Ethernet0/0/1]interface e0/0/2
[Huawei-Ethernet0/0/2]port link-type access
[Huawei-Ethernet0/0/2]port default vlan 10
[Huawei-Ethernet0/0/2]port mux-vlan enable
[Huawei-Ethernet0/0/2]interface e0/0/3
[Huawei-Ethernet0/0/3]port link-type access
[Huawei-Ethernet0/0/3]port default vlan 20
[Huawei-Ethernet0/0/3]port mux-vlan enable
[Huawei-Ethernet0/0/3]interface e0/0/4
[Huawei-Ethernet0/0/4]port link-type access
[Huawei-Ethernet0/0/4]port default vlan 20
[Huawei-Ethernet0/0/4]port mux-vlan enable
[Huawei-Ethernet0/0/4]interface e0/0/5
[Huawei-Ethernet0/0/5]port link-type access
[Huawei-Ethernet0/0/5]port default vlan 30
[Huawei-Ethernet0/0/5]port mux-vlan enable
[Huawei-Ethernet0/0/5]quit
```

图 18.15 设置交换机

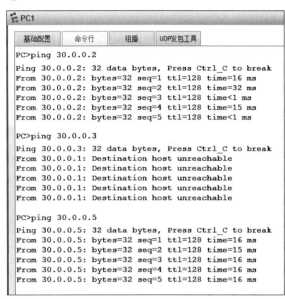

图 18.16 PC1 ping 测试

PC4 可以 ping PC5,但是不能 ping PC3、PC1,如图18.17所示。

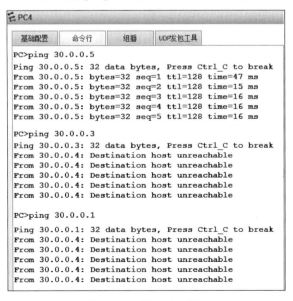

图 18.17 PC4 ping 测试

18.3 QinQ VLAN

因为标准定义的限制，VLAN 的取值范围是 1～4096。在一些大型企业里，在 VLAN 资源不够用的情况下，可以使用 VLAN 扩展。QinQ 技术是 802.1Q in 802.1Q 的简称，也就是双层 VLAN。

QinQ 的结构如图 18.18 所示，标签协议标识（TAT Protocol ID，TPID），华为设备用默认值 0x8100 标识 802.1Q，可以使用命令修改，不同厂家可能用不同的值来标识。

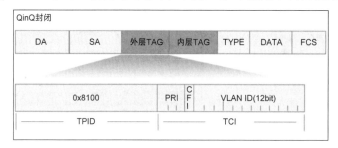

图 18.18　QinQ 结构

（1）PRI：3 位，优先级。

（2）CFI：1 位，在以太网中置 0。

（3）VLAN ID：12 位，表示范围为 0～4095。

QinQ 可以提供类似 VPN 的功能。企业 A、B 各有两个分支，通过 Public Network 连在一起，当 PE1 收到 CE1 发过来的帧时，直接在原来的基础上添加一个外层 VLAN 3 再发出去，对端的 PE2 收到带有 VLAN 3 的帧时，直接将 VLAN 3 Tag 移除，然后发给 CE3，如图 18.19 所示。

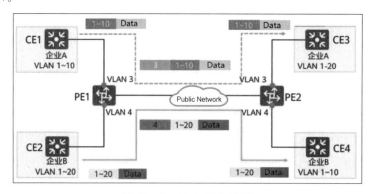

图 18.19　QinQ 工作原理

PE 不需要关注原来的帧带的是什么 VLAN，只需按不同入接口添加不同的 VLAN 就可以了。接收端再按 VLAN 转发给指定的出接口。

使用 QinQ 之后，企业 A、B 可以使用重叠的 VLAN ID。在公网上用不同外层 VLAN

进行区分,不会引起冲突。在实际应用中,也可以在企业内部使用,不同部门使用重叠的 VLAN ID,在有交集的地方用外层 VLAN 隔离开。

企业 1、企业 2 使用重叠 VLAN,企业 1 连接在 SW1 的 GE0/0/1 接口,企业 2 连接在 GE0/0/2 接口。SW1 可以基于接口添加外层 VLAN,从 GE0/0/1 进来的帧添加 100 VLAN Tag,从 GE0/0/2 进来的帧添加 200 VLAN Tag,如图 18.20 所示。

以太网帧从 SW1 的 GE0/0/3 口出去之后走 ISP 网络,其中可能有其他厂家的设备,为了实现互通对接,可以使用命令将外层 VLAN 的 TPID 值修改为 0x9100。

SW1 配置命令如图 18.21 所示。

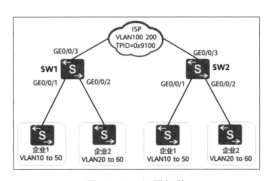

图 18.20 组网拓扑

```
[SW1] vlan batch 100 200
[SW1] interface GigabitEthernet 0/0/1
#将GE0/0/1外层TAG配置为100
[SW1-GigabitEthernet0/0/1] port link-type dot1q-tunnel
[SW1 -GigabitEthernet0/0/1] port default vlan 100
[SW1] interface GigabitEthernet 0/0/2
#将GE0/0/2外层TAG配置为200
[SW1-GigabitEthernet0/0/2] port link-type dot1q-tunnel
[SW1-GigabitEthernet0/0/2] port default vlan 200
[SW1] interface GigabitEthernet 0/0/3
[SW1-GigabitEthernet0/0/3] port link-type trunk
[SW1-GigabitEthernet0/0/3] port trunk allow-pass vlan 100 200
#配置外层VLAN tag的TPID值
[SW1-GigabitEthernet0/0/3] qinq protocol 9100
SW2的配置与SW1类似, 此处省略。
```

图 18.21 配置 SW1

18.4 小结

本章介绍了 VLAN 的 3 个进阶特性,分别是 VLAN 聚合、MUX VLAN 与 QinQ VLAN,其中 VLAN 聚合可以节省 IP 地址空间,多个 VLAN 共用一个网段。MUX VLAN 可以实现端口访问的灵活控制。QinQ VLAN 可以扩展 VLAN 空间,让不同公司、部门可以使用重叠的 VLAN ID。

第 19 章

以太网安全技术

基于 TCP/IP 协议栈的以太网技术是当前网络应用最广泛的技术。很多黑客利用 TCP/IP 协议栈的特性进行网络攻击,如 ARP、DHCP 攻击,导致正常用户无法访问网络资源、机密信息泄露等问题。

为了防止这些攻击影响网络正常工作,可以在网络设备上开启安全防护措施。因为攻击的形式多种多样,防护措施也多种多样。本章介绍其中的几种,包括端口隔离、端口 MAC 安全、MAC 地址漂移防护、端口限速、风暴控制、DHCP Snooping 及 IP Source Guard。

19.1 端口隔离

黑客可以通过 PC 加入网络,然后攻击其他用户。

PC1 是黑客机,PC2 是普通用户,如图 19.1 所示,PC1 和 PC2 都处在 VLAN 2 里面,默认情况下,它们之间可以二层互通,通过抓包发现 PC1 发送报文攻击 PC2。为了防止 PC1 攻击 PC2,可以对它们进行端口隔离。

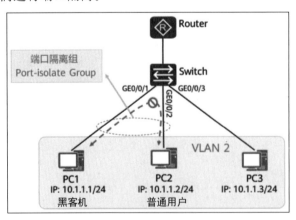

图 19.1 端口隔离

隔离方法是创建一个端口隔离组,将交换机的 GE0/0/1 和 GE0/0/2 添加到同一个组里,二者之间不能互相发送报文。默认情况下是二层隔离,也可以配置成二、三层都隔离。另外,隔离方向也可以进行配置,默认为双向隔离,也可以配置为单向隔离。

将端口添加到隔离组里,然后配置隔离模式,L2 指的是二层隔离,all 指的是二、三层隔离,配置命令如下:

```
[Huawei - GigabitEthernet0/0/1]port - isolate enable group group - id
[Huawei]port - isolate mode{L2 | all}
```

单向隔离的配置命令如下:

```
[HUAWEI - GigabitEthernet0/0/1] am isolate gigabitethernet 0/0/2
```

配置之后,GE0/0/1 接口不能将报文发送到 GE0/0/2,但是 GE0/0/2 可以将报文发送到 GE0/0/1。

PC1、PC2、PC3 都属于 VLAN 2,通过配置,PC3 可以与 PC1、PC2 正常通信,PC1、PC2 之间无法二、三层互通,如图 19.2 所示。

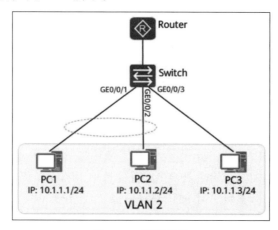

图 19.2　配置举例

交换机配置命令如下:

```
[Switch]vlan 2
[Switch]port - isolate mode all
[Switch]interface GigabitEthernet 0/0/1
[Switch - GigabitEthernet0/0/1]port link - type access
[Switch - GigabitEthernet0/0/1]port default vlan 2
[Switch - GigabitEthernet0/0/1]port - isolate enable group 2
[Switch - GigabitEthernet0/0/1] interface GigabitEthernet 0/0/2
[Switch - GigabitEthernet0/0/2]port link - type access
[Switch - GigabitEthernet0/0/2]port default vlan 2
[Switch - GigabitEthernet0/0/2]port - isolate enable group 2
[Switch - GigabitEthernet0/0/2] interface GigabitEthernet 0/0/3
[Switch - GigabitEthernet0/0/3]port link - type access
[Switch - GigabitEthernet0/0/3]port default vlan 2
```

19.2　端口MAC地址安全

交换机依靠MAC地址表转发报文,通过报文的目标MAC查表,找到对应的出接口,然后转发出去。默认情况下,MAC地址表通过动态学习得到,例如当主机发送ARP报文时,交换机就可以学习MAC地址与接口的对应关系,并更新MAC地址表。

黑客可以利用交换机的MAC地址学习机制进行攻击,如图19.3所示,主机A是正常用户,使用的MAC地址是00-01-02-03-04-AA,在交换机GE0/0/1接口下面。主机B是黑客,把自己的MAC地址也改成00-01-02-03-04-AA,并发送ARP报文,这样交换机就会更新MAC地址表,认为00-01-02-03-04-AA在接口GE0/0/2下面。

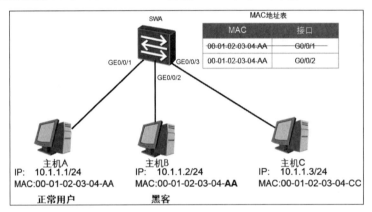

图19.3　ARP攻击

此时,当主机C将报文发送给主机A时,通过目标MAC查表发现00-01-02-03-04-AA对应的出接口是GE0/0/2,主机A不能正常收到报文,业务不通。

除了上面介绍的攻击,黑客还可以使用爆炸式攻击。主机B快速变换自己的MAC地址,并发送ARP报文,同一个VLAN中的所有主机都不能正常通信,而且交换机的MAC地址表被耗尽。

为了防止黑客攻击MAC地址表,可以在交换机上配置安全防护,主要有以下几种方式。

1. 配置静态MAC

有些接口的MAC地址比较固定,如上行设备、服务器,可以将MAC地址和接口进行绑定,变成静态MAC地址表项。静态MAC地址表项的优先级高于动态学习得来的MAC地址表项,不容易被修改,而且配置静态MAC之后,从其他接口收到源MAC时该MAC的报文会被丢弃。

2. 禁止MAC学习

在网络环境比较固定(例如端口下接的是上行或者服务器)的场景中,可以在端口上配置静态MAC,并禁止MAC学习,限制非法用户接入,杜绝攻击的可能。

3. 限制 MAC 学习

对于开放式网络,有可能会有不同主机接入的场景,可以限制端口学习 MAC 地址的数量,例如可以限制学习 1 个,此时接入的主机就无法频繁地变化自己的 MAC 地址来制造攻击,如果要更换主机,则要等 MAC 地址老化(默认时间为 300s)之后,才能重新学习。

4. 配置黑洞 MAC

如果知道某个 MAC 地址的主机在攻击网络,则可以将该 MAC 配置成黑洞 MAC。源 MAC、目标 MAC 是黑洞 MAC 的报文都将被丢弃。

5. 配置 MAC 老化时间

交换机学习到的 MAC 地址表项默认的老化时间是 300s,也就是说 300s 内如果没有收到目标 MAC 的报文,就会将对应的 MAC 表项删除。在有些场景下也可以修改 MAC 老化时间,以便加快业务恢复。

MAC 地址表安全防护汇总如图 19.4 所示。

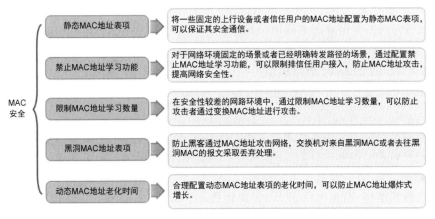

图 19.4　MAC 防护

对应的配置命令如图 19.5 所示。

注意：禁止 MAC 学习与限制 MAC 学习数量不需要同时配置,选其中一种,这里只是演示配置命令,所以放在一起配置。

```
[Huawei]mac-address static 0003-0003-0003 GigabitEthernet 0/0/1 vlan 4
[Huawei-GigabitEthernet0/0/1]mac-address learning disable
[Huawei-GigabitEthernet0/0/1]mac-limit maximum 1
[Huawei-GigabitEthernet0/0/1]mac-limit alarm enable
[Huawei-GigabitEthernet0/0/1]quit
[Huawei]mac-address blackhole 0004-0004-0004 vlan 4
[Huawei]mac-address aging-time 120
```

图 19.5　MAC 防护配置

19.3　MAC 地址漂移防护

正常情况下,MAC 地址和端口的映射关系是稳定不变的,即使有变化(如计算机换了一个接口接入交换机)也不会太频繁。如果网络中出现 MAC 地址和接口映射关系频繁变化的情况，就称为 MAC 地址漂移，如图 19.6 所示，有以下两种情况会出现 MAC 地址漂移：

（1）网络出现环路。

（2）有网络攻击。

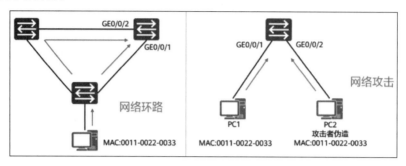

图 19.6　MAC 地址漂移

如果是网络环路导致的 MAC 地址漂移，则需要使能 STP 破环来解决，如果是网络攻击导致的漂移，则需要配置防漂移防护机制。

如何知道网络中出现 MAC 地址漂移呢？华为交换机支持两种检测方式。

1. 基于 VLAN 的 MAC 漂移检测

在 VLAN 模式下开启 MAC 地址漂移检测，如果发现 MAC 地址漂移，则可采取指定动作。

（1）告警：只往上层网管告警。

（2）阻断接口：出现漂移的接口（最后一次更新 MAC 的接口）被关闭，不能转发任何业务。默认阻塞 10s，然后开放并重新检测，如果 20s 内没有再检测到漂移，则解除阻塞，如果 20s 内再检测到漂移，则再次阻塞 10s。如此重复 2 次，如果最终还是有 MAC 漂移出现，则永久阻塞接口。

（3）阻断 MAC：指定 MAC 阻断，带其他源 MAC 的报文可以正常通过。

配置方法如图 19.7 所示。

```
[Huawei-vlan2]loop-detect eth-loop ?
  alarm-only   Only alarm when the loop occurs
  block-mac    Block the mac when the loop occurs
  block-time   Block time
```

图 19.7　配置基于 VLAN 的漂移检测

2. 全局 MAC 漂移检测

默认情况下，当交换机检测到 MAC 地址漂移时，只简单上报告警，不会采取其他动作。在实际应用中可以根据具体网络需求，采取指定动作。

（1）error-down：检测到 MAC 漂移后，将端口设置为 error-down，不再转发数据。

（2）quit-vlan：检测到 MAC 漂移后，退出当前接口所属的 VLAN。

配置方法如图 19.8 所示。

```
[Huawei-GigabitEthernet0/0/1]mac-address flapping trigger ?
  error-down  The interface was shutdown because of mac-flapping
  quit-vlan   The interface quit vlan because of mac-flapping
```

图 19.8 配置基于全局的漂移检测

以上两种措施执行之后,默认情况下不会自动恢复,如果需要自动恢复,则可以通过手动配置命令实现,如图 19.9 所示。

```
[Huawei]error-down auto-recovery cause mac-address-flapping interval ?
  INTEGER<30-86400>  Value of the automatic recovery timer, in seconds

[Huawei]mac-address flapping quit-vlan reco
[Huawei]mac-address flapping quit-vlan recover-time ?
  INTEGER<0,1-1440>  Value of the automatic recovery timer (unit: minute,
                     default value: 10, 0 means no automatic recovery)
```

图 19.9 自动恢复配置

华为交换机默认开启全局 MAC 地址漂移检测功能。某些场景下 MAC 地址确实需要漂移,例如为了做测试,需要将计算机频繁地接在不同端口下。此时可以配置 VLAN 白名单,不对指定 VLAN 做漂移检测,配置方法如图 19.10 所示。

```
[Huawei]mac-address flapping detection exclude vlan ?
  INTEGER<1-4094>  VLAN ID
```

图 19.10 配置 VLAN 漂移白名单

除了可以自动检测并采取指定动作外,还可以采取积极措施避免 MAC 漂移,有两种方式。

1) 设置 MAC 学习优先级

默认情况下接口 MAC 地址学习的优先级都是 0,同优先级的可以互相覆盖,高优先级可以覆盖低优先级,但是低优先级的不能覆盖高优先级的。

PC1 是正常用户,PC2 是攻击者,为了保护 PC1,可以将 GE0/0/1 的端口学习优先级改成 1,高于 GE0/0/2 接口的 MAC 地址学习优先级。此时攻击者无法刷新 MAC 地址表,如图 19.11 所示。

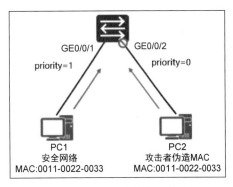

图 19.11 MAC 地址学习优先级

配置命令如下:

```
[Huawei-GigabitEthernet0/0/1]mac-learning priority 1
```

2) 取消同优先级覆盖

取消同优先级覆盖之后,所有端口都使用默认优先级 0,后学习到的 MAC 地址信息(GE0/0/2)不能更新到 MAC 地址表中,配置命令如下:

```
[Huawei]undo mac-learning priority 0 allow-flapping
```

这里有个隐患,即如果 PC1 掉电、下线,等 GE0/0/1 接口 MAC 地址老化之后,MAC 地址则会从 GE0/0/2 学习到,此时如果 PC1 再上线,就会被当作攻击者处理,无法正常学习 MAC 地址。

可以使用命令查看 MAC 漂移记录,命令如下:

```
[Huawei]display mac - address flapping record
Info: The mac - address flapping record does not exist.
```

华为交换机默认情况下打开了 MAC 漂移检测,如果发现 MAC 漂移,或者需要提前避免 MAC 漂移,则可以提前设置接口的 MAC 学习优先级,以此保证业务的稳定性。

19.4　流量抑制与风暴控制

1. 流量抑制

网络中存在各种不同的业务,有广播、组播、已知单播、未知单播(目标 MAC 不在交换机 MAC 地址表中)、未知组播,如图 19.12 所示。

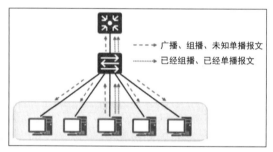

图 19.12　流量分类

已知单播、已知组播的报文路径是固定的,但是广播、未知单播和未知组播报文都会在交换机各个接口泛洪。正常情况下,这些泛洪流量不会太大,但是如果网络中出现黑客攻击,则会出现大量的泛洪流量,并且会很快耗尽网络资源。为了避免这种类型的攻击,可以对接口进行流量抑制。

抑制的原理如图 19.13 所示,在接口的入方向,对广播、组播、单播、未知组播、未知单播等各种流量设置阈值,以接口带宽的百分比计算。图中将阈值设置为 80%,表示超过 80% 部分的流量会被丢弃。

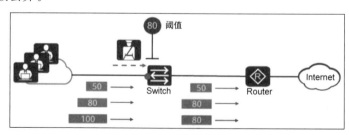

图 19.13　流量抑制

除了抑制之外,还可以将广播、未知单播、未知组播报文直接阻塞。配置方法如图 19.14 所示,可以设置百分比、完全阻塞或者具体报文速率。

```
[Huawei-GigabitEthernet0/0/1]unicast-suppression ?
  INTEGER<0-100>   Specify the value of percent
  block            Block the packets of this port
  packets          Set packet rate
[Huawei-GigabitEthernet0/0/1]multicast-suppression ?
  INTEGER<0-100>   Specify the value of percent
  block            Block the packets of this port
  packets          Set packet rate
[Huawei-GigabitEthernet0/0/1]broadcast-suppression ?
  INTEGER<0-100>   Specify the value of percent
  block            Block the packets of this port
  packets          Set packet rate
```

图 19.14　配置流量抑制

查看接口的配置信息,如图 19.15 所示。

```
[Huawei]display flow-suppression interface g0/0/1
storm type          rate mode      set rate value
------------------------------------------------------------
unknown-unicast     percent        percent: 50%
multicast           percent        percent: 20%
broadcast           percent        percent: 10%
------------------------------------------------------------
```

图 19.15　接口配置参数

2. 风暴控制

如果二层网络中存在环路,广播、未知单播、未知组播报文就会在环路内不停地循环,流量越来越大,形成风暴。

风暴控制与流量抑制有些类似,不过也有不同点,流量抑制将流量控制在阈值范围内,而风暴控制可以对流量采取措施,如阻塞报文、关闭端口,如图 19.16 所示,未知单播报文超过了阈值,将未知单播报文完全阻塞,但是广播、未知组播报文还可以通过。

如果未知单播报文超过了阈值,则可将整个接口关闭,所有报文都不能通过,如图 19.17 所示。

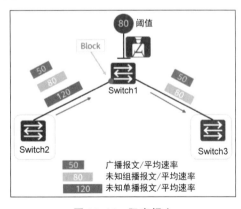

图 19.16　阻塞报文

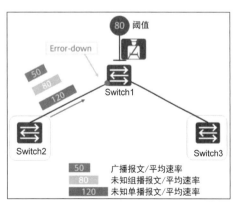

图 19.17　关闭端口

风暴控制的配置如图 19.18 所示。

```
[Huawei-GigabitEthernet0/0/1]storm-control unicast min-rate 10000 max-rate 20000
[Huawei-GigabitEthernet0/0/1]storm-control multicast min-rate 10000 max-rate 20000
[Huawei-GigabitEthernet0/0/1]storm-control broadcast min-rate 10000 max-rate 20000
[Huawei-GigabitEthernet0/0/1]storm-control action block
```

图 19.18　配置风暴控制

查询风暴控制的配置信息,如图 19.19 所示。

```
[Huawei]display storm-control interface g0/0/1
PortName      Type        Rate      Mode Action    Punish-     Trap Log Int Last-
                          (Min/Max)                Status                   Punish-Time
--------------------------------------------------------------------------------------
GE0/0/1       Multicast   10000     Pps  Block     Normal      Off  Off 5
                          /20000
GE0/0/1       Broadcast   10000     Pps  Block     Normal      Off  Off 5
                          /20000
GE0/0/1       Unicast     10000     Pps  Block     Normal      Off  Off 5
                          /20000
```

图 19.19　查询风暴控制信息

19.5　DHCP Snooping

DHCP 用来帮助主机自动获得 IP、网关、DNS 等信息,工作过程如图 19.20 所示。

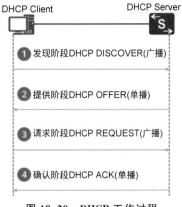

图 19.20　DHCP 工作过程

① 主机发送广播报文寻找服务器。

② 服务器收到之后,以单播方式给主机提供 IP 地址等信息。

③ 因为可能存在多个服务器,所以可能收到多个 OFFER,此时主机选择最优(最先收到)的 OFFER,并以广播方式发给服务器。

④ 提供最优 OFFER 的服务器以单播形式将 ACK 发送给主机,其中带有租期信息,其他服务器释放第②步分配出去的 IP 等资源。

DHCP 有可能被黑客攻击,主要攻击形式有以下两种:

(1)仿冒服务器,收到主机请求时,也提供 OFFER 给主机,如果这个 OFFER 先到达主机,则主机便使用了不正确的 IP 和网关配置,无法正常工作。

(2)仿冒用户,不停改变自己的 MAC 地址,然后请求 IP,最终 DHCP 服务器的 IP 地址等资源被耗光,新的用户无法正常获得 IP。这也叫 DoS(拒绝服务)攻击,或者称为饿死攻击。

如何防止上述攻击呢? 此时需要用到 DHCP Snooping(DHCP 窥探)。DHCP Snooping 是交换机上的一个安全特性,用于保证主机从合法的 DHCP 服务器获得 IP 地址,同时避免 DHCP 服务器受到 DoS 攻击。

对于仿冒服务器的攻击,可以给端口分配角色进行防护,将连接合法 DHCP 服务器的接口配置为信任接口,只有信任接口才能接收 DHCP OFFER、ACK、NAK,如图 19.21 所示,GE0/0/3 口是信任接口,其他接口为普通接口。交换机收到主机发来的 DHCP DISCOVER 消息,只从信任接口发出去。

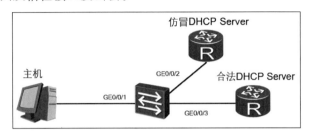

图 19.21　DHCP 仿冒服务器防护

交换机的配置方法如图 19.22 所示,在设置端口角色前,需要在全局模式下使能 DHCP,然后使能 DHCP Snooping。Trusted 端口接收的 OFFER、ACK 只能发给 snooping enable 的接口。

```
[Huawei]dhcp enable
Info: The operation may take a few seconds. Please wait
[Huawei]dhcp snooping enable
[Huawei]interface ge0/0/1
[Huawei-GigabitEthernet0/0/1]dhcp snooping enable
[Huawei-GigabitEthernet0/0/1]interface ge0/0/2
[Huawei-GigabitEthernet0/0/2]dhcp snooping enable
[Huawei-GigabitEthernet0/0/2]interface ge0/0/3
[Huawei-GigabitEthernet0/0/3]dhcp snooping trusted
```

图 19.22　DHCP Snooping 配置

DHCP 饿死攻击,其攻击原理是主机不停地修改 MAC 地址来申请新的 IP,如图 19.23 所示,DHCP Server 根据 CHADDR(Client Hardware Address,客户硬件地址,也就是 MAC 地址)来分配 IP。Attacker 不停地修改自己的 MAC 地址,然后发出 DHCP 请求,这样 DHCP Server 就会不停地将 IP 分配出去,最终耗尽。

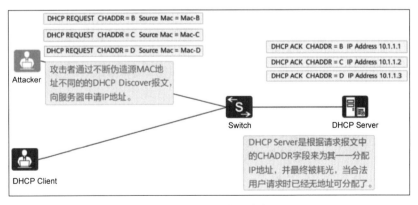

图 19.23　DHCP 饿死攻击(1)

正常情况下,DHCP 中的 CHADDR 和以太网头部的源 MAC 是一致的,因此可以通过限制交换机接口下最大 MAC 数量来防止饿死攻击。例如一个接口最大只能有 3 个不同源 MAC 地址,那么这个接口下的主机最多只能申请 3 个 IP 地址。

限制接口的最大 MAC 地址数量,检查的是以太网头部的源 MAC,如果 Attacker 保持以太网头部源 MAC 不变,然后不停地修改内部的 CHADDR 字段,则会绕过交换机的检查,然后从 DHCP Server 获得 IP,如图 19.24 所示,外层 MAC 不变,内层 CHADDR 不停地变换。

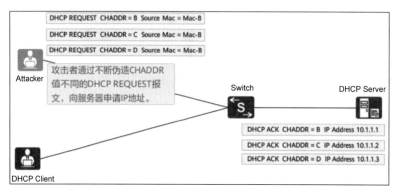

图 19.24   DHCP 饿死攻击(2)

针对修改 CHADDR 攻击,可以在交换机接口上检查报文内外层 MAC,如果一致,则转发,如果不一致,则丢弃报文,配置命令如下:

```
[Huawei - GigabitEthernet0/0/1]dhcp snooping check mac - address enable
```

19.6   IP Source Guard

网络中的主机通常经过 DHCP 获得 IP 地址,如果自己设置 IP 地址,则无法访问网络,如图 19.25 所示,两台合法主机通过 DHCP 获得 IP,非法主机使用自己设置的 IP 无法上网,但是非法主机等合法主机关机、下线之后,修改成合法主机的 IP,就可以蒙混过关了。

为了避免这类非法用户接入网络,可以使用 IP 源保护(IP Source Guard,IPSG)功能,基于二层接口进行源 IP 地址过滤。在 Switch 的入接口或者 VLAN 上部署 IPSG 功能,对进入的 IP 报文进行检查,丢弃非法主机发来的报文。

IPSG 的工作原理如图 19.26 所示,交换机上有 IP、MAC、VLAN、接口的绑定表,如果查表信息不匹配,则丢弃非法报文。

如果使能了 IPSG 功能,当绑定表是空的情况下,交换机则只能接收 DHCP 报文,其他报文都丢弃。绑定表生成之后转换为 ACL,最终使用 ACL 控制报文的通过或者丢弃。

IPSG 的配置如图 19.27 所示,配置了一个绑定条目,其中包括 IP、MAC、接口、VLAN,当不匹配的报文数量超过 200 时,上报告警。

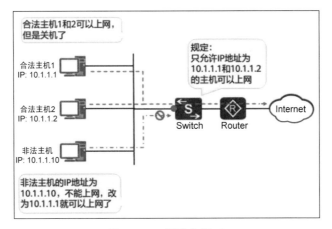

图 19.25 修改主机 IP

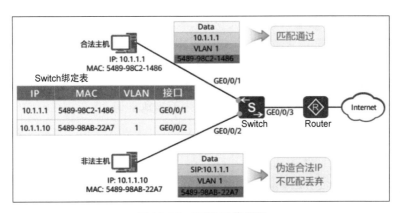

图 19.26 IPSG 工作原理

```
[Huawei]user-bind static ip-address 10.0.0.1 mac-address 0001-0001-0001 interface Gigabit
Ethernet 0/0/1 vlan 10
Info: 1 static user-bind item(s) added.
[Huawei]interface g0/0/1
[Huawei-GigabitEthernet0/0/1]ip source check user-bind enable
Info: Add permit rule for dynamic snooping bind-table, please wait a minute!done.
[Huawei-GigabitEthernet0/0/1]ip source check user-bind alarm enable
[Huawei-GigabitEthernet0/0/1]ip source check user-bind alarm threshold 200
```

图 19.27 IPSG 配置

使用命令查询配置信息,如图 19.28 所示。

```
[Huawei]display dhcp static user-bind all
DHCP static Bind-table:
Flags:O - outer vlan ,I - inner vlan ,P - map vlan
IP Address                      MAC Address      VSI/VLAN(O/I/P) Interface
----------------------------------------------------------------------------
10.0.0.1                        0001-0001-0001  10  /-- /--      GE0/0/1
----------------------------------------------------------------------------
print count:          1          total count:              1
```

图 19.28 查询 IPSG 配置

19.7　小结

本章介绍了几种以太网安全技术,可以防范在以太网层面的网络攻击,内容概况如下。

(1) 端口隔离:将交换机的端口进行隔离,可以是二层、三层隔离,隔离可以是双向的,也可以是单向的。

(2) 端口 MAC 地址安全:为了防止黑客对 MAC 地址表进行攻击,可以使用静态 MAC、禁止 MAC 学习、限制 MAC 学习数量、配置黑洞 MAC、配置 MAC 老化时间等方法。

(3) MAC 地址漂移防护:环路和黑客攻击都会导致 MAC 地址漂移,解决方法是在 VLAN 模式下或者在全局模式下开启 MAC 漂移检测,如果发现漂移,则上报告警、阻断 MAC 或者阻断整个端口。另外还可以积极防止 MAC 地址漂移,方法是设置 MAC 学习优先级、取消同优先级覆盖。

(4) 流量抑制与风暴控制:为了防止广播、未知单播、未知组播等异常流量过大,在交换机接口上配置流量抑制,将流量限制在指定范围内,而风暴控制则更严格,如果发现异常流量超过阈值,则将关闭指定流量,或者关闭整个端口。

(5) DHCP Snooping:DHCP 攻击主要有两种,一种是仿冒服务器,使正常用户得到错误的 IP,不能正常上网;另一种是仿冒客户机并不停地申请 IP,耗尽 DHCP 服务器 IP 资源,导致正常主机无法申请 IP。第 1 种攻击通过配置信任端口解决,只有连接 DHCP 服务器的端口是信任端口,其他端口是普通端口。第 2 种攻击通过限制接口 MAC 数量解决,并匹配内外层 MAC。

(6) IP Source Guard:为了避免非法主机通过修改 IP 地址连接网络资源,在交换机上配置绑定表,IP 与 MAC、接口 ID、VLAN 绑定,只有完全匹配才能连接网络。

第 20 章

MPLS 技术原理

传统 IP 报文转发根据路由器查找路由表进行，存在一定的缺陷。多协议标签转换（Multi-Protocol Label Switch，MPLS）技术可以很好地弥补 IP 转发的缺陷。

下面先介绍传统 IP 网络存在的缺陷，然后介绍 MPLS 如何弥补这些缺陷。

20.1 传统 IP 网络的缺陷

1．缺陷 1：查表效率低

从左边 10.1.0.0/24 网络发往右边 10.2.0.0/24 网络的报文，到达 SWA 后，SWA 需要逐条匹配路由条目，第 1 条 0.0.0.0/0 是默认路由，可以匹配，但是 SWA 不能直接使用 0.0.0.0/0 这条路由，它还需要继续往下匹配，直至找到最长匹配，最后使用的是 10.2.0.0/24 这个路由条目，如图 20.1 所示。

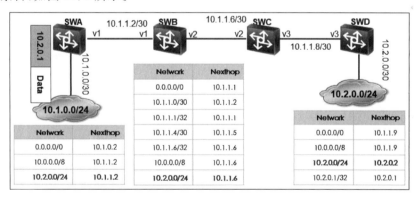

图 20.1　IP 报文转发过程

路径上的每个设备都要像 SWA 一样，每个报文都匹配一遍路由表，效率比较低。

2．缺陷 2：流量控制困难

网络 A 和网络 B 去往网络 C 的流量，到达 SWB，查路由表后，走路径 SWB→SWC→SWD，因为这条路径跳数更少，带宽更大，所有流量都走上面路径，见图 20.2 中的流量 1、流量 2。路径 SWB→SWG→SWH→SWD(流量 3)完全空闲不用，造成资源浪费。

也可以通过策略路由控制流量走下面的路径,但是需要对具体流量进行控制,不灵活。

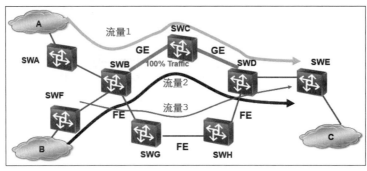

图 20.2　流量控制问题

20.2　MPLS 的优点

1. 查表速度快

为了解决传统 IP 网络的缺陷,后来发展出多协议标签转发。

如图 20.3 所示,MPLS 协议处在 IP 报头前面。每个网络设备有一个标签转发表,见图中 SWB 下方的标签表,标签转发表包括入端口、入标签及对应的出端口、出标签。例如,SWB 从 GE0/0/1 收到一个带 1024 标签的报文,对应的出端口是 GE0/0/2,出标签是 1029。

和查路由表相比,查标签表有个最大的优点就是唯一匹配,从而大大提高查表效率。

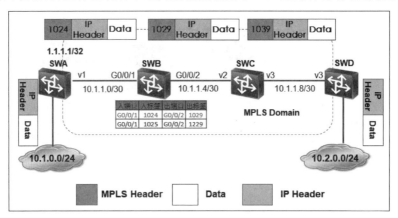

图 20.3　MPLS 协议

2. 流量控制简单

MPLS RSVP-TE 技术可以自动将流量分配到各个路径,不需要手动指定具体流量的转发路径,如图 20.4 所示,网络 A、B 去往网络 C 的流量,70% 走上面路径,30% 走下面路径,这个比例可以调整。

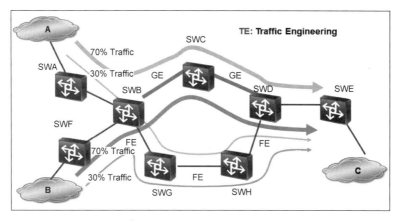

图 20.4 MPLS 流量工程

3. MPLS VPN 应用广泛

早期的路由器查路由表是瓶颈,不过后期的路由器查表用硬件实现,不再成为瓶颈,但是 MPLS 技术在实际网络中还被广泛应用,用得最多的就是 MPLS VPN,在运营商网络内部经常会用到。

中间虚框内的网络是运营商网络,里面的设备都运行 MPLS 协议,因此虚线框内也称 MPLS 域。P 是运营商内部设备,PE 是和用户对接的设备;CE 是用户和运营商对接的设备。运营商网络将各个 VPN 分支连接在一起,提供 VPN 服务,用户使用时感觉处在同一个局域网内,如图 20.5 所示。

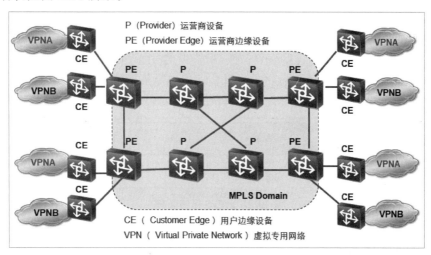

图 20.5 MPLS VPN

相比传统 IP 网络,MPLS 有以下 3 个优势:

(1) 更好的查表效率。

(2) 可以更好地控制网络流量路径。

(3) 可以更好地提供 VPN 服务。

以太网头部的 VLAN 带有优先级标签,IP 头部中有优先级标签,MPLS 协议也有优先级表现。可以将 IP 头部的优先级和 MPLS 优先级互相映射,当 IP 报文封装 MPLS 头部时将 IP 头部的优先级搬到 MPLS 优先级。

20.3 MPLS 原理

MPLS 标签处在以太网头部和 IP 头部中间,如图 20.6 所示,以太网帧头的 Type 取值 0x8847 表示其中带 MPLS 标签。MPLS 标签长度为 4 字节,即 32 位。

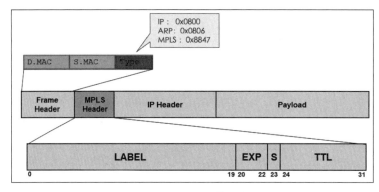

图 20.6　MPLS 帧结构

（1）Label：长度为 20 位。

（2）EXP：3 位,MPLS 优先级。

（3）S：1 位,栈底标识。

（4）TTL：8 位,和 IP 头部的 TTL 一样,用来防止网络环路。

在 MPLS 应用中经常嵌套标签,有时 MPLS VPN 需要用到 2 层标签,有些场景还需要 3 层标签,如图 20.7 所示,使用 S 标志位标识栈底,S＝0 表示非栈底,S＝1 表示栈底。

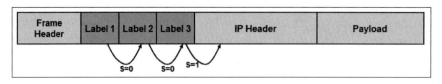

图 20.7　MPLS 标签嵌套

MPLS 协议根据标签转发表进行报文转发,如表 20.1 所示,每个运行 MPLS 协议的设备都有标签转发表,同时还有路由表。

表 20.1　标签转发表

入 端 口	入 标 签	出 端 口	出 标 签
GE0/0/1	1024	GE0/0/2	1029
GE0/0/1	1025	GE0/0/2	1229

路由表根据最短路径树计算得来,总是选择最优路径转发报文,MPLS 使用的标签表在路由表的基础上计算得来,因此不论是采用路由表转发报文,还是用标签转发报文,走的路径都是一致的。

RTA 收到一个去往 10.0.0.0/24 网段的报文,根据路由表应该从 GE0/0/1 转发出去,根据标签转发表也应该从 GE0/0/1 转发出去,如图 20.8 所示。

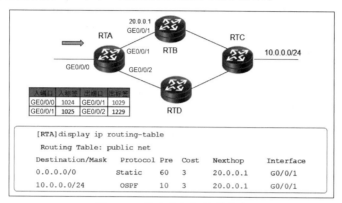

图 20.8　路由表与标签转发表

设备中分控制平面和转发平面,控制平面在设备的主控板上,负责运行路由协议、计算路由表,转发平面负责查表并转发报文,如图 20.9 所示。

路由表通过路由协议(如 OSPF)计算得来,标签转发表通过标签分发协议(如 LDP)得来。标签分发协议基于路由表来分配标签,从而保证选择最优路径。

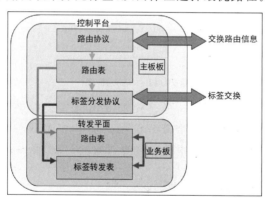

图 20.9　控制平面和转发平面

运行 MPLS 协议的设备里面有标签转发表和路由表,收到不带标签的报文时首先查找下一跳标签转发表(Next Hop Label Forwarding Entry,NHLFE)。根据报文携带的 IP 目标网段来查找,例如查找 10.2.0.0。如果 NHLFE 查找失败,没有找到匹配的条目,再查找 IP 路由表,按照路由表进行转发。

10.2.0.0 也称为转发等价类(Forwarding Equivalence Classes,FEC),如图 20.10 所示,SWA 收到一个去往 10.2.0.1 的报文,该报文不带标签。首先在 NHLFE 表里查找

10.2.0.0,命中了一个条目,对应的标签操作是 push,表示新增标签头,出标签是 1030,因此 SWA 会在 IP 头前面添加一个 MPLS 标签,标签号是 1030。

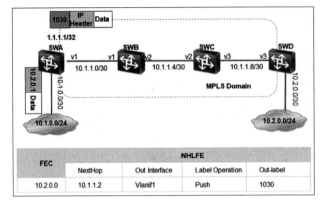

图 20.10　新增 MPLS 标签

在 SWA 上可以通过命令查询 NHLFE 表的相关信息,如图 20.11 所示。

```
<SWA>display  mpls lsp include 10.2.0.0 24 verbose
-----------------------------------------------------
                 LSP Information: LDP LSP
-----------------------------------------------------
No                     : 1
VrfIndex               :
Fec                    : 10.2.0.0/24
Nexthop                : 10.1.1.2
In-Label               : NULL
Out-Label              : 1030
In-Interface           : ----------
Out-Interface          : Vlanif1
LspIndex               : 10249
Token                  : 0x22005
LsrType                : Ingress
Outgoing token         : 0x0
Label Operation        : PUSH
Mpls-Mtu               : 1500
TimeStamp              : 822sec
```

图 20.11　NHLFE 表

如果收到带 MPLS 标签的报文,则直接查询入标签映射表(Incoming Label Map, ILM),如图 20.12 所示,SWB 收到一个带标签 1030 的报文,直接查找 ILM 表,通过 ILM 表得知下一跳是 10.1.1.6,转发出去的报文标签值是 1050,标签操作是 swap,表示标签切换。

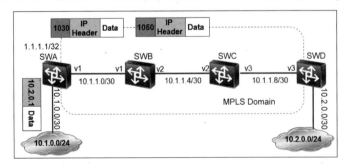

图 20.12　切换 MPLS 标签

查询 SWB 的 ILM 表,如图 20.13 所示。

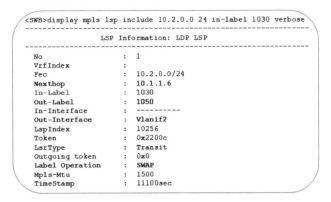

```
<SWB>display mpls lsp include 10.2.0.0 24 in-label 1030 verbose
---------------------------------------------------------------
                 LSP Information: LDP LSP
---------------------------------------------------------------
  No                   : 1
  VrfIndex             :
  Fec                  : 10.2.0.0/24
  Nexthop              : 10.1.1.6
  In-Label             : 1030
  Out-Label            : 1050
  In-Interface         : ----------
  Out-Interface        : Vlanif2
  LspIndex             : 10256
  Token                : 0x2200c
  LsrType              : Transit
  Outgoing token       : 0x0
  Label Operation      : SWAP
  Mpls-Mtu             : 1500
  TimeStamp            : 11100sec
```

图 20.13　切换 MPLS 标签

最终报文离开 MPLS 域时还要剥去 MPLS 标签,然后转发出去,如图 20.14 所示,
SWD 收到一个带标签 1032 的报文,查找 ILM 表,得知下一跳是 10.2.0.2,出标签是
NULL,标签操作是 POP,表示弹出 MPLS 标签,因此 SWD 会剥掉标签,然后转发报文。

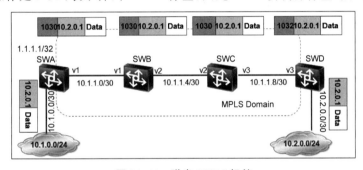

图 20.14　弹出 MPLS 标签

查询 SWD 的 ILM 表,如图 20.15 所示。

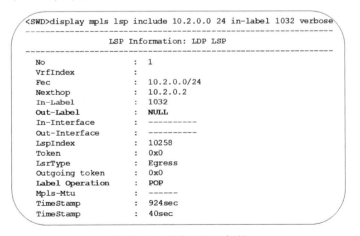

```
<SWD>display mpls lsp include 10.2.0.0 24 in-label 1032 verbose
---------------------------------------------------------------
                 LSP Information: LDP LSP
---------------------------------------------------------------
  No                   : 1
  VrfIndex             :
  Fec                  : 10.2.0.0/24
  Nexthop              : 10.2.0.2
  In-Label             : 1032
  Out-Label            : NULL
  In-Interface         : ----------
  Out-Interface        : ----------
  LspIndex             : 10258
  Token                : 0x0
  LsrType              : Egress
  Outgoing token       : 0x0
  Label Operation      : POP
  Mpls-Mtu             : ------
  TimeStamp            : 924sec
  TimeStamp            : 40sec
```

图 20.15　弹出 MPLS 标签

20.4 小结

传统 IP 网络查表效率低,网络流量不好控制,MPLS 协议可以弥补传统 IP 网络的缺陷,同时还可以实现 VPN 功能。

MPLS 标签处在以太网头和 IP 头之间,还可以有多层嵌套,里面还有优先级、TTL 等信息。

MPLS 路由器根据标签转发表来转发报文,标签转发表根据路由表计算得来,和路由表走相同的路径。

MPLS 有 3 种标签操作:添加标签(Push)、转换标签(SWAP)、剥离标签(Pop)。

第 21 章

LDP 原理

MPLS 基于标签转发表进行转发,与路由表类似,标签转发表有两种获得渠道:一是手动配置(类似静态路由);二是通过协议自动学习(类似 OSPF)。手动配置不灵活,维护量较大,常用的标签分发方法是使用标签分发协议(Label Distribution Protocol,LDP)自动分发标签。

本章介绍 LDP 的工作原理,然后结合一个例子介绍 MPLS、LDP 的配置。

21.1 LDP 基本工作机制

LDP 的工作机制如图 21.1 所示,与 OSPF/BGP 类似,首先要建立邻居关系,然后分发标签。

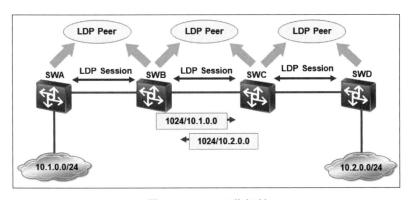

图 21.1　LDP 工作机制

LDP 属于应用层协议,协议格式如图 21.2 所示,最开始阶段使用 UDP 封装,并使用组播地址 224.0.0.2 尝试发现邻居,发现邻居之后使用 TCP 封装,建立连接,后续的通信都在 TCP 链接里面完成。

IP Header	TCP/UDP Header	LDP PDU

图 21.2　LDP 格式

LDP 的工作过程与路由协议类似,分为以下几个步骤:

(1) 发现邻居,使用 Hello 报文。

(2) 建立 TCP 链接。

(3) 发送 Keepalive 维护邻居状态。

(4) 分发标签。

如图 21.3 所示,LDP 邻居可以是直连的,也可以是远程的(非直连)。

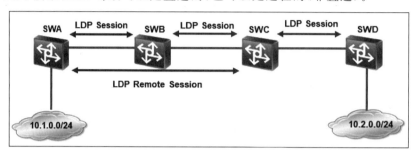

图 21.3　LDP 邻居

直连邻居的发现过程如图 21.4 所示,使用组播 IP:224.0.0.2 发送 Hello 报文,封装在 UDP(端口号 646)中。双方收到对方的 Hello 报文后,使用对端的 IP 建立 TCP 链接。TCP 链接建立完成后,继续周期性地发送 Hello 报文,以探测新的邻居。

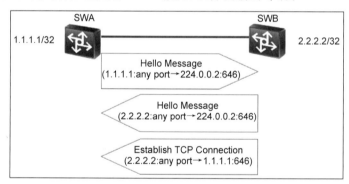

图 21.4　直连 LDP 邻居

```
[Huawei]mpls lsr-id 1.1.1.1
[Huawei]mpls
Info: Mpls starting, please wait... OK!
[Huawei-mpls]mpls ldp
[Huawei-mpls-ldp]quit
[Huawei]interface vlanif1
[Huawei-Vlanif1]mpls
[Huawei-Vlanif1]mpls ldp
```

图 21.5　配置直连 LDP

直连方式的配置方法如图 21.5 所示,LSR 指 Label Switch Router,即标签交换路由器。

远程的邻居发现也称为 LDP 扩展邻居发现机制,如图 21.6 所示,需要指定邻居的 IP 地址,收到对方 Hello 报文后,确定对方也使能了 LDP,开始建立 TCP。

远程邻居的配置方法如图 21.7 所示,需要互相指定对方的 IP 地址。

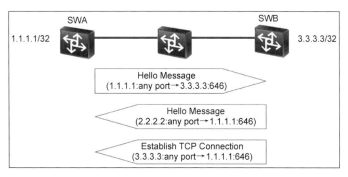

图 21.6 远程 LDP 邻居

```
[Huawei]mpls lsr-id 1.1.1.1
[Huawei]mpls
Info: Mpls starting, please wait... OK!
[Huawei-mpls]mpls ldp
[Huawei-mpls-ldp]quit
[Huawei]mpls ldp remote-peer test
[Huawei-mpls-ldp-remote-test]remote-ip 3.3.3.3
```

图 21.7 配置远程 LDP 邻居

建立 TCP 链接之前,首先需要决定使用哪个地址建立 TCP 链接。如果 Hello 报文中携带了 Transport Address,则用 Transport Address 建立 TCP 链接,如果 Hello 报文中没有携带 Transport Address,则该 Hello 报文的源 IP 地址用于建立 TCP 链接,如图 21.8 所示,设置 Transport Address。

```
[Huawei]mpls lsr-id 1.1.1.1
[Huawei]mpls
Info: Mpls starting, please wait... OK!
[Huawei-mpls]mpls ldp
[Huawei-mpls-ldp]quit
[Huawei]interface vlanif1
[Huawei-Vlanif1]mpls
[Huawei-Vlanif1]mpls ldp
[Huawei-Vlanif1]mpls ldp transport-address vlanif1
```

图 21.8 配置 Transport Address

TCP 双边的 IP 地址确定了之后,地址值大的设备主动发起 TCP 链接,TCP 链接建立完成之后,双方还需要协商 LDP 参数,协商成功后,发送完 Keepalive 消息才算 LDP 邻居关系建立完成,如图 21.9 所示。

SWB(IP 值比较大)先发 Initialization Message,里面带有 LDP 协议号,以及标签分发方式等信息,然后 SWA 查看参数是否与自己配置的一致,如果一致,则回应一个 Initialization Message,然后跟着一个 Keepalive Message。SWB 收到之后也发一个 Keepalive Message,LDP 会话建立成功。

如果 SWA 验证 SWB 的 Initialization Message 时发现与自己配置的不一致,则发送拒绝消息,并关闭 TCP 链接,如图 21.10 所示。

当 LDP Session 建立完成后,就开始进行标签分发,如图 21.11 所示,使用 Advertisement Message 控制标签,包括请求、宣告、撤销等操作。

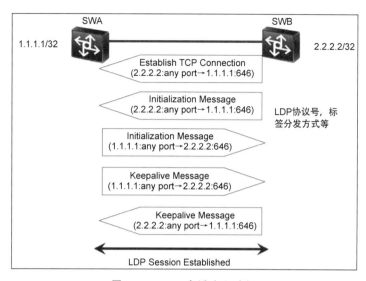

图 21.9 LDP 会话建立过程

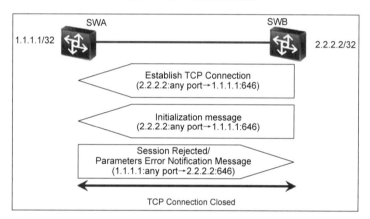

图 21.10 LDP 会话建立失败

消息类型	消息名称	传输层协议	作用
Discovery Message	Hello	UDP	LDP发现机制中宣告本LSR并发现邻居
Session Message	Initialization	TCP	在LDP Session建立过程中协商参数
	Keepalive		监控LDP Session的TCP连接的完整性
Advertisement Message	Address	TCP	宣告接口地址
	Address Withdraw		撤销接口地址
	Label Mapping		宣告FEC/Lable映射信息
	Label Request		请求FEC的标签映射
	Label Abort Request		终止未完成的Label Request Message
	Label Withdraw		撤销FEC/Lable映射
	Label Release		释放标签
Notification Message	Notification		通知LDP Peer错误信息

图 21.11 LDP 消息类型

21.2　标签分发基本过程

标签的分发方向与业务报文转发方向刚好相反。SWA 有报文去往 10.2.0.0,需要添加标签 1035,1035 与 10.2.0.0 的映射关系由 SWB 告诉 SWA,实际上 SWA 去往 10.2.0.0 的路由也是通过 SWB 学习得来的,如图 21.12 所示。

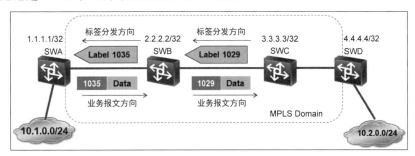

图 21.12　标签分发方向

MPLS 标签总共 32 位,TTL 占 8 位,栈底标志 S 占 1 位,优先级 EXP 占 3 位,标签取值占 20 位,可以表示的范围是 0~1 048 575,如图 21.13 所示。0~15 有特殊用途,16~1023 用于静态 LSP(Label Switch Path,标签交换路径),LDP 可分配的标签范围是 1024~1 048 575。

LABEL		EXP	S	TTL
0	19	20　22	23	24　31

标签值	描述
0~15	特殊标签值。例如0被定义为IPv4显式空标签(IPv4 Explicit NULL Label),标签值3被定义为隐式空标签(Implicit NULL Label)
16~1023	用于静态LSP、静态CR-LSP的共享标签空间
1024~1048575	LDP、RSVP-TE、MP-BGP等动态信令协议的标签空间; 动态信令协议的标签空间不是共享的,而是独立且连续的,互不影响

图 21.13　标签取值范围

21.3　标签空间

LDP 有以下两种标签空间。

(1) 基于平台的标签空间:一台设备为一个 FEC 分配一个标签,保证平台内唯一。从不同接口分发出去的标签值是同一个。

(2) 基于接口的标签空间:以接口为单位,一个接口上给一个 FEC 分配一个标签,保证接口内唯一。同一个设备不同接口之间的标签值(同一 FEC 的标签)可以不一样。

基于平台的标签空间常用于以太网,基于接口的标签空间主要用于信元网络(如 ATM

网络）。用得最多的还是基于平台的标签空间。

基于平台的标签空间如图 21.14 所示,SWB 为 10.1.0.0 分配标签时,从不同接口发出去的标签号都是 1029,平台内唯一。

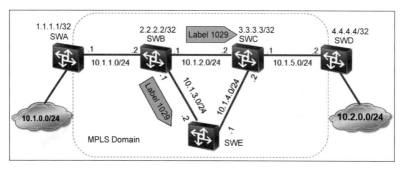

图 21.14　基于平台的标签空间

基于接口的标签空间如图 21.15 所示,SWB 为 10.1.0.0 分配标签时,不同接口使用的标签可以不一样,接口内唯一即可。在 ATM 网络中,一个物理链路里面可以有多个虚拟通道,不同虚拟通道都需要有去往 10.1.0.0 的标签,使用基于接口的标签空间可以节省标签资源。

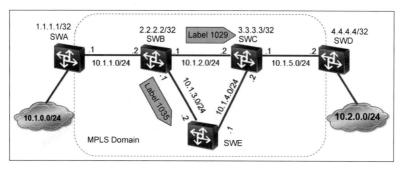

图 21.15　基于接口的标签空间

这两种标签空间在 LDP 中由专门字段(Label Space)进行标识,如图 21.16 所示。

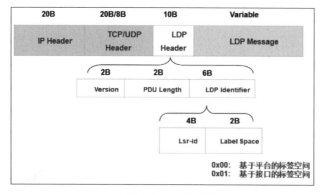

图 21.16　标签空间

21.4 标签分发方式

标签分发方式有以下两种。

（1）DU：Distribution Unsolicited 主动分发，自己有标签就分发出去。

（2）DoD：Distribution on Demand 按需分发，只有邻居请求时才分发标签。

DU 方式如图 21.17 所示，自己有"FEC-标签"映射关系就分发出去。

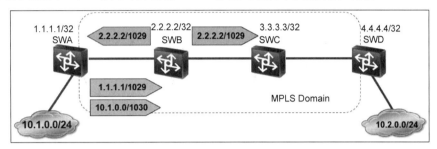

图 21.17　DU 方式

DoD 方式如图 21.18 所示，收到邻居请求消息之后，才分发标签映射。

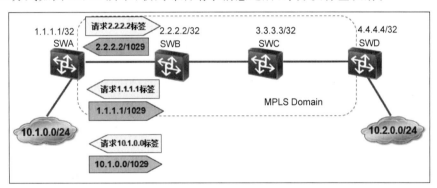

图 21.18　DoD 方式

标签分发方式的配置方法如图 21.19 所示。

```
[Huawei-GigabitEthernet0/0/1]mpls ldp advertisement ?
  dod  Downstream On Demand Advertisement Mode
  du   Downstream Unsolicited Advertisement Mode
```

图 21.19　配置标签分发方式

21.5 标签控制

标签交换路由器（Label Switch Router，LSR）指运行了 MPLS 的路由器，那么什么时候触发标签分发或者请求标签呢？ 有两种方式，一种是按序进行，另一种是独立进行。

（1）按序进行：也称为 Ordered 方式，只有边缘 LSR 可以主动发送标签映射，其他 LSR 必须在自己有上游标签映射的前提下才可以给邻居发送标签映射。

对于 1.1.1.1 这个 FEC 来讲，SWA 是边缘 LSR，SWA 第 1 个发标签映射给 SWB，SWB 收到 1.1.1.1 的标签映射后再发给 SWC，如图 21.20 所示。SWB 在收到 1.1.1.1 的标签映射之前不能主动发给 SWC，标签分发必须有序进行，由边缘 LSR 发起。

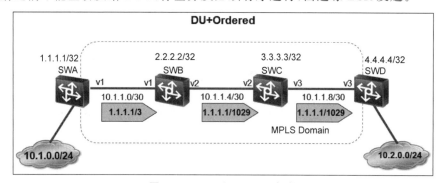

图 21.20　DU＋Ordered 方式

在 DoD＋Ordered 方式中，SWD 向 SWC 请求标签，但是 SWC 本身没有 1.1.1.1 的标签映射，因此 SWC 又向 SWB 请求，最终到 SWA，如图 21.21 所示。SWA 返回标签给 SWB，SWB 返给 SWC，最终 SWD 才获得标签映射。只有边缘 LSR 才能终结标签请求。

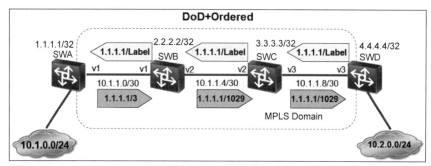

图 21.21　DoD＋Ordered 方式

（2）独立进行：也称为 Independent 方式，任意 LSR 都可以给邻居分配标签，分配标签之前不需要判断自己有没有对应的标签。

在 DU＋Independent 的方式下，SWB 不是 1.1.1.1 的边缘路由器，就算 SWB 还没收到 SWA 分发的标签（SWA 启动、配置得晚一点的情况下）也可以给 SWC 分配标签，如图 21.22 所示。

在 DoD＋Independent 的方式下，SWD 向 SWC 请求标签时，SWC 直接发送标签映射，不管自己有没有对应的上游标签映射，如图 21.23 所示。

标签控制配置方法如下：

```
[Huawei-mpls-ldp]label distribution control-mode{independent | ordered}
```

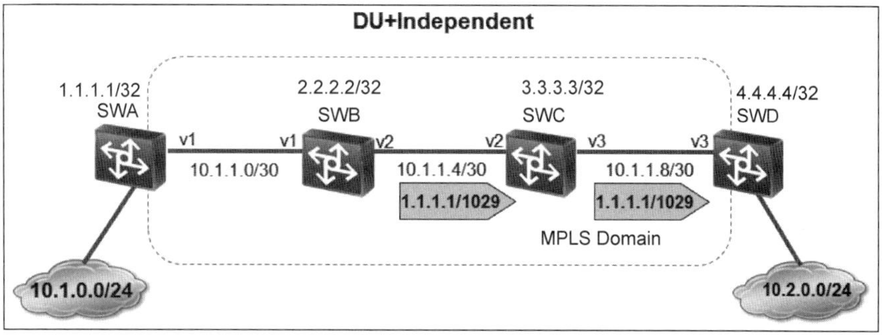

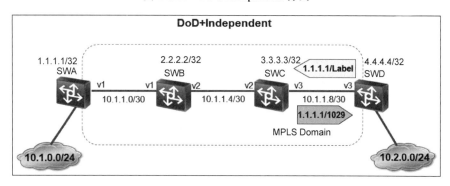

图 21.22　DU＋Independent 方式

图 21.23　DoD＋Independent 方式

注意：eNSP 模拟器上没有实现这个命令。

这 4 种组合各有优缺点：

（1）DU＋Ordered：标签提前分发好，由边缘 LSR 发起标签分发，可以保证标签的可用性，有报文需要转发时可以立刻查询标签表并进行封装转发。效率高、MPLS 转发有保证。

（2）DoD＋Ordered：标签按需分配，当收到报文时发现没有对应标签再请求标签，最终传递到边缘 LSR 再返回标签。可能会带来一定的延时，但是标签表相对干净，不会一下子就分配所有的标签。

（3）DU＋Independent：标签提前分发好，LSR 学习到路由条目就可以分发标签，有可能上游节点还没有完成 MPLS 配置，此时可能会导致报文在 MPLS 域内被丢弃。

（4）DoD＋Independent：标签按需分配，任何路由器都可以回应标签请求。标签表相对干净，但是也有可能在 MPLS 域内丢弃报文。

现在 LSR 的性能比较高，理论上来讲 DU＋Ordered 方式最优，其次是 DoD＋Ordered 方式，再次之是 DU＋Independent 方式，最后是 DoD＋Independent 方式。

21.6　标签保持

使用 DU 方式时，所有 LSR 会将自己的 FEC 和标签映射关系都主动发给邻居，如图 21.24 所示，对于 SWC 来讲，去往 10.1.0.0 的最优下一跳是 SWB，此时收到 SWB、SWE

发来的两个标签,该如何处理? 有以下两种处理方式。

(1) 保守型:Conservative,只保留从 SWB 发来的标签,丢弃从 SWE 发来的标签。

(2) 自由型:Liberal,两个标签都保留,使用 SWB 的标签,SWE 发来的标签备用,相当于备份路由。

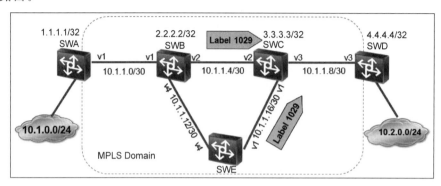

图 21.24　标签保持

如果是 DoD 方式,在保守型的情况下,SWC 只向 SWB 请求标签,而在自由型的情况下,则会同时向 SWB、SWE 发送标签请求。

标签保持配置命令如下:

```
[SWC-mpls-ldp]label-retention conservative
```

配置 DU 模式时,标签保持自动设置为 Liberal,配置 DoD 模式时则自动为 Conservative。

华为设备默认的是 DU+Ordered+Liberal 方式。

21.7　PHP

有报文去往 10.2.0.0,SWD 是 MPLS 域边缘 LSR,需要将标签去除,变成普通 IP 报文再发出去,如图 21.25 所示。当报文流量很大时,标签去除操作会使 SWD 压力较大。

为了减少压力,可以在倒数第二跳(SWC)提前剥去标签,此时 SWD 收到的是普通的 IP 报文,直接转发效率更高。

倒数第二跳弹出也称为 PHP(Penultimate Hop Popping),使用 PHP 之后,报文转发如图 21.26 所示,SWC 将普通 IP 报文发送给 SWD,减少了 SWD 的压力。

那么 LSR 如何知道自己是倒数第二跳呢? 倒数第一跳的交换机将为其分配一个特殊的标签 3。

配置方法如图 21.27 所示,implicit-null 表示隐式空标签,SWD 将标签 3 和 FEC 10.2.0.0 的映射关系发送给 SWC。SWC 转发报文时发现出标签是 3,自动将标签移除。默认情况下配置了 label advertise implicit-null。

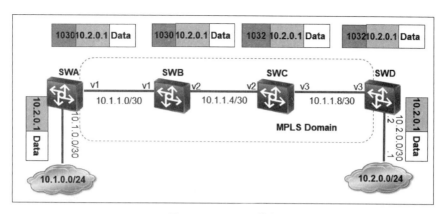

图 21.25　MPLS 转发

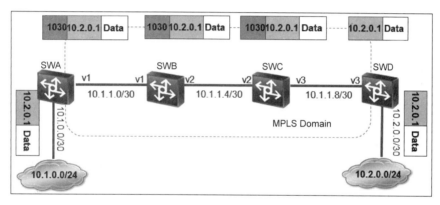

图 21.26　PHP 技术

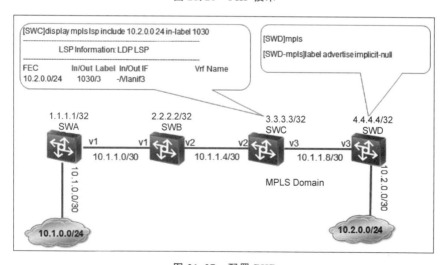

图 21.27　配置 PHP

在使用隐式空标签时,整个 MPLS 标签在 SWC 弹出,优先级字段也一起丢掉,有些场景下会导致优先级丢失。为了避免这个问题,可以使用显式空标签,使用特殊标签 0,SWC

发送给 SWD 的报文还带 MPLS 标签,标签号是 0,SWD 收到之后不用查询标签表,直接将优先级取出(如果有需要),并弹出标签。

配置方法是将参数 implicit-null 改成 explicit-null:

```
[SWD-mpls]label advertise explicit-null
```

如果不想使用 PHP 功能,则可将参数改成 non-null。

PHP 配置方法如图 21.28 所示。

```
[Huawei-mpls]label advertise ?
  explicit-null   Explicit-null
  implicit-null   Implicit-null
  non-null        Non-null
```

图 21.28　eNSP 上配置 PHP

21.8　配置与验证

有 4 台路由器 RTA、RTB、RTC、RTD,各 IP 网段如图 21.29 所示。

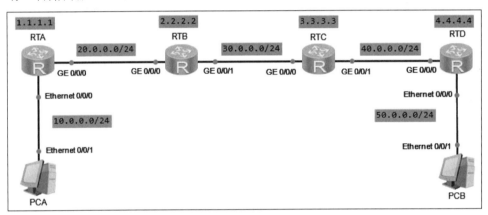

图 21.29　实验拓扑

1. 实验目标

(1) 配置 MPLS、LDP。

(2) 查看 MPLS、LDP 的相关信息。

(3) 抓包分析标签转换过程。

2. 配置步骤

(1) 配置路由器接口 IP。

(2) 使用 OSPF 学习各网段路由,保证 IP 可达。

(3) 配置 MPLS、LDP。

(4) 查看、验证路由器的状态。

(5) 抓包分析。

PCA 与 PCB 的配置如图 21.30 所示，网关使用 .1 的 IP 地址。

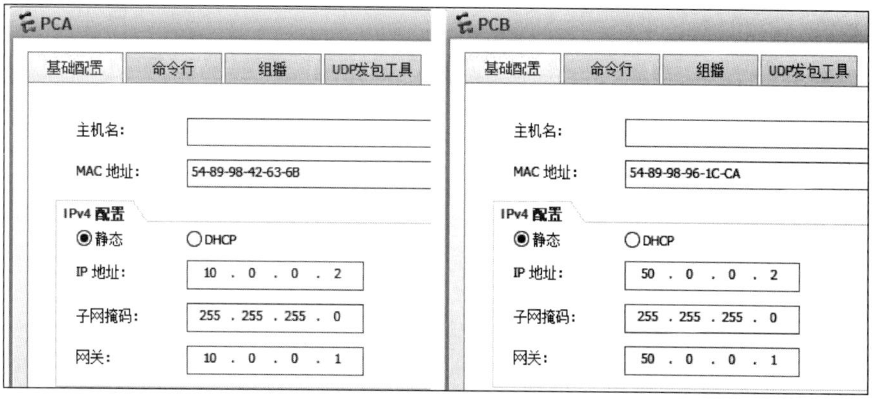

图 21.30　PC 的配置

RTA 的配置如图 21.31 所示，先配置接口 IP，然后配置 OSPF，最后配置 MPLS、LDP。E0/0/0 接口不用配置 MPLS。

注意：必须保证 lsr-id 的 IP 可达，要不然无法建立 LDP 邻居关系，因为默认情况下使用 lsr-id 建立 TCP 链接。

```
[Huawei]sysname RTA
[RTA]interface loopback0
[RTA-LoopBack0]ip add 1.1.1.1 32
[RTA-LoopBack0]interface e0/0/0
[RTA-Ethernet0/0/0]ip add 10.0.0.1 24
[RTA-Ethernet0/0/0]interface ge0/0/0
[RTA-GigabitEthernet0/0/0]ip add 20.0.0.1 24
[RTA-GigabitEthernet0/0/0]quit
[RTA]ospf
[RTA-ospf-1]area 0
[RTA-ospf-1-area-0.0.0.0]network 1.1.1.1 0.0.0.0
[RTA-ospf-1-area-0.0.0.0]network 10.0.0.0 0.0.0.255
[RTA-ospf-1-area-0.0.0.0]network 20.0.0.0 0.0.0.255
[RTA-ospf-1-area-0.0.0.0]quit
[RTA-ospf-1]quit
[RTA]mpls lsr-id 1.1.1.1
[RTA]mpls
Info: Mpls starting, please wait... OK!
[RTA-mpls]quit
[RTA]mpls ldp
[RTA-mpls-ldp]quit
[RTA]interface ge0/0/0
[RTA-GigabitEthernet0/0/0]mpls
[RTA-GigabitEthernet0/0/0]mpls ldp
```

图 21.31　RTA 的配置

RTB 的配置如图 21.32 所示。

RTC 的配置如图 21.33 所示。

RTD 的配置如图 21.34 所示。

在 RTB 上查看邻居状态，如图 21.35 所示，默认使用 lsr-id 作为 TCP 链接地址，因此必须保证 lsr-id 是 IP 可达的。1.1.1.1：0 前面的 1.1.1.1 指的是邻居 RTA 的 lsr-id，后面的 0 指的是 RTA 使用的标签空间（基于平台的标签空间）。

```
[Huawei]sysname RTB
[RTB]interface loopback0
[RTB-LoopBack0]ip add 2.2.2.2 32
[RTB-LoopBack0]interface ge0/0/0
[RTB-GigabitEthernet0/0/0]ip add 20.0.0.2 24
[RTB-GigabitEthernet0/0/0]interface ge0/0/1
[RTB-GigabitEthernet0/0/1]ip add 30.0.0.1 24
[RTB-GigabitEthernet0/0/1]quit
[RTB]ospf
[RTB-ospf-1]area 0
[RTB-ospf-1-area-0.0.0.0]network 2.2.2.2 0.0.0.0
[RTB-ospf-1-area-0.0.0.0]network 20.0.0.0 0.0.0.255
[RTB-ospf-1-area-0.0.0.0]network 30.0.0.0 0.0.0.255
[RTB-ospf-1-area-0.0.0.0]quit
[RTB-ospf-1]quit
[RTB]mpls lsr-id 2.2.2.2
[RTB]mpls
Info: Mpls starting, please wait... OK!
[RTB-mpls]quit
[RTB]mpls ldp
[RTB-mpls-ldp]quit
[RTB]interface ge0/0/0
[RTB-GigabitEthernet0/0/0]mpls
[RTB-GigabitEthernet0/0/0]mpls ldp
[RTB-GigabitEthernet0/0/0]interface g0/0/1
[RTB-GigabitEthernet0/0/1]mpls
[RTB-GigabitEthernet0/0/1]mpls ldp
```

图 21.32　RTB 的配置

```
[Huawei]sysname RTC
[RTC]interface loopback0
[RTC-LoopBack0]ip add 3.3.3.3 32
[RTC-LoopBack0]interface ge0/0/0
[RTC-GigabitEthernet0/0/0]ip add 30.0.0.2 24
[RTC-GigabitEthernet0/0/0]interface ge0/0/1
[RTC-GigabitEthernet0/0/1]ip add 40.0.0.1 24
[RTC-GigabitEthernet0/0/1]quit
[RTC]ospf
[RTC-ospf-1]area 0
[RTC-ospf-1-area-0.0.0.0]network 3.3.3.3 0.0.0.0
[RTC-ospf-1-area-0.0.0.0]network 30.0.0.0 0.0.0.255
[RTC-ospf-1-area-0.0.0.0]network 40.0.0.0 0.0.0.255
[RTC-ospf-1-area-0.0.0.0]quit
[RTC-ospf-1]quit
[RTC]mpls lsr-id 3.3.3.3
[RTC]mpls
Info: Mpls starting, please wait... OK!
[RTC-mpls]quit
[RTC]mpls ldp
[RTC-mpls-ldp]quit
[RTC]interface ge0/0/0
[RTC-GigabitEthernet0/0/0]mpls
[RTC-GigabitEthernet0/0/0]mpls ldp
[RTC-GigabitEthernet0/0/0]interface ge0/0/1
[RTC-GigabitEthernet0/0/1]mpls
[RTC-GigabitEthernet0/0/1]mpls ldp
```

图 21.33　RTC 的配置

在 RTB 上查看 LDP 会话状态,如图 21.36 所示,Operational 指的是邻居关系建立完成。标签分发默认为 DU 模式。对于 RTA 来讲,RTB 的 lsr-id 值比较大,是主动发起 TCP 连接的一方,所以是 Active。与 RTC 邻居关系中是 Passive。

```
[Huawei]sysname RTD
[RTD]interface loopback0
[RTD-LoopBack0]ip add 4.4.4.4 32
[RTD-LoopBack0]interface ge0/0/0
[RTD-GigabitEthernet0/0/0]ip add 40.0.0.2 24
[RTD-GigabitEthernet0/0/0]interface e0/0/0
[RTD-Ethernet0/0/0]ip add 50.0.0.1 24
[RTD-Ethernet0/0/0]quit
[RTD]ospf
[RTD-ospf-1]area 0
[RTD-ospf-1-area-0.0.0.0]network 4.4.4.4 0.0.0.0
[RTD-ospf-1-area-0.0.0.0]network 40.0.0.0 0.0.0.255
[RTD-ospf-1-area-0.0.0.0]network 50.0.0.0 0.0.0.255
[RTD-ospf-1-area-0.0.0.0]quit
[RTD-ospf-1]quit
[RTD]mpls lsr-id 4.4.4.4
[RTD]mpls
Info: Mpls starting, please wait... OK!
[RTD-mpls]quit
[RTD]mpls ldp
[RTD-mpls-ldp]quit
[RTD]interface ge0/0/0
[RTD-GigabitEthernet0/0/0]mpls
[RTD-GigabitEthernet0/0/0]mpls ldp
```

图 21.34　RTD 的配置

```
[RTB]display mpls ldp peer

LDP Peer Information in Public network
A '*' before a peer means the peer is being deleted.
------------------------------------------------------------
PeerID                TransportAddress   DiscoverySource
------------------------------------------------------------
1.1.1.1:0             1.1.1.1            GigabitEthernet0/0/0
3.3.3.3:0             3.3.3.3            GigabitEthernet0/0/1
------------------------------------------------------------
TOTAL: 2 Peer(s) Found.
```

图 21.35　RTC 的邻居

```
[RTB]display mpls ldp session all

LDP Session(s) in Public Network
Codes: LAM(Label Advertisement Mode), SsnAge Unit(DDDD:HH:MM)
A '*' before a session means the session is being deleted.
------------------------------------------------------------
PeerID        Status       LAM  SsnRole  SsnAge      KASent/Rcv
------------------------------------------------------------
1.1.1.1:0     Operational  DU   Active   0000:00:11  47/47
3.3.3.3:0     Operational  DU   Passive  0000:00:05  22/22
------------------------------------------------------------
TOTAL: 2 session(s) Found.
```

图 21.36　查看 RTB 的会话状态

查看 RTB 的 LDP 参数，如图 21.37 所示，默认为 Ordered、Liberal。

在 RTB 上查看标签分发情况，如图 21.38 所示。

2.2.2.2 是 RTB 自己的环回地址，出标签是 NULL，如果 RTB 收到去往 2.2.2.2 的报文（例如 ping），则此时 RTB 要剥去标签（POP，弹出），再交给环回接口处理（下一跳：

127.0.0.1),如图 21.39 所示,入标签是 3,表示去往 2.2.2.2 的倒数第二跳要提前移除标签,默认使能了 PHP 功能。

```
[RTB]display mpls ldp

                    LDP Global Information
-----------------------------------------------------------------
Protocol Version        : V1        Neighbor Liveness    : 600 Sec
Graceful Restart        : Off       FT Reconnect Timer   : 300 Sec
MTU Signalling          : On        Recovery Timer       : 300 Sec
Capability-Announcement : Off       Longest-match        : Off

                    LDP Instance Information
-----------------------------------------------------------------
Instance ID             : 0         VPN-Instance         :
Instance Status         : Active    LSR ID               : 2.2.2.2
Loop Detection          : Off       Path Vector Limit    : 32
Label Distribution Mode : Ordered   Label Retention Mode : Liberal
Instance Deleting State : No        Instance Reseting State : No
Graceful-Delete         : Off       Graceful-Delete Timer : 5 Sec
-----------------------------------------------------------------
```

图 21.37　查看 RTB 的参数

```
[RTB]display mpls lsp
-----------------------------------------------------------------
                    LSP Information: LDP LSP
-----------------------------------------------------------------
FEC               In/Out Label    In/Out IF
2.2.2.2/32        3/NULL          -/-
1.1.1.1/32        NULL/3          -/GE0/0/0
1.1.1.1/32        1024/3          -/GE0/0/0
3.3.3.3/32        NULL/3          -/GE0/0/1
3.3.3.3/32        1025/3          -/GE0/0/1
4.4.4.4/32        NULL/1026       -/GE0/0/1
4.4.4.4/32        1026/1026       -/GE0/0/1
```

图 21.38　查看 RTB 的标签表

```
[RTB]display mpls lsp include 2.2.2.2 32 verbose
-----------------------------------------------------------------
                    LSP Information: LDP LSP
-----------------------------------------------------------------
No                  : 1
VrfIndex            :
Fec                 : 2.2.2.2/32
Nexthop             : 127.0.0.1
In-Label            : 3
Out-Label           : NULL
In-Interface        : ----------
Out-Interface       : ----------
LspIndex            : 6144
Token               : 0x0
FrrToken            : 0x0
LsrType             : Egress
Outgoing token      : 0x0
Label Operation     : POP
Mpls-Mtu            :
TimeStamp           : 77005sec
Bfd-State           : ---
BGPKey              : ------
```

图 21.39　查看标签 2.2.2.2 的详情

在图 21.38 中,1.1.1.1、3.3.3.3、4.4.4.4 各有两条标签信息,以 1.1.1.1 为例,这两条标签表示的意思如下:

(1) 如果是从 RTB 本身始发的报文,例如从 RTB ping 1.1.1.1,则此时入标签是NULL。

(2) 如果是从其他设备始发,经过 RTB 转发的报文,例如 RTC ping 1.1.1.1,则此时入标签应该是 1024。

查看 1.1.1.1 的对应标签,有两条,第 1 条是添加标签(PUSH),入标签是 NULL;第 2条是标签交换(SWAP),入标签是 1024,如图 21.40 所示。

```
[RTB]display mpls lsp include 1.1.1.1 32 verbose
-------------------------------------------------
               LSP Information: LDP LSP
-------------------------------------------------
No                    : 1
VrfIndex              :
Fec                   : 1.1.1.1/32
Nexthop               : 20.0.0.1
In-Label              : NULL
Out-Label             : 3
In-Interface          : ----------
Out-Interface         : GigabitEthernet0/0/0
LspIndex              : 6147
Token                 : 0x15
FrrToken              : 0x0
LsrType               : Ingress
Outgoing token        : 0x0
Label Operation       : PUSH
Mpls-Mtu              : ------
TimeStamp             : 77560sec
Bfd-State             : ---
BGPKey                : ------

No                    : 2
VrfIndex              :
Fec                   : 1.1.1.1/32
Nexthop               : 20.0.0.1
In-Label              : 1024
Out-Label             : 3
In-Interface          : ----------
Out-Interface         : GigabitEthernet0/0/0
LspIndex              : 6148
Token                 : 0x16
FrrToken              : 0x0
LsrType               : Transit
Outgoing token        : 0x0
Label Operation       : SWAP
Mpls-Mtu              : ------
TimeStamp             : 77560sec
Bfd-State             : ---
BGPKey                : ------
```

图 21.40　查看标签 1.1.1.1 的详情

RTB 是 1.1.1.1 和 3.3.3.3 的倒数第二跳,所以出标签是 3,而对于 4.4.4.4 来讲,RTB 不是倒数第二跳,所以出标签是普通标签 1026,这是 RTC 分发给 RTB 的标签。

注意:LDP 可用标签范围是 1024~1 048 575,所以分发的标签从 1024 开始。

在 RTB-RTC 上开启抓包,然后从 PCA 上 ping PCB,如图 21.41 所示,可以从 PCA ping PCB,证明网络 IP 可达。

```
ᴢᴄᴀ PCA

PC>ping 50.0.0.2

Ping 50.0.0.2: 32 data bytes, Press Ctrl_C to break
From 50.0.0.2: bytes=32 seq=1 ttl=124 time=141 ms
From 50.0.0.2: bytes=32 seq=2 ttl=124 time=140 ms
From 50.0.0.2: bytes=32 seq=3 ttl=124 time=187 ms
From 50.0.0.2: bytes=32 seq=4 ttl=124 time=172 ms
From 50.0.0.2: bytes=32 seq=5 ttl=124 time=203 ms
```

图 21.41 主机间 ping 测试

抓包发现 ICMP 报文是普通 IP 报文,并没有 MPLS 封装,如图 21.42 所示。

```
27 16.781000   50.0.0.2      10.0.0.2      ICMP    Echo (ping) reply
28 17.844000   10.0.0.2      50.0.0.2      ICMP    Echo (ping) request
29 17.906000   50.0.0.2      10.0.0.2      ICMP    Echo (ping) reply
30 20.172000   30.0.0.2      224.0.0.2     LDP     Hello Message
```
```
⊞ Frame 28: 74 bytes on wire (592 bits), 74 bytes captured (592 bits)
⊞ Ethernet II, Src: HuaweiTe_ca:55:cd (54:89:98:ca:55:cd), Dst: HuaweiTe_59:2c:fb
⊞ Internet Protocol, Src: 10.0.0.2 (10.0.0.2), Dst: 50.0.0.2 (50.0.0.2)
⊞ Internet Control Message Protocol
```

图 21.42 抓包分析(1)

为什么没有看到 MPLS 标签封装?

再测试从 RTA 上 ping RTC 的环回接口 4.4.4.4,如图 21.43 所示,Echo request 报文带有 MPLS 标签,标签号是 1026。

```
<RTA>ping 4.4.4.4
  PING 4.4.4.4: 56  data bytes, press CTRL_C to break
    Reply from 4.4.4.4: bytes=56 Sequence=1 ttl=253 time=110 ms
    Reply from 4.4.4.4: bytes=56 Sequence=2 ttl=253 time=90 ms
    Reply from 4.4.4.4: bytes=56 Sequence=3 ttl=253 time=90 ms
    Reply from 4.4.4.4: bytes=56 Sequence=4 ttl=253 time=100 ms
    Reply from 4.4.4.4: bytes=56 Sequence=5 ttl=253 time=90 ms
```
No.	Time	Source	Destination	Protocol	Info
17	10.187000	30.0.0.2	224.0.0.5	OSPF	Hello Packet
18	10.344000	20.0.0.1	4.4.4.4	ICMP	Echo (ping) request
19	10.391000	4.4.4.4	20.0.0.1	ICMP	Echo (ping) reply
```
⊞ Frame 18: 102 bytes on wire (816 bits), 102 bytes captured (816 bits)
⊞ Ethernet II, Src: HuaweiTe_ca:55:cd (54:89:98:ca:55:cd), Dst: HuaweiTe_59:2c:fb
⊟ MultiProtocol Label Switching Header, Label: 1029, Exp: 0, S: 1, TTL: 254
    MPLS Label: 1026
    MPLS Experimental Bits: 0
    MPLS Bottom Of Label Stack: 1
    MPLS TTL: 254
⊞ Internet Protocol, Src: 20.0.0.1 (20.0.0.1), Dst: 4.4.4.4 (4.4.4.4)
⊞ Internet Control Message Protocol
```

图 21.43 抓包分析(2)

为什么一会没有标签,一会有标签? 问题就在于默认情况下 LDP 只为 32 位掩码的 IP 地址分配了标签,其他网段(如 20.0.0.0/24)的标签并没有分配,可以回头看一下图 21.38。

PCA ping PCB 时,目标 IP 是 50.0.0.0/24,这个网段并没有分配标签,所以是普通 IP 报文,而 RTA ping 4.4.4.4 时有标签,是因为各个路由器已经为 4.4.4.4 分配了标签。

为了让路由器为各个网段分配都分配标签,可以在各个路由器上配置命令触发标签分

发,配置命令如下:

```
[RTA - mpls]lsp - trigger all
[RTB - mpls]lsp - trigger all
[RTC - mpls]lsp - trigger all
[RTD - mpls]lsp - trigger all
```

配置以上命令后,各个路由器为所有网段分配标签,如图 21.44 所示。

```
[RTD]display mpls lsp
------------------------------------------------------
                      LSP Information: LDP LSP
------------------------------------------------------
FEC                In/Out Label      In/Out IF
3.3.3.3/32         NULL/3            -/GE0/0/0
3.3.3.3/32         1027/3            -/GE0/0/0
2.2.2.2/32         NULL/1027         -/GE0/0/0
2.2.2.2/32         1028/1027         -/GE0/0/0
1.1.1.1/32         NULL/1028         -/GE0/0/0
1.1.1.1/32         1029/1028         -/GE0/0/0
4.4.4.4/32         3/NULL            -/-
10.0.0.0/24        1030/1030         -/GE0/0/0
20.0.0.0/24        1031/1031         -/GE0/0/0
30.0.0.0/24        1032/3            -/GE0/0/0
40.0.0.0/24        3/NULL            -/-
50.0.0.0/24        3/NULL            -/-
10.0.0.0/24        NULL/1030         -/GE0/0/0
20.0.0.0/24        NULL/1031         -/GE0/0/0
30.0.0.0/24        NULL/3            -/GE0/0/0
```

图 21.44　RTD 的标签表

在 RTB-RTC 之间开启抓包,然后从 PCA ping PCB,如图 21.45 所示,此时的 ICMP 报文带有 MPLS 标签。

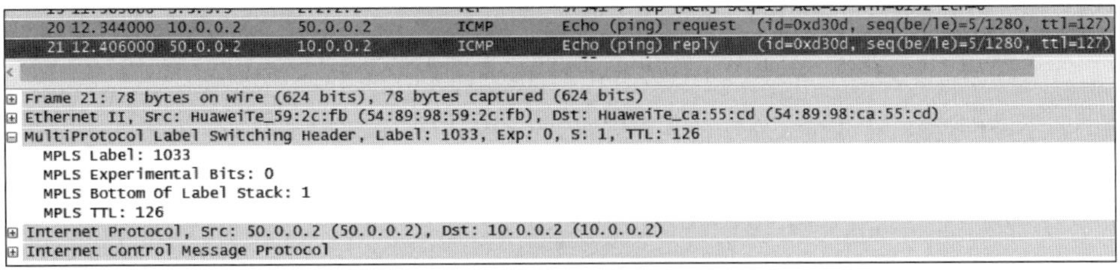

```
  19 11.909000  3.3.3.3       2.2.2.2       TCP    3731 > ftp [ACK] Seq=15 ACK=15 Win=8192 Len=0
  20 12.344000  50.0.0.2      10.0.0.2      ICMP   Echo (ping) request  (id=0xd30d, seq(be/le)=5/1280, ttl=127)
  21 12.406000  50.0.0.2      10.0.0.2      ICMP   Echo (ping) reply    (id=0xd30d, seq(be/le)=5/1280, ttl=127)
◄                                                                                                              ►
⊞ Frame 21: 78 bytes on wire (624 bits), 78 bytes captured (624 bits)
⊞ Ethernet II, Src: HuaweiTe_59:2c:fb (54:89:98:59:2c:fb), Dst: HuaweiTe_ca:55:cd (54:89:98:ca:55:cd)
⊟ MultiProtocol Label Switching Header, Label: 1033, Exp: 0, S: 1, TTL: 126
    MPLS Label: 1033
    MPLS Experimental Bits: 0
    MPLS Bottom Of Label Stack: 1
    MPLS TTL: 126
⊞ Internet Protocol, Src: 50.0.0.2 (50.0.0.2), Dst: 10.0.0.2 (10.0.0.2)
⊞ Internet Control Message Protocol
```

图 21.45　ping 测试

注意:正常情况下,标签号分配好了之后不会变,eNSP 模拟器长时间不操作会断开 LDP 会话,然后重新连接,恢复后在原来基础上往上递增分配标签。

例如之前分配了 1024、1025 两个标签,断开重连后再分配的标签会变成 1026、1027。

使用 lsp-trigger all 命令会触发所有 FEC 分配标签,如果需要更精准地控制标签分发,则可以使用 ip-prefix 工具,配置命令如下:

```
[R4]ip ip - prefix ldp permit 192.168.4.0 24
[R4 - mpls]lsp - trigger ip - prefix ldp
```

21.9　小结

　　本章介绍了 LDP 的工作原理,LDP 的工作过程和路由协议类似,先通过组播 IP 发送 Hello 报文(封装在 UDP 中),发现邻居后建立 TCP 链接,然后协商 LDP 参数,通过后建立起 LDP 会话,开始分发标签。

　　LDP 可以发分发的标签范围是 1024~1 048 575,标签空间有基于平台的标签和基于接口的标签两种。标签分发方式有 DU、DoD 两种,标签控制有 Ordered、Independent 两种,标签保持有 Liberal、Conservative 两种,华为设备的默认配置是 DU＋Ordered＋Liberal 方式。

　　为了减轻最后一跳的压力,可以使能 PHP 功能,默认打开。

　　最后结合一个例子,对 MPLS LDP 的配置和验证进行了详细演示。

　　注意:eNSP 模拟器在 LDP 实现上不是很完整,有个别命令无法配置,如标签控制、标签保持这两个特性无法配置。产品文档上有这个命令,但是模拟器上没有,注意一下就可以了,在实际产品上可以配置。

第 22 章

MPLS BGP VPN 原理

MPLS 协议最初是为了提高路由器查表效率而设计出来的,后来路由器使用硬件查表,查路由表不再是路由器的性能瓶颈,但是 MPLS 还是被广泛应用,主要用于 MPLS VPN,也称为 MPLS BGP VPN,因为这个 VPN 用到了 MPLS,同时也用到了 BGP。

前面介绍了几种 VPN 技术,有 GRE、IPSec、L2TP,相比之下 MPLS VPN 有什么优势呢? 最主要的优势就是可以传递路由信息。

GRE、IPSec、L2TP 这些 VPN 技术可以封装业务报文,但是无法传递路由信息,如图 22.1 所示。

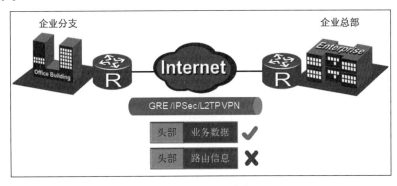

图 22.1　VPN 对比

企业分支、总部如果有新增的路由,就得修改 VPN 配置,而 MPLS VPN 可以封装业务报文,还可以传递路由信息,自动学习各个分支的路由。

本章介绍 MPLS VPN 的工作原理,然后结合一个例子介绍 MPLS VPN 的配置。此外还将介绍 MPLS 的几个常见应用方案,包括 MPLS VPN 跨域方案(Option A、Option B、Option C)。

22.1　MPLS VPN 概述

MPLS VPN 一般由运营商搭建,用户购买 VPN 服务,如图 22.2 所示,中间虚框内是运营商网络,里面的路由器运行 MPLS。公司分支路由器不需要运行 MPLS 协议,感觉不到 VPN 的存在,就好像和其他分支路由器直连一样。

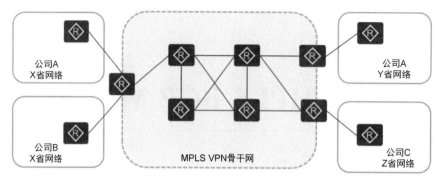

图 22.2　MPLS VPN 结构

在 MPLS VPN 里,路由器有不同角色,如图 22.3 所示。

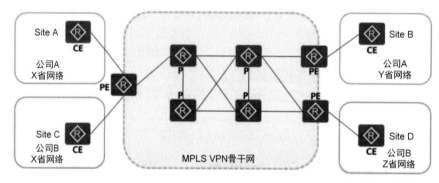

图 22.3　MPLS VPN 设备角色

PE 和 P 是运营商的设备,CE 是公司的设备,各设备的职责如下。

(1) 用户网络边缘设备(Customer Edge,CE):可以是路由器、交换机,也可以是主机,有接口与 PE 连接。

(2) 运营商边缘设备(Provider Edge,PE):与 CE 直连,MPLS VPN 的所有处理都在 PE 上,对性能要求较高。

(3) 运营商内部的设备(Provider,P):运行 MPLS,但是不维护 VPN 信息。

22.2　MPLS VPN 工作原理

MPLS VPN 路由的传递过程可以分为 3 段,如图 22.4 所示。

(1) 从 CE 发布路由到 PE。

(2) PE1 将路由传递给 PE2。

(3) PE2 将路由交给最终的 CE3。

CE 与 PE 之间的路由传递可以通过 OSPF、IS-IS、BGP 动态学习,还可以是静态路由,如图 22.5 所示。

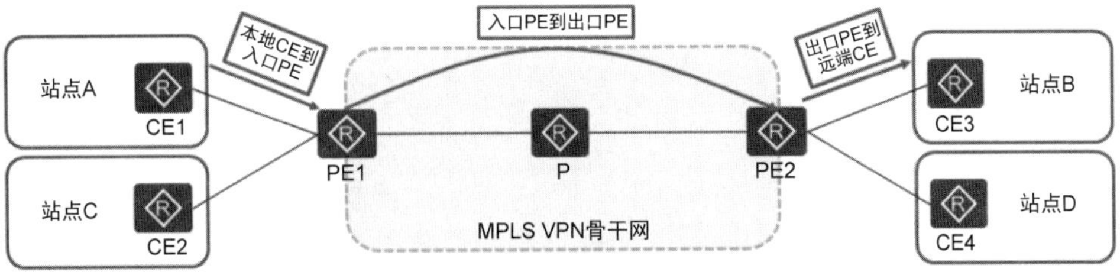

图 22.4 MPLS VPN 工作过程

图 22.5 CE 与 PE 之间路由传递

一个 PE 可能收到来自多个 CE 的路由,而且来自不同 CE 的路由可能使用相同的私网 IP 网段,如图 22.6 所示。为了不产生混淆,在 PE 设备上使用虚拟路由转发(Virtual Routing and Forwarding,VRF)技术将来自不同 CE 的路由各自单独存放,如图中的 VPNX 路由表、VPNY 路由表。

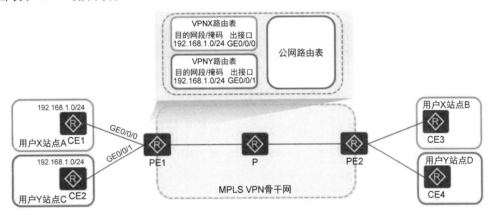

图 22.6 CE 与 PE 之间路由传递

这些和 VPN 对应的 VPN 路由表也称为 VPN 实例,通常将 VPN 实例和接口绑定,从指定接口来的路由信息都放在绑定的 VPN 实例中。

路由到达 PE1 之后,如何送给 PE2 呢?如图 22.7 所示,使用多协议 BGP(Multi-Protocol BGP,MP-BGP)传递过去。

MP-BGP 从 BGP 扩展而来,添加了以下两种路径属性。

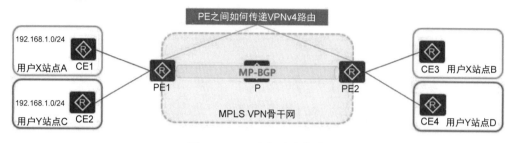

图 22.7　PE 之间路由传递

（1）MP_REACH_NLRI：Multiprotocol Reachable NLRI，用于发布可达路由。

（2）MP_UNREACH_NLRI：Multiprotocol Unreachable NLRI，用于撤销不可达路由。

MP-BGP 将各个 VPN 实例的路由进行传递时会遇到两个问题：

（1）左边 CE1、CE2 的网段是一样的，都是 192.168.1.0/24，如何进行区别？如果不进行区别，后续如果要撤销时该怎么撤销？CE1 撤销 192.168.1.0 的路由时可能将 CE2 的 192.168.1.0 一起撤销掉。

（2）192.168.1.0/24 路由到达 PE2 之后，应该交给 CE3 还是 CE4？

为了解决问题 1，需要用到路由标识符（Route Distinguisher，RD），RD 总共 8 字节，如图 22.8 所示。常用的格式是 100：1，100 是 AS 编号，1 是自定义编号。

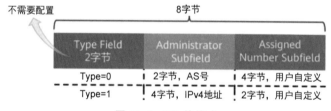

图 22.8　RD 的格式

MP-BGP 传递路由时将 RD 一起传递过去，这样就可以区分开不同 VPN 实例的路由，撤销路由时也可以准确撤销，如图 22.9 所示，CE1 来的路由添加 RD 100：1，从 CE2 来的路由添加 RD 200：1。

为了解决问题 2，需要使用路由目标（Route Target，RT），RT 格式与 RD 类似，而且也在 MP-BGP 里面传递，如图 22.10 所示，在 PE2 上面提前配置好，RT=100：1 的路由交给 CE3 对应的 VPN 实例，RT=200：1 的路由交给 CE4 对应的 VPN 实例。

实际上每个 PE 上面都要配置入 RT 与出 RT，而且要与对端互相匹配，如图 22.11 所示，CE1 的出 RT 要与 CE3 的入 RT 一致，CE1 的入 RT 与 CE3 的出 RT 一致。CE2、CE4 之间也是类似的。

RD 与 RT 在 PE 上添加、去除，CE 感知不到。

路由传递的整个过程如图 22.12 所示。

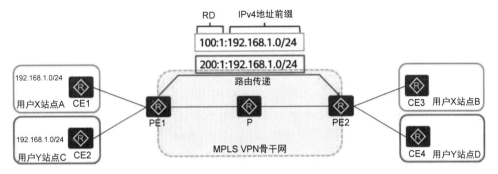

图 22.9 带 RD 的路由传递

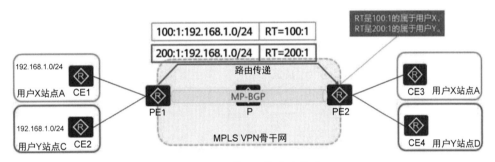

图 22.10 带 RT 的路由传递

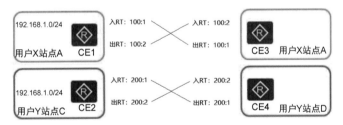

图 22.11 RT 匹配关系

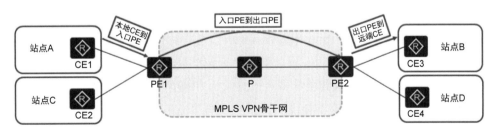

图 22.12 路由传递过程

（1）CE1 通过 OSPF、IS-IS、BGP 等路由协议，将路由传递给 PE1。

（2）PE1 将接口和 VPN 实例绑定，将从不同接口过来的路由放在不同的 VPN 路由表中。

（3）PE1 给所有 VPN 实例里面的路由添加 RD、RT，然后通过 MP-BGP 发给 PE2。

（4）PE2 根据 RT 值将路由信息导入 VPN 实例中。

（5）VPN 实例与接口绑定，最终通过 OSPF、IS-IS、BGP 等路由协议传递给 CE3 或 CE4。

（6）反方向也是一样的过程，如 CE3 传递路由给 CE1。

各 CE 学到路由之后就可以发送业务报文了，下面介绍业务报文转发过程。

PE1 与 PE2 之间是一条公网隧道，隧道两端使用公网 IP，分别是 100.10.10.1 和 200.20.20.2。PE1 对 CE1 发过来的普通 IP 报文进行封装，根据公网隧道目的地的 FEC 添加 MPLS 标签，然后发送出去，如图 22.13 所示。

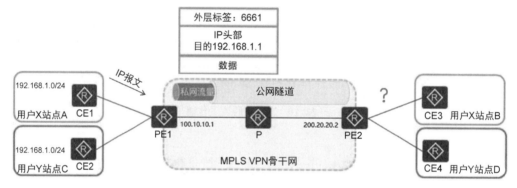

图 22.13　业务报文转发过程

所有 P 设备只需根据外层标签进行转发，不需要关注报文里面的信息（里面是私网 IP 头部和数据）。报文最终到达 PE2（隧道另一端），PE2 剥去 MPLS 标签，还原成原始的 IP 报文，但是此时该报文应该交给 CE3 还是 CE4？ 这是一个普通 IP 报文，没有任何其他标志，此时 PE2 无法判断应该交给谁。

为了帮助 PE 明确报文应该交给哪个 CE，可以添加一个私网标签，如图 22.14 所示，PE1 在封装外层公网标签 6661 之前先封装一个内层私网标签 8888。

最终 PE2 移除外层公网标签后，如果发现内层标签是 8888 就知道应该交给 CE3（如果是 9999 就交给 CE4），然后移除内层标签还原成原始 IP 报文后交给 CE3。

实际上，内层标签在路由学习阶段就已经分配好了，为不同 VPN 实例分配不同私网标签。

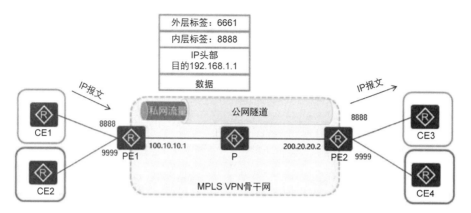

图 22.14 正确的业务报文转发过程

22.3 MPLS VPN 配置

为了简化配置,只配置一个公司的两个分支。各接口 IP 如图 22.15 所示,网关使用.1
的 IP。CE1 与 PE1 之间使用 OSPF 传递路由,CE2 与 PE2 之间使用 BGP 传递路由。

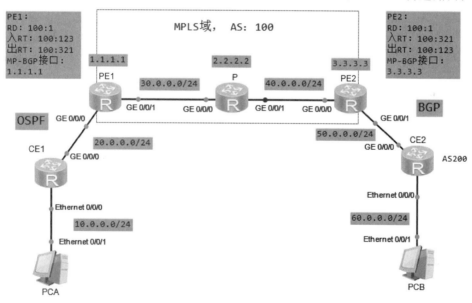

图 22.15 实验拓扑

实验目标:PCA 可以 ping PCB,在 MPLS 域抓包可以看到 2 层 MPLS 标签。

实验步骤:

(1) 配置 PC 与设备接口 IP。

(2) 在 CE1 与 PE1 之间配置 OSPF。

（3）在 CE2 与 PE2 之间配置 BGP，并发布路由。

（4）在 MPLS 域配置 OSPF，使各 IP 互相可达。

（5）在 MPLS 域配置 MPLS、LDP、MP-BGP。

（6）PC 间 Ping 测试，抓包分析。

PCA 与 PCB 的配置如图 22.16 所示。

图 22.16　PC 的配置

CE1 的配置如图 22.17 所示，通过 OSPF 将 10.0.0.0/24 网段信息发布给 PE1。

```
[Huawei]sysname CE1
[CE1]interface e0/0/0
[CE1-Ethernet0/0/0]ip add 10.0.0.1 24
[CE1-Ethernet0/0/0]interface ge0/0/0
[CE1-GigabitEthernet0/0/0]ip add 20.0.0.1 24
[CE1-GigabitEthernet0/0/0]quit
[CE1]ospf
[CE1-ospf-1]area 0
[CE1-ospf-1-area-0.0.0.0]network 10.0.0.0 0.0.0.255
[CE1-ospf-1-area-0.0.0.0]network 20.0.0.0 0.0.0.255
```

图 22.17　CE1 的配置

CE2 的配置如图 22.18 所示，通过 BGP 将 60.0.0.0/24 网段发布给 PE2。

```
[Huawei]sysname CE2
[CE2]interface e0/0/0
[CE2-Ethernet0/0/0]ip add 60.0.0.1 24
[CE2-Ethernet0/0/0]interface ge0/0/0
[CE2-GigabitEthernet0/0/0]ip add 50.0.0.2 24
[CE2-GigabitEthernet0/0/0]quit
[CE2]bgp 200
[CE2-bgp]peer 50.0.0.1 as-number 100
[CE2-bgp]network 60.0.0.0 24
```

图 22.18　CE2 的配置

1. PE1 的配置

先配置环回地址和公网的接口 IP，如图 22.19 所示，暂时不配置与 CE1 连接的接口。

```
[Huawei]sysname PE1
[PE1]interface loopback0
[PE1-LoopBack0]ip add 1.1.1.1 32
[PE1-LoopBack0]interface ge0/0/1
[PE1-GigabitEthernet0/0/1]ip add 30.0.0.1 24
[PE1-GigabitEthernet0/0/1]quit
```

图 22.19　PE1 接口配置

配置 PE1 的公网 OSPF、MPLS、LDP，并给所有网段分配标签，如图 22.20 所示。

```
[PE1]ospf 100
[PE1-ospf-100]area 0
[PE1-ospf-100-area-0.0.0.0]network 1.1.1.1 0.0.0.0
[PE1-ospf-100-area-0.0.0.0]network 30.0.0.0 0.0.0.255
[PE1-ospf-100-area-0.0.0.0]quit
[PE1-ospf-100]quit
[PE1]mpls lsr-id 1.1.1.1
[PE1]mpls
Info: Mpls starting, please wait... OK!
[PE1-mpls]quit
[PE1]mpls ldp
[PE1-mpls-ldp]interface ge0/0/1
[PE1-GigabitEthernet0/0/1]mpls
[PE1-GigabitEthernet0/0/1]mpls ldp
[PE1-GigabitEthernet0/0/1]quit
[PE1]mpls
[PE1-mpls]lsp-trigger all
[PE1-mpls]quit
```

图 22.20　PE1 配置 OSPF、MPLS、LDP

配置 PE1 的 MP-BGP，使用环回口与 PE2 建立 VPN 隧道，如图 22.21 所示。

```
[PE1]bgp 100
[PE1-bgp]router-id 1.1.1.1
[PE1-bgp]peer 3.3.3.3 as-number 100
[PE1-bgp]peer 3.3.3.3 connect-interface loopback0
[PE1-bgp]ipv4-family vpnv4 unicast
[PE1-bgp-af-vpnv4]peer 3.3.3.3 enable
[PE1-bgp-af-vpnv4]quit
[PE1-bgp]quit
```

图 22.21　PE1 配置 MP-BGP

配置 PE1 的 VPN 实例，指定 RD、RT，然后绑定到接口 GE0/0/0，绑定之后接口的所有配置都被清除，因此要在接口绑定 VPN 实例之后再配置 IP 地址，如图 22.22 所示。

```
[PE1]ip vpn-instance VPNX
[PE1-vpn-instance-VPNX]route-distinguisher 100:1
[PE1-vpn-instance-VPNX-af-ipv4]vpn-target 100:123 import-extcommunity
 IVT Assignment result:
Info: VPN-Target assignment is successful.
[PE1-vpn-instance-VPNX-af-ipv4]vpn-target 100:321 export-extcommunity
 EVT Assignment result:
Info: VPN-Target assignment is successful.
[PE1-vpn-instance-VPNX-af-ipv4]quit
[PE1-vpn-instance-VPNX]quit
[PE1]interface gE0/0/0
[PE1-GigabitEthernet0/0/0]ip binding vpn-instance VPNX
Info: All IPv4 related configurations on this interface are removed!
Info: All IPv6 related configurations on this interface are removed!
[PE1-GigabitEthernet0/0/0]ip add 20.0.0.2 24
```

图 22.22　PE1 配置 VPN 实例

在 PE1 上配置与 CE 之间的 OSPF（绑定 VPN 实例），并将该 OSPF 进程和 MP-BGP 之间的路由进行互相导入，如图 22.23 所示。

注意：PE1 上有两个 OSPF，使用不同进程号（一个是 100，另一个是 1），互相独立。

```
[PE1]ospf 1 vpn-instance VPNX
[PE1-ospf-1]area 0
[PE1-ospf-1-area-0.0.0.0]network 20.0.0.0 0.0.0.255
[PE1-ospf-1-area-0.0.0.0]quit
[PE1-ospf-1]import-route bgp
[PE1-ospf-1]quit
[PE1]bgp 100
[PE1-bgp]ipv4-family vpn-instance VPNX
[PE1-bgp-VPNX]import-route ospf 1
```

图 22.23　PE1 配置 OSPF

2. P 的配置

P 是运营商内部设备,不需要关注 VPN 信息,只需根据标签转发报文,如图 22.24 所示,先配置接口 IP,再配置 OSPF,最后配置 MPLS、LDP。

3. PE2 的配置

先配置 PE2 公网的接口 IP、OSPF、MPLS、LDP,并给所有网段分发标签,如图 22.25 所示。

```
[Huawei]sysname P
[P]interface loopback0
[P-LoopBack0]ip add 2.2.2.2 32
[P-LoopBack0]interface ge0/0/0
[P-GigabitEthernet0/0/0]ip add 30.0.0.2 24
[P-GigabitEthernet0/0/0]interface g0/0/1
[P-GigabitEthernet0/0/1]ip add 40.0.0.1 24
[P-GigabitEthernet0/0/1]quit
[P]ospf
[P-ospf-1]area 0
[P-ospf-1-area-0.0.0.0]network 2.2.2.2 0.0.0.0
[P-ospf-1-area-0.0.0.0]network 30.0.0.0 0.0.0.255
[P-ospf-1-area-0.0.0.0]network 40.0.0.0 0.0.0.255
[P-ospf-1-area-0.0.0.0]quit
[P-ospf-1]quit
[P]mpls lsr-id 2.2.2.2
[P]mpls
Info: Mpls starting, please wait... OK!
[P-mpls]quit
[P]mpls ldp
[P-mpls-ldp]interface ge0/0/0
[P-GigabitEthernet0/0/0]mpls
[P-GigabitEthernet0/0/0]mpls ldp
[P-GigabitEthernet0/0/0]interface g0/0/1
[P-GigabitEthernet0/0/1]mpls
[P-GigabitEthernet0/0/1]mpls ldp
[P-GigabitEthernet0/0/1]quit
[P]mpls
[P-mpls]lsp-trigger all
```

图 22.24　配置 P 设备

```
[Huawei]sysname PE2
[PE2]interface loopback0
[PE2-LoopBack0]ip add 3.3.3.3 32
[PE2-LoopBack0]interface ge0/0/0
[PE2-GigabitEthernet0/0/0]ip add 40.0.0.2 24
[PE2-GigabitEthernet0/0/0]quit
[PE2]ospf 100 router-id 3.3.3.3
[PE2-ospf-100]area 0
[PE2-ospf-100-area-0.0.0.0]network 3.3.3.3 0.0.0.0
[PE2-ospf-100-area-0.0.0.0]network 40.0.0.0 0.0.0.255
[PE2-ospf-100-area-0.0.0.0]quit
[PE2-ospf-100]quit
[PE2]mpls lsr-id 3.3.3.3
[PE2]mpls
Info: Mpls starting, please wait... OK!
[PE2-mpls]quit
[PE2]mpls ldp
[PE2-mpls-ldp]interface ge0/0/0
[PE2-GigabitEthernet0/0/0]mpls
[PE2-GigabitEthernet0/0/0]mpls ldp
[PE2-GigabitEthernet0/0/0]quit
[PE2]mpls
[PE2-mpls]lsp-trigger all
```

图 22.25　PE2 基础配置

配置 PE2 的 MP-BGP、VPN 实例,并绑定到接口,最后配置与 CE2 的 BGP 邻居关系,如图 22.26 所示。

```
[PE2]bgp 100
[PE2-bgp]router-id 3.3.3.3
[PE2-bgp]peer 1.1.1.1 as-number 100
[PE2-bgp]peer 1.1.1.1 connect-interface loopback0
[PE2-bgp]ipv4-family vpnv4 unicast
[PE2-bgp-af-vpnv4]peer 1.1.1.1 enable
[PE2-bgp-af-vpnv4]quit
[PE2-bgp]quit
[PE2]ip vpn-instance VPNX
[PE2-vpn-instance-VPNX]route-distinguisher 100:1
[PE2-vpn-instance-VPNX-af-ipv4]vpn-target 100:321 import-extcommunity
 IVT Assignment result:
Info: VPN-Target assignment is successful.
[PE2-vpn-instance-VPNX-af-ipv4]vpn-target 100:123 export-extcommunity
 EVT Assignment result:
Info: VPN-Target assignment is successful.
[PE2-vpn-instance-VPNX-af-ipv4]quit
[PE2-vpn-instance-VPNX]quit
[PE2]interface ge0/0/1
[PE2-GigabitEthernet0/0/1]ip binding vpn-instance VPNX
Info: All IPv4 related configurations on this interface are removed!
Info: All IPv6 related configurations on this interface are removed!
[PE2-GigabitEthernet0/0/1]ip add 50.0.0.1 24
[PE2-GigabitEthernet0/0/1]quit
[PE2]bgp 100
[PE2-bgp]ipv4-family vpn-instance VPNX
[PE2-bgp-VPNX]peer 50.0.0.2 as-number 200
```

图 22.26　PE2 配置 MP-BGP、VPN 实例

配置完成后在 PE1 与 P 设备间开启抓包,然后 PCB ping PCA,如图 22.27 所示,ping 测试成功,抓包发现报文带 2 层标签,1031 是外标签(公网),1028 是内标签(私网)。

```
7 6.875000    60.0.0.2    10.0.0.2    ICMP    Echo (ping) request
8 6.906000    10.0.0.2    60.0.0.2    ICMP    Echo (ping) reply
9 7.000000    30.0.0.1    224.0.0.2   LDP     Hello Message
10 8.000000   60.0.0.2    10.0.0.2    ICMP    Echo (ping) request

⊞ Frame 8: 82 bytes on wire (656 bits), 82 bytes captured (656 bits)
⊞ Ethernet II, Src: HuaweiTe_91:70:87 (54:89:98:91:70:87), Dst: HuaweiTe_1d:28:ad
⊞ MultiProtocol Label Switching Header, Label: 1031, Exp: 0, S: 0, TTL: 255
⊞ MultiProtocol Label Switching Header, Label: 1028, Exp: 0, S: 1, TTL: 255
⊞ Internet Protocol, Src: 10.0.0.2 (10.0.0.2), Dst: 60.0.0.2 (60.0.0.2)
⊞ Internet Control Message Protocol
```

图 22.27 主机间 ping 测试

查看 CE1 与 CE2 的路由表,发现都学习到了对方的路由,如图 22.28 所示。

```
[CE1]display ip routing-table
Route Flags: R - relay, D - download to fib
--------------------------------------------------
Routing Tables: Public
         Destinations : 7        Routes : 7

Destination/Mask    Proto   Pre  Cost      Flags NextHop

      10.0.0.0/24   Direct  0    0          D    10.0.0.1
      10.0.0.1/32   Direct  0    0          D    127.0.0.1
      20.0.0.0/24   Direct  0    0          D    20.0.0.1
      20.0.0.1/32   Direct  0    0          D    127.0.0.1
      60.0.0.0/24   O_ASE   150  1          D    20.0.0.2
     127.0.0.0/8    Direct  0    0          D    127.0.0.1
     127.0.0.1/32   Direct  0    0          D    127.0.0.1
[CE2]display ip routing-table
Route Flags: R - relay, D - download to fib
--------------------------------------------------
Routing Tables: Public
         Destinations : 8        Routes : 8

Destination/Mask    Proto   Pre  Cost      Flags NextHop

      10.0.0.0/24   EBGP    255  0          D    50.0.0.1
      20.0.0.0/24   EBGP    255  0          D    50.0.0.1
      50.0.0.0/24   Direct  0    0          D    50.0.0.2
      50.0.0.2/32   Direct  0    0          D    127.0.0.1
      60.0.0.0/24   Direct  0    0          D    60.0.0.1
      60.0.0.1/32   Direct  0    0          D    127.0.0.1
     127.0.0.0/8    Direct  0    0          D    127.0.0.1
     127.0.0.1/32   Direct  0    0          D    127.0.0.1
```

图 22.28 查看 CE 的路由表

在两个 PE 上面查看路由表时看不到 10.0.0.0/24 和 60.0.0.0/24 网段,如图 22.29 所示,在 PE1 上只能看到公网的路由信息,甚至连 PE1 自己的 GE0/0/0 接口的网段 (20.0.0.0/24)都看不到,因为接口 IP 配置在 VPN 实例里面了,PE2 也是类似的情况。

```
[PE1]display ip routing-table
Route Flags: R - relay, D - download to fib
--------------------------------------------------
Routing Tables: Public
         Destinations : 8        Routes : 8

Destination/Mask    Proto   Pre  Cost      Flags NextHop

       1.1.1.1/32   Direct  0    0          D    127.0.0.1
       2.2.2.2/32   OSPF    10   1          D    30.0.0.1
       3.3.3.3/32   OSPF    10   2          D    30.0.0.2
      30.0.0.0/24   Direct  0    0          D    30.0.0.1
      30.0.0.1/32   Direct  0    0          D    127.0.0.1
      40.0.0.0/24   OSPF    10   2          D    30.0.0.2
     127.0.0.0/8    Direct  0    0          D    127.0.0.1
     127.0.0.1/32   Direct  0    0          D    127.0.0.1
```

图 22.29 查看 PE1 的路由表

如果想在 PE 上查看 VPN 的路由信息,则可以查 VPN 的路由信息,如图 22.30 所示,10.0.0.0/24 是从 OSPF 学来的,60.0.0.0/24 是从 IBGP 学来的。PE2 的路由信息也是如此,可以自己尝试查看。

```
[PE1]display ip routing-table vpn-instance VPNX
Route Flags: R - relay, D - download to fib
------------------------------------------------------------
Routing Tables: VPNX
         Destinations : 4         Routes : 4

Destination/Mask    Proto   Pre  Cost      Flags NextHop

       10.0.0.0/24  OSPF    10   2          D    20.0.0.1
       20.0.0.0/24  Direct  0    0          D    20.0.0.2
       20.0.0.2/32  Direct  0    0          D    127.0.0.1
       60.0.0.0/24  IBGP    255  0          RD   3.3.3.3
[PE1]display bgp vpnv4 all routing-table

BGP Local router ID is 1.1.1.1
Status codes: * - valid, > - best, d - damped,
              h - history, i - internal, s - suppressed, S - Stale
              Origin : i - IGP, e - EGP, ? - incomplete

Total number of routes from all PE: 3
Route Distinguisher: 100:1

       Network          NextHop          MED        LocPrf      PrefVal Path/Ogn
*>     10.0.0.0/24      0.0.0.0          3                      0       ?
*>     20.0.0.0/24      0.0.0.0          0                      0       ?
*>i    60.0.0.0/24      3.3.3.3          0          100         0       200i

VPN-Instance VPNX, Router ID 1.1.1.1:

Total Number of Routes: 3
       Network          NextHop          MED        LocPrf      PrefVal Path/Ogn
*>     10.0.0.0/24      0.0.0.0          3                      0       ?
*>     20.0.0.0/24      0.0.0.0          0                      0       ?
*>i    60.0.0.0/24      3.3.3.3          0          100         0       200i
```

图 22.30 查看 PE1 的 VPN 表

22.4 MPLS VPN 典型应用与配置

1. 应用一：1 对 1 连接

有两个 VPN,每个 VPN 有两个分支,共享 PE。在 PE 上使用 RD、RT 进行区分。前面两节介绍的就是这种应用方式,如图 22.31 所示。

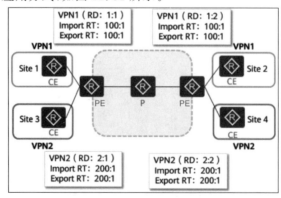

图 22.31 应用一

其中 CE 和 PE 之间可以通过 OSPF、IS-IS、BGP 和静态路由实现路由学习,如图 22.32 所示。前面的实验中使用了 OSPF、BGP 两种方式,下面是静态路由、IS-IS 的配置方法。

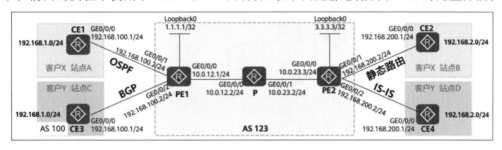

图 22.32　CE-PE 路由学习

PE2 与 CE2 使用静态路由,配置命令如下:

```
[CE2]ip route - static 192.168.1.0 24 192.168.200.2
[PE2]ip route - static vpn - instance vpnx 192.168.2.0 24 192.168.200.1
```

PE2 和 CE4 使用 IS-IS 传递路由,CE4 上将 192.168.200.0/24 和 192.168.2.0/24 网段宣告到 IS-IS 进程里面。在 PE2 上,将 IS-IS 路由和 BGP 路由互相导入,配置命令如下:

```
[CE4]isis 1
[CE4 - isis - 1]network - entity 49.0001.0000.0000.1111.00
[CE4 - isis - 1]is - level level - 2
[CE4 - isis - 1]quit
[CE4]interface GigabitEthernet 0/0/0
[CE4 - GigabitEthernet0/0/0]isis enable 1
[CE4 - GigabitEthernet0/0/0]quit
[CE4]interface GigabitEthernet 0/0/1
[CE4 - GigabitEthernet0/0/1]isis enable 1
//PE2 的配置
[PE2]isis 1 vpn - instance VPNY
[PE2 - isis - 1]network - entity 49.0002.0000.0000.2222.00
[PE2 - isis - 1]is - level level - 2
[PE2 - isis - 1]import - route bgp level - 2
[PE2 - isis - 1]quit
[PE2]interface GigabitEthernet 0/0/2
[PE2 - GigabitEthernet 0/0/2]isis enable 1
[PE2]bpg 123
[PE2 - bgp]ipv4 - family vpn - instance VPNY
[PE2 - bgp]import - route isis 1
```

2. 应用二:1 对 N 连接

有些场景下需要 1 对 N 连接,如图 22.33 所示,总部与分支建立 VPN,同时总部还跟合作方建立 VPN,但是分支与合作方是互相隔离的。实现方法是通过 RT 进行控制,总部发出去的路由信息带有两个 RT,可以同时和分支、合作方通信。

总部收到分支的路由不能转发给合作方,从合作方收到的路由也不会转发给分支。

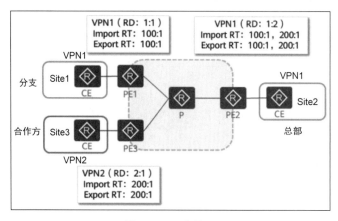

图 22.33 应用二

分支与合作方的配置与前面的没有区别，总部的配置命令如下：

```
[Huawei-vpn-instance-VPNX-af-ipv4]vpn-target 100:1 200:1 import-extcommunity
```

3. 应用三：Hub & Spoke

有些场景下需要 1 对 N 连接。例如 1 个总部，多个分支，各个分支之间互通。如果分支之间两两建立 VPN 连接，则连接的数量将呈指数级增长，PE 设备的资源消耗巨大。

常用的解决方法是将总部设置为 Hub，作为中转站，将分支设备设置为 Spoke，分支将路由交给总部后，总部转给其他分支，从而实现各分支间互通，同时总部可以控制各分支之间的数据传输，如图 22.34 所示。

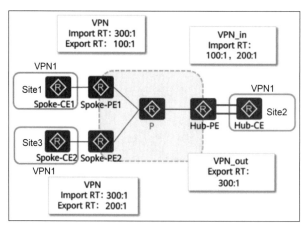

图 22.34 应用三

默认情况下，从 PE 导入 CE 的路由不能再从同一个 CE 转回给 PE，然后发送给其他 VPN 分支。为了实现 Hub 设备的转发功能，需要在 Hub-PE 与 Hub-CE 之间建立两条连接（两条物理连接，PE 上有两个 VPN 实例），并在 Hub-CE 进行路由导入。

Hub PE 与 Hub CE 之间通过 OSPF 传递路由，如图 22.35 所示。

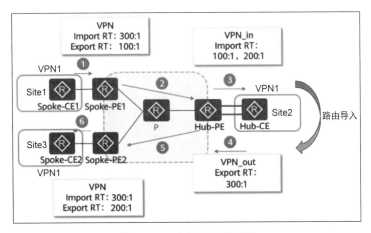

图 22.35   应用三实现原理

第①②③步：路由从 Site 1 传递给 Hub-CE，Hub-CE 上有两个进程，一个负责从 Hub-PE 接收路由（OSPF 100），另一个负责将路由发布给 Hub-PE（OSPF 200）。Hub-CE 上将 OSPF 100 的路由导入 OSPF 200。

第④⑤⑥步：Hub-PE 从 Hub-CE 的 OSPF 20 收到路由更新，认为这是新的路由条目，因此发布出去，带有目标 RT 300：1，会被 Site 3 接收。

Hub PE 与 Hub CE 之间通过 OSPF 实现，如图 22.36 所示。

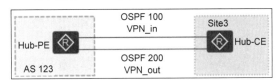

图 22.36   OSPF 方式

在 Hub CE 上启动两个 OSPF 进程，一个进程绑定一个物理接口，将 OSPF 100 进程的路由导入 OSPF 200 进程中，单向导入，配置命令如下：

```
[Hub - CE]ospf 200
[Hub - CE - ospf - 200]import - route ospf 100
```

相应地，PE 上也启动两个 OSPF 进程，OSPF 100 绑定 VPN_in（只配置 Import RT），然后从 MP-BGP 导入路由。路由在 Hub CE 环回之后来到 Hub PE 的 OSPF 200 进程里面，再将 OSPF 200 的路由导入 MP-BGP VPN_out 实例里面，配置命令如下：

```
[Hub - PE]ospf 100 vpn - instance VPN_in
[Hub - PE - ospf - 100]import - route bgp
[Hub - PE - ospf - 100]quit
[Hub - PE]bgp 100
[Hub - PE - bgp]ipv4 - family vpn - instance VPN_out
[Hub - PE - bgp - VPN_out]import - route ospf 200
```

注意：OSPF 200 是普通的 OSPF,本身并没有绑定 VPN 实例。

Hub-PE 与 Hub CE 之间也可以通过建立两个 EBGP 邻居实现,如图 22.37 所示,一条连接负责接收路由,另一条负责发布路由。

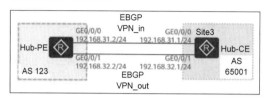

图 22.37　EBGP 实现方式

对于 Hub CE 来讲,这是两个不同的 EBGP 邻居,所以从其中一个学来的路由会自动传递给另外一个邻居,配置命令如下:

```
[Hub - CE]bgp 65001
[Hub - CE - bgp]peer 192.168.31.2 as - number 123
[Hub - CE - bgp]peer 192.168.32.2 as - number 123
```

对于 Hub PE 来讲,从 Hub CE 返回来的路由带有 AS 123,属于环回路由,默认情况下会被 Hub PE 丢弃。为了防止丢弃,可在 Hub PE 上配置 allow as loop 功能,命令如下:

```
[Hub - PE]bgp 123
[Hub - PE - bgp]ipv4 - family vpn - instance VPN_in
[Hub - PE - bgp - VPN_in]peer 192.168.31.1 as - number 65001
[Hub - PE - bgp - VPN_in]quit
[Hub - PE - bgp]ipv4 - family vpn - instance VPN_out
[Hub - PE - bgp - VPN_out] peer 192.168.32.1 as - number 65001
[Hub - PE - bgp - VPN_out] peer 192.168.32.1 allow - as - loop
```

注意这两个邻居对应的 VPN 实例的区别,一个是 VPN_in(只配置 Import RT),另外一个是 VPN_out(只配置 Export RT)。

4. 应用四:跨域应用

MPLS VPN 在公网上使用 MPLS 转发路由和数据,MPLS 域通常在同一个运营商网络范围内,如图 22.38 所示。

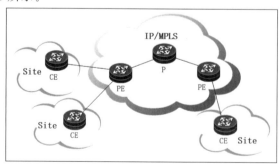

图 22.38　MPLS VPN 网络结构

Site1、Site2 也有可能在不同运营商网络下面,如图 22.39 所示,如何实现 MPLS VPN?

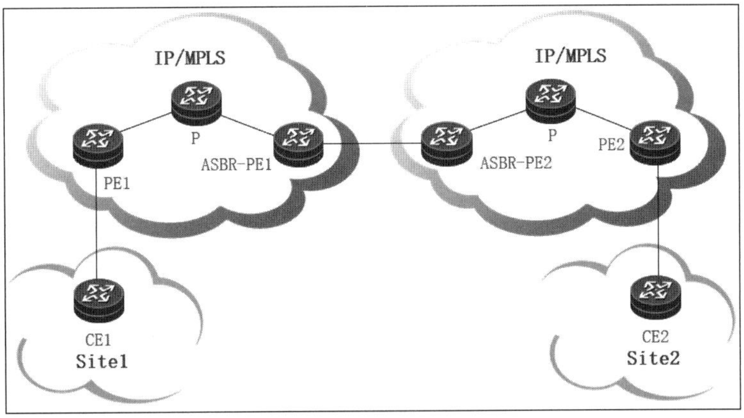

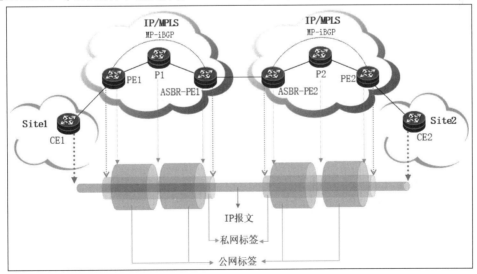

图 22.39　跨域 MPLS VPN 网络结构

22.5　MPLS VPN 跨域解决方案

因为跨域解决方案中又包括 Option A、Option B、Option C 三个子方案,内容较多,所以这里单独用一个节展开介绍。

22.5.1　Option A

Option A 也叫作 VRF 背靠背解决方案,如图 22.40 所示,ASBR-PE1 与 ASBR-PE2 之间建立 EBGP 邻居关系,不需要启动 MPLS,互相把对方当作 CE 设备。

图 22.40　Option A

Option A 的实现原理与普通的 MPLS VPN 没有太大区别。在运营商网络边界处通过 EBGP 将路由传递给对方。如果有多个 VPN 隧道存在,则需要使用多条物理链路,或者在物理链路中使用子接口进行区分,一个接口绑定一个 VPN 实例。

22.5.2 Option B

Option A 方案的实现原理比较简单,但是需要在边界处创建 VPN 实例,并与接口/子接口绑定,配置不方便,占用资源多,实现起来比较困难。在 MPLS VPN 隧道数量很多的情况下,边界路由器负担重,对性能要求很高。

Option B 方案可以解决 Option A 方案的不足,不需要在边界路由器上创建 VPN 实例。其实现方法是在 ASBR-PE 之间配置 MP-eBGP 邻居关系,ASBR-PE1 通过 MP-iBGP 从 PE1 学到路由,然后通过 MP-eBGP 传递给对端的 ASBR-PE2,如图 22.41 所示。

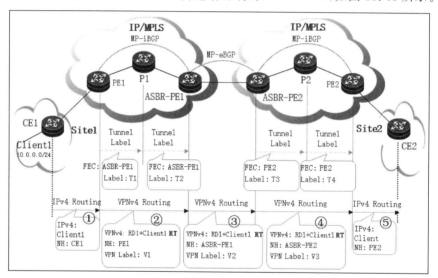

图 22.41 Option B 路由学习过程

左边 Site1 有个网段 10.0.0.0/24,该网段从 CE1 发送给 CE2 的过程如下:

① CE1 将 Client1 的路由通过 OSPF、BGP 等协议传递给 PE1,路由的 NH(Next Hope,下一跳)是 CE1 的接口地址。

② PE1 通过 MP-iBGP 将 Client1 的路由传递给 ASBR-PE1,传递时还带有 RD、RT,同时还会分配一个私网标签 V1,给后面传递数据报文时使用。

PE1 传递给 ASBR-PE1 时使用 MPLS 隧道,外层还会添加公网标签:T1、T2。

③ 跟 BGP 协议类似,从 IBGP 学来的路由会通告给 EBGP 邻居。ASBR-PE1 从 PE1 学到路由(MP-iBGP),然后通过 MP-eBGP 将 Client1 路由传递给 ASBR-PE2。

当 ASBR-PE1 通告给 ASBR-PE2 时,分配一个私网标签 V2,供数据报文使用,不同 MPLS VPN 隧道的数据使用不同的私网标签进行区分,不需要与子接口绑定。

ASBR-PE1 与 ASBR-PE2 之间没有运行 MPLS、LDP,因此没有外层公网标签,只有一个私网标签(由 MP-BGP 自动分配,每一跳分配一个私网标签)。

④ ASBR-PE2 将 Client1 的路由传递给 PE2,与 BGP 类似,将路由转发给邻居时都会修改下一跳信息,此时的 NH 变成 ASBR-PE2,同时也会分配一个私网标签 V3。

⑤ Client1 路由到达 PE2 之后,根据 RT 将路由导入正确的 VPN 实例,然后传递给 CE2。

Option B 的优点是在两个 ASBR-PE 之间运行 MP-eBGP,路由直接传递过去,不需要使用物理接口/子接口来区分不同的 MPLS VPN,也不需要创建 VPN 实例。不仅节省了物理接口资源,同时也大大减轻了 ASBR-PE 设备的资源消耗。

Option B 的数据转发过程如图 22.42 所示。

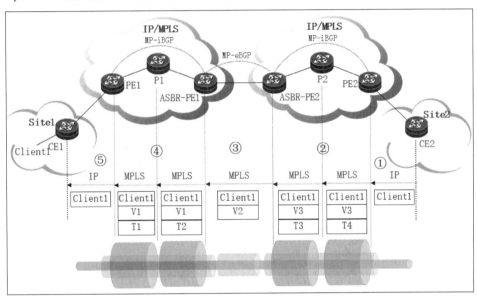

图 22.42　Option B 数据转发过程

① CE2 学到 Client 路由后,往 Client 网段发送数据,根据 NH 信息,IP 报文交给 PE2。

② PE2 根据之前分配好的私网标签,先封装 V3 私网标签,再封装外层公网标签 T4。最终交给隧道的另一端 ASBR-PE2。在转发过程中,内部私网标签不变。

③ ASBR-PE2 根据私网标签 V3 知道这是去往 CE1 的数据,将 V3 切换成 V2 之后发送出去,此时报文只带一层标签。

④ ASBR-PE1 收到带有 V2 标签的报文,知道这是去往 CE1 的报文,因此进行 MPLS VPN 封装,先将私网标签转换成 V1,然后添加外层公网标签 T2,最终交给 PE1。

⑤ PE1 收到报文后,剥去外层公网标签,然后根据内层私网标签 V1,交给 CE1。

22.5.3　Option C

Option B 中,ASBR-PE 设备虽然不用创建 VPN 实例,但会学到各个 VPN 的路由信息。当 VPN 数量多时,会导致路由表过于庞大而占用太多资源。为了解决路由表过大的隐患,出现了 Option C 方案。

Option C 在 PE1 与 PE2 之间直接建立 MP-eBGP 邻居关系,中间的 ASBR-PE 不需要创建 VPN 实例,也不用学习各个 VPN 的路由信息。

PE1 与 PE2 之间要建立 MP-eBGP 关系的前提是双方要有对方的路由,IP 可达,但是默认情况下,PE1、PE2 的接口 IP 路由信息不会发布到对方运营商网络中。

为了使双方学到对方的路由,在 Option C 方案中,将 PE 的路由当作 Client 发布,具体路由传递过程如图 22.43 所示。

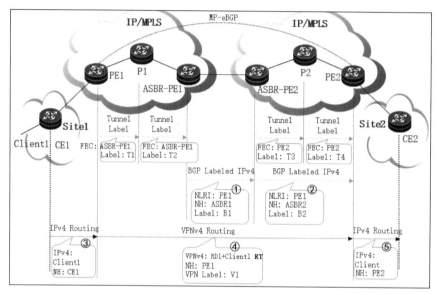

图 22.43　Option C 路由传递过程

① ASBR-PE1 有去往 PE1 的路由信息,为了让 PE2 学到 PE1 的路由,ASBR-PE1 使用 MP-eBGP 将 PE1 的路由传递给 ASBR-PE2(把 PE1 当作 Client 处理),同时分配标签 B1,NLRI(目标网段)是 PE1。

② ASBR-PE2 与 PE2 之间建立 MP-iBGP 关系,因此 ASBR-PE2 将 PE1 的路由信息传递给 PE2,并分配新的标签 B2。

反方向也是同样的过程,PE1 也会学到 PE2 的路由信息。

③ CE1 将路由信息发布给 PE1,目标网段是 Client1。

④ PE1、PE2 之间建立了 MP-eBGP 关系,PE1 将路由发布给 PE2 的同时,分配私网标签 V1。

因为 P1 并没有 PE2 的路由信息,PE1 到 ASBR-PE1 之间也是走 MP-iBGP 隧道。这段路径的标签是 V1+T1/T2。

当 ASBR-PE1 传递给 ASBR-PE2 时,需要添加标签 B1,因为 ASBR-PE1 将 PE1 当作 Client 发布出去,需要用 B1 来标识这是给 PE1 的报文。此时标签是 V1+B1。

当 ASBR-PE2 传递给 PE2 时,将 B1 切换成 B2,再添加一层公网标签,此时标签是

V1+B2+T3/T4。

⑤ PE2 收到路由信息后,剥去所有标签,并根据 RT 导入指定的 VPN 实例,最终将普通 IP 路由交给 CE2。PE2 会记录所有标签。

这些标签,有的用于封装 MPLS 隧道,传递路由信息,有的用于指导后续的报文转发。T1、T2、T3、T4 用于 MPLS 隧道封装,V1、B1、B2 则用于指导业务报文转发。

业务报文转发过程如图 22.44 所示。

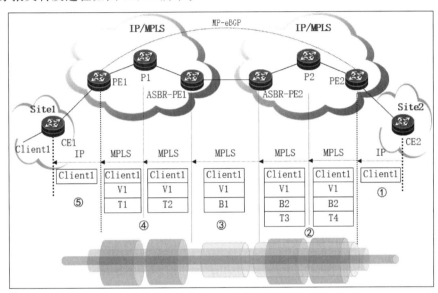

图 22.44 Option C 数据转发过程

① CE2 学到了 Client1 的路由,发送报文去往 Client1 网段,报文交给 PE2。

② PE2 与 PE1 之间建立了 MP-eBGP,报文到达 PE2 之后进行隧道封装,目标出口是 PE1,使用标签 V1。

根据前面的路由学习,PE1 对于 PE2 来讲,相当于一个 Client。为了区分不同的 Client,从 PE2 发出去的报文还得添加一个私网标签 B2。最后添加公网标签 T4 并发给 ASBR-PE2。

③ ASBR-PE2 收到后,剥掉外层标签 T3,再根据内层标签 B2,切换成 B1,然后发给 ASBR-PE1。

④ ASBR-PE1 收到后,根据标签 B1 得知这是要交给 PE1 的报文,去掉 B1 标签,并根据 PE1 的 FEC 封装 T2 标签,最终到达 PE1。

⑤ PE1 收到后,根据内层标签 V1 得知这是要交给 CE1 的报文,去掉标签,将普通 IP 报文发给 CE1。

Option C 方案使用了非对称标签,一边使用 2 层标签,另外一边则需要使用 3 层标签。

各方案的优缺点如下。

Option A:实现原理简单,但是比较消耗边界路由器的资源。

Option B：边界路由器不需要创建 VPN 实例，减少了消耗，但是边界路由器会学习到所有的私网 IP，维护大量的 VPNv4 路由，对设备的路由表容量有一定的要求。

Option C：边界路由器不需要创建 VPN 实例，也不需要维护各 VPN 的路由信息，扩展性较好。缺点是实现原理相对复杂，配置相对较多。

22.6　小结

本章介绍了 MPLS VPN 相比于其他 VPN 技术的优势，主要是各分支之间可以互相动态学习路由信息。此外，VPN 隧道主要是由运营商搭建的，使用 MPLS 转发，效率高，更安全。

MPLS VPN 的设备有 3 种角色：CE 是客户网络的边缘，PE 是运营商网络的边缘，P 是运营商内部的网络设备，其中 CE、P 设备感知不到 VPN 的存在，VPN 主要工作在 PE 设备上，对 PE 设备的性能要求较高。

MPLS VPN 路由发布可以分为 3 步，第 1 步是将 CE 发布到 PE，可以通过 OSPF、BGP 等动态路由协议实现，第 2 步是将本地 PE 发布到远端 PE，通过 MP-BGP 发布，第 3 步是将远端 PE 发布到远端 CE，也是通过 OSPF、BGP 等协议实现。

一个 PE 可以连接多个 CE，各 CE 使用私网 IP，地址有可能重叠，为了解决地址空间重叠问题，在 PE 上使用 RD 进行区分。路由送到远端 PE 之后，远端 PE 需要将路由送给正确的 CE 设备，这里用 RT 进行匹配，因此路由在 PE 之间传递时，除了原始的路由信息，每条路由都带有 RD、RT 信息。

路由学习完成后就可以开始发送业务报文了。业务报文到达 PE 后，进入 VPN 隧道，从本地 PE 送到远端 PE，根据远端 PE 的接口 IP 封装 MPLS 标签，该报文在 MPLS 域内根据外层标签转发，不关注里面的具体内容。到达远端 PE 之后，解开外层标签，然后根据内层标签决定将业务报文送给具体的 CE 设备。内层标签在路由学习阶段提前分配好。

最后结合一个例子演示了具体的配置和验证。

图 22.45　本实验用的设备

注意：本实验使用的 eNSP 模拟器完成，使用的路由器设备如图 22.45 所示。

介绍完基础 MPLS VPN 原理和配置之后，又介绍了 4 个 MPLS VPN 的不同应用场景和实现原理：

（1）1 对 1 连接，在 1 个总部、一个分支的情况下使用。

（2）1 对 N 连接，总部 Site 与分支、合作方互联，分支与合作方互相隔离路由。

（3）Hub&Spoke：一个总部，多个分支，各分支通过总部学习路由。

（4）跨域连接，其中跨域 MPLS VPN 有 3 种不同方案，分别是 Option A、Option B 和 Option C，各方案有不同优缺点。

第23章

网 络 运 维

网络的生命周期大致可以分为 5 个阶段,分别是规划、设计、实施、运维、优化,如图 23.1 所示。

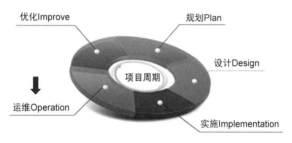

图 23.1 网络生命周期

规划:侧重于网络调研和网络实现的一些外部条件,包括项目预算、交付范围、技术方向、交付周期等。

设计:侧重于技术实现,包括网络拓扑设计、可靠性设计、VLAN 设计、安全设计等。

实施:根据设计方案进行网络硬件搭建、软件调试、业务测试等。

运维:网络交付使用之后,定期维护,预防故障的出现,当故障出现时,以便及时解决。

优化:根据网络使用、运维的经验,发现网络的可优化点进行优化,例如调整带宽、开启网络攻击防护、网络隔离等。提高网络安全性、稳定性,使网络工作更高效。

网络从业人员大部分是从网络运维开始入手的,有了一定经验积累后才能做规划、设计、优化等工作,而网络建设实施工作根据产品说明文档进行操作就可以了,相对简单。本章内容主要介绍网络运维这部分内容。

网络运维分日常维护和故障定位两部分。

日常维护主要是定期检查网络设备运行的环境、状态等信息,以便及时发现异常并调整,避免故障的发生。日常维护又分为主动式和被动式:

主动式指定期(如每周、每月)主动检查设备的状态。

被动式指等待告警上报,出现告警了再检查具体设备的具体问题。

在实际应用中主动式和被动式相结合,既要监控告警,也要定期做检查。当发现业务异常、业务中断等紧急问题时,进行故障定位并恢复业务。

23.1　日常维护

日常维护分为设备环境维护和设备软硬件维护。

（1）设备环境维护：包括机房供电、散热、灰尘防护、防潮等因素，工作人员需要亲临现场，甚至借助一些专业工具进行观察、测量。对于不达标的项，需要及时调整，例如温度过高。

（2）设备软硬件维护：包括设备本身的运行状态、温度、版本、补丁等，工作人员可以现场操作，也可以远程操作，主要通过 display 命令查看。

日常维护需要检查的项很多，包括方方面面，通常需要使用检查表（Checklist）一个个地检查，如图 23.2 所示。下面分节逐个展开介绍。

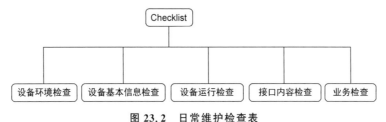

图 23.2　日常维护检查表

23.1.1　设备环境检查

设备工作环境正常是保证设备正常运行的前提，有些情况下环境异常不会马上导致设备工作异常，但是持续时间长了就会导致设备异常，甚至故障。

例如机房温度过高，短时间内没问题，但是时间久了就可能导致设备老化加速，设备损坏，甚至无法正常工作。再例如有些地方灰尘很大，设备没有做好防尘保护，时间久了灰尘太厚会导致散热异常，从而导致设备温度过高而重启。

因此需要定期检查设备的工作环境，主要检查项如图 23.3 所示。

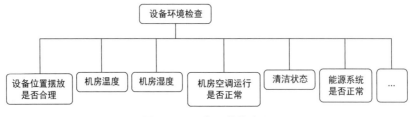

图 23.3　设备环境检查项

常用的检查项如表 23.1 所示。

表 23.1 设备环境检查项

检 查 项	方 法	说 明
设备摆放位置	观察	设备安装牢固、平整,周边没有不相干杂物
机房温度状况	观察/温度计	机房温度在设备说明的范围内
机房湿度状况	观察/湿度计	机房湿度在设备说明的范围内
空调状况	观察/空调	空调运行稳定
清洁状况	观察	机房和设备应保持清洁无灰尘
散热状况	观察	设备工作正常,风扇正常运转
线缆布放	观察	电源与业务线缆分开布放,线缆布放整齐有序,标签规范
接地状况	观察	机房、机架、设备都良好接地,地阻正常
供电系统状况	观察/电压表	供电系统稳定,备用电池工作正常

23.1.2 设备基本信息检查

在实际应用中网络设备较多,有时会发现问题,然后进行定位,最终升级版本、补丁解决,然而经常会发现版本、补丁不一致的情况,例如,新增的设备没有及时升级版本,有的设备版本升级上去了,后来因为某些原因导致版本回退或者被覆盖等。

保证软件版本、补丁的正确性是保证网络正常工作的基本前提。此外,License、告警输出路径、Debug 开关是否打开、系统时间等因素都要保证正确性。常用的设备基本信息检查项如图 23.4 所示。

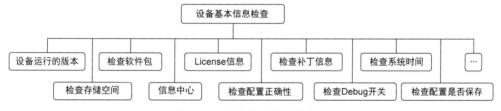

图 23.4 设备基本信息检查项

常用的检查项和检查方法如表 23.2 所示。

表 23.2 设备基本信息检查项

检查项	检 查 方 法	评 估 标 准
设备版本	display version	软件版本号与要求相符
软件包	display startup	当前运行和下次启动文件一致
License	display license	License 名称、版本及内容与要求一致
补丁	display patch-information	补丁版本、数量和要求一致
系统时间	display clock	系统时间保持正确
Flash 空间	dir flash	Flash 空间足够,删除无用文件
信息中心	display info-center	必须是 enabled 状态
Debug 开关	display debugging	设备正常工作时 Debug 开关应关闭
是否保存配置	compare configuration	当前配置与下次启动配置应该一致

23.1.3　设备运行状态检查

设备运行状态检查指设备各个模块的检查,包括单板、风扇、电源、CPU 和内存使用率、log、告警等。

有些硬件自身还带有状态指示灯,如单板、风扇、电源、网口等,绿灯常亮、周期性慢闪表示正常工作,红灯常亮、快闪表示有故障。

带有工作状态指示灯的硬件可以在现场观察运行状态,也可以通过命令查看,其他的一些状态则只能通过命令查看才能发现,例如 CPU、内存使用率,日志信息等。常用的设备运行状态检查项如图 23.5 所示。

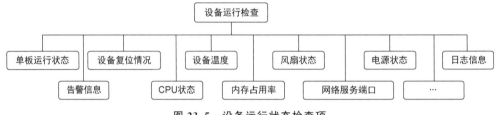

图 23.5　设备运行状态检查项

常用的检查项和检查方法如表 23.3 所示。

表 23.3　设备运行状态检查项

检 查 项	检 查 方 法	评 估 标 准
运行状态	display device	无 offline、abnormal、failed 状态板卡
设备复位信息	display reset-reason	确认没有异常复位
设备温度	display temperature	温度在正常工作范围内
风扇状态	display fan	Present 项为 yes 表示正常
电源状态	display power	State 项为 Supply 表示正常
FTP 服务器	display ftp-server	不使用的 FTP 服务要关闭
告警	display alarm all	无严重以上级别的告警
日志	display logbuffer	不存在异常日志
内存状态	display memory-usage	内存使用率正常,未超过 60%
CPU 状态	display cpu-usage	CPU 使用率正常,未超过 80%

23.1.4　设备接口状态检查

设备的接口较多,通常不会对每个接口进行检查,但是如果有必要,则可以将特定设备的特定端口纳入日常检查项。例如有些端口有特殊应用,提供了 PoE 供电、出现过环回、对端设备经常变动,导致工作模式协商不正确等。

可以根据实际需求添加检查项,常用的检查项如表 23.4 所示。

表 23.4　设备接口状态检查项

检查项	检查方法	评估标准
接口信息	display interface	接口详细信息,包括 CRC、接口协商模式、接口速率等
接口状态	display interface brief	接口速率是否符合规划,不能长期超过 70%,否则就可能存在环路
PoE 供电	display poe power-state	PoE 供电状态正常

23.1.5　业务检查

业务检查通常检查设备的网络协议工作状态,例如 OSPF、BGP 邻居状态,常用的检查项如表 23.5 所示。

表 23.5　业务状态检查项

检查项	检查方法	评估标准
MAC 地址表	display mac-address	MAC 地址表信息是否正确
VLAN 信息	display vlan	查看所有 VLAN 的基本信息
路由表	display ip routing-table	路由表是否正确
OSPF 邻居状态	display ospf peer	OSPF 邻居状态应该为 Full 或者 2-way
IS-IS 邻居状态	display isis peer	IS-IS 邻居状态应该为 Up
BGP 邻居状态	display bgp peer	BGP 邻居状态应该为 Established
VRRP 状态	display vrrp	VRRP 状态不能同时为 Master

日常检查主要是检查设备工作环境和设备本身的工作状态,包括环境检查、设备基本信息检查、设备工作状态检查、设备接口检查、设备业务检查等。

在实际应用中网络设备数量可能会很多,几十、几百、几千个(大型运营商)都有可能,同时检查项也很多,不可能完全靠人手动查看,那样工作量太大而且也容易错漏或者失误。

通常使用自动化工具实现,使用定制的 App,填入需要检查的设备的 Telnet IP 列表、用户名、密码,以及需要执行的命令。

工具软件逐个设备检查并将结果保存在指定位置,然后根据各种关键字来判断是否有异常。例如单板发生故障时,其工作状态为 Failed,那么就可以搜索关键字 Failed,如果存在此关键字,则有单板异常,需要进一步查看具体是哪个设备,以及哪个板卡有问题。

华为设备有各种巡检工具,在工作中如果需要做日常维护工作,则可以使用这些工具来辅助。因为设备各种各样,工具也有多种,所以应结合实际应用使用对应的工具。

23.2　信息收集

为了方便管理员了解设备运行状态,并在出现故障时及时、快速地定位,设备会输出以下 3 类信息。

(1) Log:主要记录用户历史操作、系统故障、系统安全等信息,例如系统在什么时间复位了,复位原因是什么。

（2）Trap：指设备告警,当设备出现状态改变,并会影响业务功能时会触发告警,例如风扇停止转动、端口 Down、CPU 使用率过高、单板从 Normal 变成 Failed 状态等。

（3）Debug：通常供研发人员使用,用于深度定位问题,只有在对协议、设备非常了解的情况下才可以使用。

这 3 类信息产生后通常会保留在设备内存、Flash 中,可以通过命令查看,此外也可以通过设置,将信息输出到指定位置。

例如 Log 信息,时间久了可能会占用大量的存储空间,可以专门搭建一个日志主机,所有设备都将 Log 输出保存在日志主机里,方便统一管理,并节省设备自身的存储空间。

再如告警信息,可以将所有的设备告警信息输出到网管,然后由管理员监视网管上的告警即可,既能保证及时性又能提高效率。

查看历史操作记录,如图 23.6 所示。

注意：以下命令在 eNSP 模拟器上没有实现,需要在真实设备上才能操作。

使用命令查看设备告警,如图 23.7 所示。

```
<R1> display log cli all

No.  UserName              Domain      IP-Address
35                         --          Serial
Time: 2020-06-23 09:34:35-08:00
Cmd: quit

No.  UserName              Domain      IP-Address
34                         --          Serial
Time: 2020-06-23 09:34:33-08:00
Cmd: ip address 10.0.12.1 24

No.  UserName              Domain      IP-Address
33                         --          Serial
Time: 2020-06-23 09:34:29-08:00
Cmd: interface gi 0/0/0

No.  UserName              Domain      IP-Address
32                         --          Serial
Time: 2020-06-23 09:34:26-08:00
Cmd: system-view
```

图 23.6 查看操作记录

注意：在不同设备上命令格式会有稍微的差异。

```
<Quidway> display alarm all
--------------------------------------------------------------------------------
Level      Date         Time        Info

Warning    2008-12-11   10:12:19    The "1.2V" voltage sensor of LPU board[9
                                    ](entity) exceed lower minor limit.

Warning    2008-12-11   10:12:19    The "12V" voltage sensor of LPU board[9]
                                    (entity) exceed lower minor limit.

Warning    2008-12-11   10:12:19    The "2.5V" voltage sensor of LPU board[9
                                    ](entity) exceed lower minor limit.

Warning    2008-12-11   10:12:19    The "1.8V" voltage sensor of LPU board[9
                                    ](entity) exceed lower minor limit.

Warning    2008-12-11   10:12:19    The "1.25V" voltage sensor of LPU board[
                                    9](entity) exceed lower minor limit.

Warning    2008-12-11   10:12:19    The "1.05V" voltage sensor of LPU board[
                                    9](entity) exceed lower minor limit.

Warning    2008-12-11   10:12:19    The "3.3V" voltage sensor of LPU board[9
                                    ](entity) exceed lower minor limit.

Warning    2019-09-05   20:49:46    The "state0" sensor65 of LPU board [4] detects a power-brick fault.
--------------------------------------------------------------------------------
```

图 23.7 查看告警

使用命令设置 Log 服务器,将 Log 自动存放到服务器上,命令如下:

```
[Huawei]info-center loghost 11.11.11.11
```

将设备的告警(Trap)通过 SNMP 发给 NMS 网管,设备本身有个 SNMP 代理模块负责与网管通信,如图 23.8 所示。

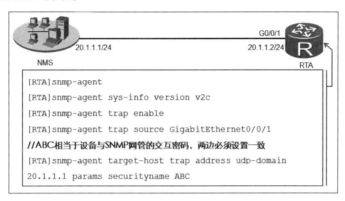

图 23.8　设置告警发给 NMS

Debug 信息的收集这里不进行介绍,普通人员没法使用,一般只有研发人员才能使用。

23.3　抓包

在 eNSP 模拟器上做实验时用鼠标右击链路就可以开启抓包,但在实际应用中却没有这个功能,如果想对某个端口抓包,则怎么办?

使用 capture-packet 命令,将报文显示在终端上,也可以输到文件中,如图 23.9 所示。

图 23.9　抓包

通过命令抓出来的报文都是二进制格式的,报文识别不方便,有没有办法像 eNSP 模拟器一样也用 Wireshark 工具抓包呢?

答案是肯定的,可以使用端口镜像技术。RTA 的 Eth2/0/1 口原本是空闲的,为了抓取

RTA 的 Eth2/0/0 口的报文,可以将 Eth2/0/0 口的报文复制一份后发到 Eth2/0/1 口上,然后在 Eth2/0/1 口接一台计算机,并开启 Wireshark 工具,抓取网口的报文,如图 23.10所示。

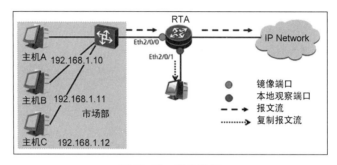

图 23.10　镜像抓包

可以在 RTA 上配置,只抓取主机 A 发送过来的业务报文,镜像发给 Eth2/0/1 口,配置命令如下:

```
Observer - port interface Ethernet2/01
Acl number 2000
  Rule 5 permit source 192.168.1.10 0
Traffic classifier c1 operator or
   If - match acl 2000
Traffic behavior b1
  Mirror to observe - port
Traffic policy p1
  Classifier c1 behavior b1
Interface Ethernet2/0/0
  Traffic - policy p1 inbound
```

路由器设置完之后,在计算机上启动 Wireshark,设置如图 23.11 所示,单击 Start 之后就跟 eNSP 模拟器一样开启抓包。

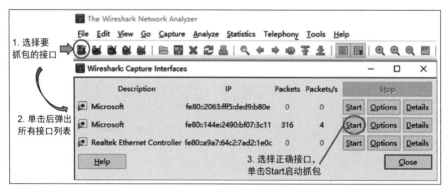

图 23.11　Wireshark 设置

23.4　LLDP功能

链路层发现协议(Link Layer Discovery Protocol,LLDP)是802.1ab中定义的链路层发现协议,它能够自动发现链路层的信息,准确定位哪些设备带有哪些接口,以及各个接口上对端的设备信息。

各个设备使能LLDP功能之后,在R1上查看LLDP邻居信息,可以看到邻居的MAC地址、接口编号(GE0/0/0)、设备名称(R2)及版本信息,如图23.12所示。

图23.12　LLDP功能演示

LLDP可以很方便地收集全网拓扑信息。

23.5　网络故障解决

在日常维护工作中,可通过两个途径发现故障。

(1) 用户反馈:当用户发现不能上网了,反馈到网络维护人员。

(2) 网管告警:网络故障时大部分情况下会有告警上报到网管。

遇到故障该如何处理呢? 如果是用户反馈的故障,第1步先收集故障信息,在什么位置、什么时间点、什么业务、在什么条件下出现问题。有经验的运维人员根据故障发生频率、触发条件和故障现象就可以分析出来问题大概出在哪个地方。常用的故障定位思路如图23.13所示,各种方法有先后顺序。

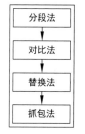

图23.13　故障定位
思路

1. 分段法

最开始使用的应该是分段法,如图23.14所示,首先应该检查1

段,检查链路是否是 UP 状态,PC 是否获得正确 IP。如果 1 段正常,接下来就要检查 2 段、3 段、4 段网络是否正常工作,可以通过 ping 命令进行测试。

按经验来看,1 段发生故障的概率比较大,要么是接口 Down,要么是 PC 设置不正确。

图 23.14　分段法

2. 对比法

如果 PC 设置正确,链路是 UP 状态,而且 2 段、3 段、4 段都正常工作,接下来可以使用对比法,检查一下接入交换机是否配置正常。

```
#
interface GigabitEthernet0/0/1
 port link-type access
 port default vlan 10
#
interface GigabitEthernet0/0/2
 port link-type access
 port default vlan 20
#
```

图 23.15　对比法

将正常工作的接口配置和不能正常工作的接口配置进行对比,发现接口 GE0/0/2 将 VLAN 配错了,正确的应该是 VLAN 10,如图 23.15 所示。这里只是简单示例,有时配置会比较复杂,对比法可以很快找到差异点。

在实际工作中,网络结构可能比较复杂,各种问题都有可能出现,对比法可以用于各种场景,如图 23.16 所示,两个 IS-IS 路由器无法建立邻居关系,通过对比发现是 Hello 时间间隔配置不一致导致。

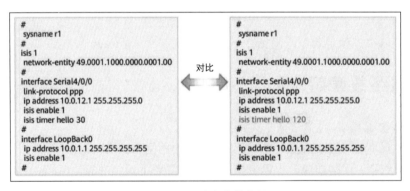

图 23.16　对比法的应用

3. 替换法

如果分段法、对比法都没有找到问题所在,则可以尝试替换法,换一台 PC 连接在故障接口下,或者将不能上网的 PC 换到其他能正常工作的接口下,看是否能正常工作。

如果换一台 PC 能正常工作,要么是原 PC 设置问题,要么是中病毒了,需要杀毒。如果原 PC 换到其他接口下能正常工作,那就是接口或者网线的问题,可以换一根网线试试,如果还不行,就分配一个新的接口尝试。

替换法的替换对象可以是一个 PC,也可以是一根网线,又或者是一台网络设备,如图 23.17 所示。

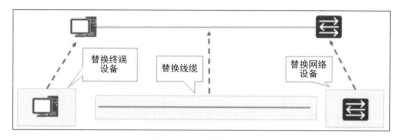

图 23.17 替换对象

4. 抓包法

如果各种方法尝试了都不行,则可以使用抓包法,分析报文交互情况,看具体是什么原因,如图 23.18 所示,在接入交换机接口上做镜像抓包,根据报文交互情况分析问题所在。抓包分析是一个非常有效的问题定位方法,可以追踪到协议交互细节、具体业务流向。

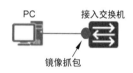

图 23.18 抓包分析

通过以上方法分析了之后可能会发现一些异常工作的地方,无法通过配置调整恢复业务。此时就需要找产品研发寻求技术支持,有可能是产品 Bug,需要升级版本或者打补丁才能解决。

故障定位是为了找到问题所在,接下来还要解决故障,恢复业务。有些故障简单明了,修改配置就可以解决,而有的故障比较复杂,修改了配置有可能会影响很多用户,还有可能会产生其他的故障。特别是大型运营商网络,全网调整配置、版本升级、打补丁等动作影响面很大,需要非常慎重地操作,否则会带来大面积业务中断,影响用户体验。

一个正式的故障修复流程应该先在实验室模拟现网业务,进行充分验证,还应该制定回退预案,如果升级失败,则应该快速恢复到修改/升级前的状态。因为影响面比较大,要让相关专家、领导共同知晓方案细节,并通过审批,然后才能现网实施。实施完成后还要观察验证,保证操作后所有业务正常,最后进行故障归档,如图 23.19 所示。

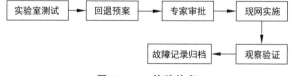

图 23.19 故障恢复

故障定位对网络维护人员要求较高,需要有以下技能:

(1) 能够引导客户详细描述全面的故障信息。

(2) 充分了解自己所管理和维护的网络。

(3) 精深掌握各种网络协议。

（4）熟悉网络故障排除方法，灵活应用。

（5）熟悉业务恢复流程。

（6）及时进行故障记录、经验总结。

有了一定网络维护经验之后就有能力做网络设计、网络优化等工作。

23.6　小结

本章介绍了网络运维相关知识，包括日常维护和故障定位两大部分。

日常维护指定期检查设备，主要检查项包括设备环境、设备基本信息、设备运行状态、设备接口、具体业务。此外还可以收集设备的 Log、Trap 告警和 Debug 信息。

另外还介绍了抓包方法和 LLDP，抓包可以有效协助问题定位，LLDP 则可以方便地查看设备邻居信息。

故障解决这部分内容介绍了网络中遇到故障时的基本定位思路，包括分段法、对比法、替换法、抓包法等，最后还介绍了故障恢复的相关流程。

第 24 章

网 络 割 接

网络是为业务服务的,随着企业业务的不断发展,企业网络也要不断升级,升级的内容包括以下几方面。

(1)扩容:添加新的设备、新的链路,提供更多接口、更大带宽、更稳定的连接等,如图 24.1 所示。

(2)改造:调整网络结构,适应新的业务需求,如图 24.2 所示。

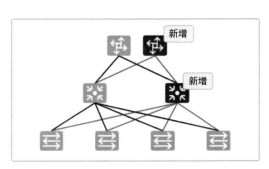

图 24.1 扩容

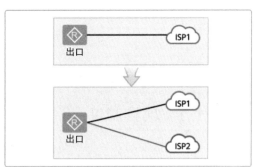

图 24.2 改造

(3)替换:旧设备性能、功能不足,使用新的设备进行替换,如图 24.3 所示。

(4)变更:在网络设备、结构不变的情况下,改变配置,从 RSTP 改成 MSTP,如图 24.4 所示。

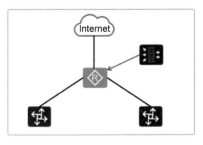

图 24.3 替换

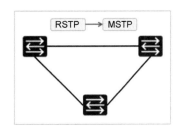

图 24.4 变更

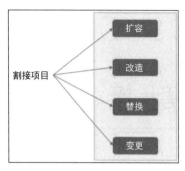

图 24.5　网络割接项目

以上这些网络升级动作通常称为网络割接,如图 24.5 所示。

网络割接项目会影响现网的业务,导致用户下线、业务中断。实施时需要严格遵循预先设定的操作流程和风险控制,避免用户在工作时间内长时间无法访问网络。

本章介绍网络割接的具体流程,包括前期准备、中期实施、后期收尾三个阶段的具体内容,如图 24.6 所示。

图 24.6　网络割接流程

24.1　前期准备阶段

24.1.1　项目调研

割接开始前需要与客户网络负责人、一线维护工程师、设备厂家代表等多方进行沟通,同时进行客户网络信息收集,了解当前网络的状态,如图 24.7 所示。

网络静态信息、动态信息收集一方面可以分析当前网络的业务结构和配置参数,为割接实施做准备。另一方面可以在后面割接完成后进行对比,如图 24.8 所示,通过这些具体项目的对比可以判断割接是否达到优化的预期。

图 24.7　信息收集　　　　　**图 24.8　静态、动态信息收集**

　　业务模型分析指网络中业务流量走向、流量大小,可用于割接前后对比,如图 24.9 所示。

　　现网硬件环境勘察包括物理空间、线缆走向、上行链路、设备供电等内容。

　　为割接可行性做好调查。例如有的机房机架上已经装满了设备,如果割接项目要新增设备,则应该装在哪个位置? 搬走不用的旧设备,还是新建机架? 如果新建机架,则线缆应该如何走? 这些内容都需要提前进行勘察分析,如图 24.10 所示。

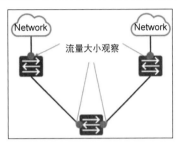

图 24.9　业务模型分析

图 24.10　硬件环境勘察

24.1.2　项目分析

　　完成调研工作之后,需要结合现网条件对客户的需求进行分析、梳理,例如带宽、网络 KPI 指标、新业务承载能力等。

　　有的客户需求可以实现,但是有的需求因为现网条件的限制,实现起来困难比较大,需要和客户进行充分讨论,并落实最终的解决方案。

　　例如客户需要 20Gb/s 带宽,但是上行只有 10Gb/s,在这种情况下,要么客户调整需求,要么客户新增上行链路。

　　将每个细节讨论落实之后,输出《客户需求分析表》,并交给客户确认,形成书面上的共识,避免割接后产生争议。

24.1.3　风险评估

　　根据调研结果、需求分析结果进行风险分析与评估,针对可能出现的风险项目提前制定应对措施,并将风险项落实到具体责任人、具体完成时间点。

　　通过协调各方面的资源进行优化、验证,将风险点逐个落实,变成非风险点。

24.1.4　输出割接方案

　　根据调研结果、项目分析结果、风险评估结果,制定割接方案,既要实现目标,又要做好风险控制。

　　割接方案包括前期准备、中期实施、后期收尾,如图 24.11 所示。

　　为了保证割接实施顺利进行,割接中的每个步骤都要提前规划,并预估、制定操作时间表,如图 24.12 所示。

图 24.11 整体方案

注意：新设备的配置有些情况可以提前上电并配置好，割接时只需插入相应的线缆，快速完成业务切换。

图 24.12 割接实施计划

如果割接失败，则要快速回退到之前的状态，确保不影响现网业务，如图 24.13 所示，如果是设备替换，则要提前制定回退到旧设备的方案。如果设备没有替换，只是配置调整，则要提前备份好设备配置，如果割接设备，则可快速恢复配置。

图 24.13 回退方案

24.1.5 割接方案验证与评审

割接方案、回退方案制定好之后，还应该在实验室环境内提前进行验证，将风险点进行测试，充分验证方案的可行性，确保割接顺利完成。

大型企业、运营商网络，通常有实验局组网环境，模拟现网的各种业务，所有操作都应该在实验局网络测试通过后才可以在现网实施，如图 24.14 所示。

割接实施之前，需要将具体割接方案发给专家组、客户领导、客户技术组共同评审，各方对割接的每个细节进行审核。如果发现特殊场景、特殊需求，则需要进一步讨论和调整。

图 24.14　实验局测试

24.2　中期实施阶段

24.2.1　割接前准备

割接方案评审通过后就开始做割接前准备,准备内容如图 24.15 所示,包括硬件、软件、工具、备件等内容,下面逐个展开介绍。

(1) 硬件准备:新的设备提前安装好并上电,检查各个业务板卡是否符合割接需求(端口数量、光口/电口类型、接口带宽等)。在实际项目中,站点数量比较多,各站点业务有区别,偶尔会发现硬件错配的情况。对接口进行连通性检查,避免光模块不匹配、故障情况的发生,确保割接顺利进行,如图 24.16 所示。

图 24.15　割接前准备

图 24.16　硬件准备

(2) 软件准备:确保新设备的软件版本正确,License 授权到位,此外还要准备好新设备的配置脚本、配置文件、回退脚本、旧设备配置备份,如图 24.17 所示。

图 24.17　软件准备

（3）工具准备和备件准备：如图 24.18 所示。

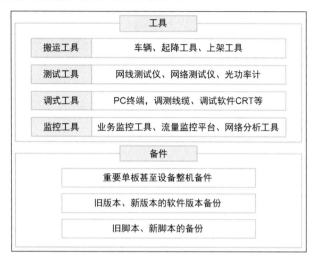

图 24.18 工具准备

人员准备、时间安排、对照表如图 24.19 所示，割接时需要甲方、乙方（有时还有第三方）共同参与。乙方、第三方负责实施，甲方负责实施后业务验证与确认。

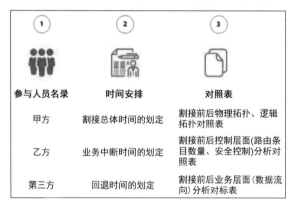

图 24.19 其他准备

割接时间需要提前进行安排，为减少对用户的影响，通常在夜间操作，甲方需提前知会相应部门，并申请操作时间，避免投诉和不必要的恐慌。例如，如果没有知会网管部门，旧设备下线则会产生告警，网管部门会启动应急恢复业务动作。

割接前还应该对旧设备进行快照收集，以便割接后、回退后确定业务是否正常，快照的内容包括但不限于：各端口状态、流量、路由条目、MAC 地址表、协议邻居状态等。

24.2.2 割接实施

各方人员到位后，在指定的时间点上按照提前准备好的割接步骤一步步执行，无特殊原因不能临时更改实施步骤，如图 24.20 所示。

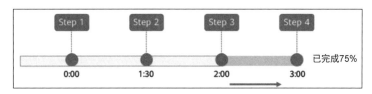

图 24.20 割接实施

24.2.3 割接回退

如果在指定时间点内还不能完成计划的内容,割接失败,按之前准备好的方案回退到之前的状态,恢复业务,如图 24.21 所示。

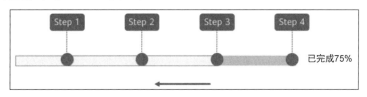

图 24.21 割接回退

24.2.4 割接后测试

割接完成后,需要从各方面测试业务是否达到目标,如图 24.22 所示。

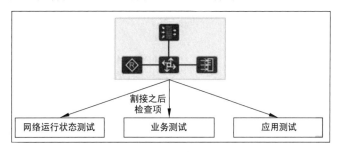

图 24.22 割接测试

(1) 网络运行状态测试: 对现网的动态数据进行采集,与割接前进行对比。

(2) 业务测试: 用 ping、tracert 或者其他测试软件测试连通性、延迟、抖动等指标。

(3) 应用测试: 测试由网络承载的客户应用是否正常,例如视频会议、语音通信等

24.3 后期收尾阶段

24.3.1 守局

割接操作完成且通过各种测试后,割接成功完成,但是不等于 100%完成。有些问题是极小概率发生的,当用户量很少时不容易发现,但是到了实际网络中,用户量很大,各种业务

并发进行时,有可能出现问题。

因此割接完成后需要有一个观察期,为了紧急解决可能出现的问题,工程师一般驻守在客户局点,观察网络运行状态,防止故障出现,发现故障时紧急处理,恢复业务。

具体守局时长需要和客户协商确定,可能是 24h,也有可能是 1 周,或者更长时间。

24.3.2　割接移交

割接顺利完成并守局观察无异常后,还需要对客户进行维护培训和相关资料移交,例如割接方案细节、割接计划、配置脚本等,如图 24.23 所示。

图 24.23　割接移交

割接实施完成,并移交了相关材料,客户签署项目验收单,整个割接项目完成。

24.4　小结

本章介绍了网络割接的相关流程,割接可以分为割接前准备、割接实施、割接收尾三个阶段。

前期准备包括项目调研、项目分析、风险评估、输出割接方案、方案验证、评审、割接设备/人员/工具准备等。

割接实施:割接前快照、割接执行、割接回退、割接测试。

割接收尾:守局、割接验收。

图 书 推 荐

书　名	作　者
数字 IC 设计入门(微课视频版)	白栎旸
鲲鹏架构入门与实战	张磊
鲲鹏开发套件应用快速入门	张磊
ARM MCU 嵌入式开发——基于国产 GD32F10x 芯片(微课视频版)	高延增、魏辉、侯跃恩
华为 HCIA 路由与交换技术实战	江礼教
网络攻防中的匿名链路设计与实现	杨昌家
数字电路设计与验证快速入门——Verilog＋SystemVerilog	马骁
LiteOS 轻量级物联网操作系统实战(微课视频版)	魏杰
物联网——嵌入式开发实战	连志安
边缘计算	方娟、陆帅冰
巧学易用单片机——从零基础入门到项目实战	王良升
Cadence 高速 PCB 设计——基于手机高阶板的案例分析与实现	李卫国、张彬、林超文
Altium Designer 20 PCB 设计实战(视频微课版)	白军杰
openEuler 操作系统管理入门	陈争艳、刘安战、贾玉祥 等
5G 核心网原理与实践	易飞、何宇、刘子琦
OpenHarmony 开发与实践——基于瑞芯微 RK2206 开发板	陈鲤文、陈婧、叶伟华
OpenHarmony 轻量系统从入门到精通 50 例	戈帅
UVM 芯片验证技术案例集	马骁
ANSYS Workbench 结构有限元分析详解	汤晖
ANSYS 19.0 实例详解	李大勇、周宝
西门子 S7-200SMART PLC 编程及应用(视频微课版)	徐宁、赵丽君
CATIA V5-6 R2019 快速入门与深入实战(微课视频版)	邵为龙
SOLIDWORKS 2023 快速入门与深入实战(微课视频版)	赵勇成、邵为龙
Creo 8.0 快速入门教程(微课视频版)	邵为龙
UG NX 快速入门教程(微课视频版)	邵为龙
Octave 程序设计	于红博
Octave GUI 开发实战	于红博
Octave AR 应用实战	于红博
AR Foundation 增强现实开发实战(ARKit 版)	汪祥春
AR Foundation 增强现实开发实战(ARCore 版)	汪祥春
ARKit 原生开发入门精粹——RealityKit ＋ Swift ＋ SwiftUI	汪祥春
HoloLens 2 开发入门精要——基于 Unity 和 MRTK	汪祥春
云原生开发实践	高尚衡
云计算管理配置与实战	杨昌家
虚拟化 KVM 极速入门	陈涛
虚拟化 KVM 进阶实践	陈涛
华为方舟编译器之美——基于开源代码的架构分析与实现	史宁宁
从数据科学看懂数字化转型——数据如何改变世界	刘通
Java＋OpenCV 高效入门	姚利民
Java＋OpenCV 案例佳作选	姚利民
自动驾驶规划理论与实践——Lattice 算法详解(微课视频版)	樊胜利、卢盛荣

书　名	作　者
Diffusion AI 绘图模型构造与训练实战	李福林
图像识别——深度学习模型理论与实战	于浩文
深度学习——从算法本质、系统工程到产业实践	王书浩、徐罡
HuggingFace 自然语言处理详解——基于 BERT 中文模型的任务实战	李福林
动手学推荐系统——基于 PyTorch 的算法实现(微课视频版)	於方仁
人工智能算法——原理、技巧及应用	韩龙、张娜、汝洪芳
跟我一起学机器学习	王成、黄晓辉
深度强化学习理论与实践	龙强、章胜
自然语言处理——原理、方法与应用	王志立、雷鹏斌、吴宇凡
TensorFlow 计算机视觉原理与实战	欧阳鹏程、任浩然
计算机视觉——基于 OpenCV 与 TensorFlow 的深度学习方法	余海林、翟中华
深度学习——理论、方法与 PyTorch 实践	翟中华、孟翔宇
Pandas 通关实战	黄福星
深入浅出 Power Query M 语言	黄福星
深入浅出 DAX——Excel Power Pivot 和 Power BI 高效数据分析	黄福星
从 Excel 到 Python 数据分析：Pandas、xlwings、openpyxl、Matplotlib 的交互与应用	黄福星
FFmpeg 入门详解——音视频原理及应用	梅会东
FFmpeg 入门详解——SDK 二次开发与直播美颜原理及应用	梅会东
FFmpeg 入门详解——流媒体直播原理及应用	梅会东
FFmpeg 入门详解——命令行与音视频特效原理及应用	梅会东
FFmpeg 入门详解——音视频流媒体播放器原理及应用	梅会东
Flink 原理深入与编程实战——Scala＋Java(微课视频版)	辛立伟
Spark 原理深入与编程实战(微课视频版)	辛立伟、张帆、张会娟
PySpark 原理深入与编程实战(微课视频版)	辛立伟、辛雨桐
HarmonyOS 移动应用开发(ArkTS 版)	刘安战、余雨萍、陈争艳 等
HarmonyOS 应用开发实战(JavaScript 版)	徐礼文
HarmonyOS 原子化服务卡片原理与实战	李洋
鸿蒙操作系统开发入门经典	徐礼文
鸿蒙应用程序开发	董昱
鸿蒙操作系统应用开发实践	陈美汝、郑森文、武延军、吴敬征
HarmonyOS 移动应用开发	刘安战、余雨萍、李勇军 等
HarmonyOS App 开发从 0 到 1	张诏添、李凯杰
JavaScript 修炼之路	张云鹏、戚爱斌
JavaScript 基础语法详解	张旭乾
Android Runtime 源码解析	史宁宁
恶意代码逆向分析基础详解	刘晓阳
深度探索 Go 语言——对象模型与 runtime 的原理、特性及应用	封幼林
深入理解 Go 语言	刘丹冰
Python 游戏编程项目开发实战	李志远
编程改变生活——用 Python 提升你的能力(基础篇·微课视频版)	邢世通
编程改变生活——用 Python 提升你的能力(进阶篇·微课视频版)	邢世通